Hermann Vogel

Die chemischen Wirkungen des Lichts und die Fotografie

In ihrer Anwendung in Kunst, Wissenschaft und Industrie

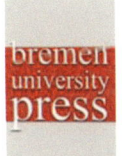

Hermann Vogel

Die chemischen Wirkungen des Lichts und die Fotografie

In ihrer Anwendung in Kunst, Wissenschaft und Industrie

ISBN/EAN: 9783955621377

Auflage: 1

Erscheinungsjahr: 2013

Erscheinungsort: Bremen, Deutschland

@ Bremen-university-press in Access Verlag GmbH, Fahrenheitstr. 1, 28359 Bremen. Alle Rechte beim Verlag und bei den jeweiligen Lizenzgebern.

DIE CHEMISCHEN
WIRKUNGEN DES LICHTS

UND DIE

PHOTOGRAPHIE

IN IHRER

ANWENDUNG IN KUNST, WISSENSCHAFT UND INDUSTRIE.

VON

Dr. HERMANN VOGEL,

PROFESSOR AN DER KÖNIGL. GEWERBEAKADEMIE IN BERLIN.

MIT 94 ABBILDUNGEN IN HOLZSCHNITT UND 6 TAFELN,
AUSGEFÜHRT DURCH LICHTPAUSPROCESS, RELIEFDRUCK,
LICHTDRUCK, HELIOGRAPHIE UND PHOTOLITHOGRAPHIE.

LEIPZIG:
F. A. BROCKHAUS.
—
1874.

VORWORT.

In der grossen Reihe glänzender wissenschaftlicher Entdeckungen dieses Jahrhunderts ragen vornehmlich zwei über alle andern hervor: die Photographie und die Spectralanalyse. Beide gehören dem Gebiete der Optik und der Chemie zu gleicher Zeit an. Verblieb die Spectralanalyse bisjetzt als wichtiges Forschungshülfsmittel fast nur in der Hand der Gelehrten, so trat dagegen die Photographie sofort in das praktische Leben ein; sie dehnte sich nach und nach auf fast alle Zweige des menschlichen Könnens und Wissens aus, und jetzt existirt kaum ein Feld in der grossen Welt des Sichtbaren, wo sie sich nicht fruchtbringend erweist.

Sie bringt uns die treuen Bilder ferner Erdregionen, fremdartiger Fels-, Thier- und Pflanzenformen nahe, sie fixirt die flüchtigen Erscheinungen der Sonnenfinsternisse, sie schreibt den Gang des Barometers und Thermometers auf, sie tritt als Helferin des messenden Astronomen und Geographen ein, sie hat sich verbündet mit Porzellanmalerei, Stein-, Metall- und Buchdruck, sie macht für einen billigen Preis die grossartigsten Kunstschöpfungen, früher nur ein Gegenstand des Genusses der Begüterten, auch den Unbemittelten zugänglich, und wie die Buchdruckerpresse Segen bringt durch Vervielfältigung des Gedankens, so bringt die Photographie Segen durch Fixirung und Vervielfältigung der Erscheinung. Aber noch mehr. Eine neue Wissenschaft ist durch sie hervorgerufen: die Photochemie; neue Aufschlüsse sind uns zutheil geworden über die Wirkungen des zitternden Lichtäthers. Diese Verdienste der Photographie um Kunst und Wissenschaft werden freilich nur von wenigen gewürdigt. Die Männer der Wissenschaft haben sich grösstentheils diesem Felde abgewandt, nachdem die erste Begeisterung über Daguerre's Entdeckung verflogen war; nur beiläufig berührt man in physikalischen und chemischen Compendien die Photographie.

Dem gegenüber hielt es der Verfasser für zeitgemäss, dem Publikum eine populäre Darstellung der Photochemie und Photographie und ihrer Bedeutung für Kunst, Wissenschaft und Industrie zu liefern. Die Verlagshandlung ist den Intentionen des Verfassers in bereitwilligster Weise entgegengekommen, indem sie nicht nur durch zahlreiche Holzschnitte für das Verständniss des Textes gesorgt hat, sondern auch mit Aufwendung beträchtlicher Kosten aus den renommirtesten Anstalten Proben der neuesten Erfindungen im Gebiete der Photographie beschafft hat, sodass die dem Buch beigefügten Tafeln zugleich eine Anschauung von der Leistungsfähigkeit der modernen Photographie in Verbindung mit Pressendruck gewähren. Möge das Werkchen eine freundliche Aufnahme finden.

Berlin, im Januar 1874.

Der Verfasser.

INHALT.

	Seite
Vorwort.	v

Erstes Kapitel. Entwickelung unserer photochemischen
   Kenntnisse 1
Zweites Kapitel. Die Daguerreotypie 13
Drittes Kapitel. Die Papierphotographie und der Licht-
   pausprocess 21
Viertes Kapitel. Der Entwickelungsgang der modernen
   Photographie 29
Fünftes Kapitel. Der Negativprocess 35
Sechstes Kapitel. Der Positivprocess 43
Siebentes Kapitel. Das Licht als chemisch wirksames
   Agens 51
Achtes Kapitel. Chemische Wirkung verschiedener
   Lichtquellen. 64
Neuntes Kapitel. Von der Brechung des Lichts . . . 78
Zehntes Kapitel. Die photograph-optischen Apparate. 84
Elftes Kapitel. Die chemischen Wirkungen des Lichts 100
   a. Wirkung des Lichts auf Elemente 102
   b. Chemische Wirkung des Lichts auf Silbersalze 104
Zwölftes Kapitel. Ueber die Correctheit photographi-
   scher Bilder. 114
   a. Einfluss der Individualität des Photographen. 114
   b. Einfluss des Gegenstandes, der Apparate und
      des Processes 116
Dreizehntes Kapitel. Licht, Schatten und Perspective 127
Vierzehntes Kapitel. Anwendungen der Photographie 142
   Abschnitt I. Porträtphotographie 142
   Abschnitt II. Landschaftsphotographie 151
   Abschnitt III. Photogrammetrie und photogra-
      phische Feldmesskunst 159

INHALT.

	Seite
Abschnitt IV. Astronomische Photographie	164
Abschnitt V. Die photographische Beobachtung wissenschaftlicher Instrumente	191
Abschnitt VI. Photographie und medicinische Forschung	193
Abschnitt VII. Die Photographie und das Mikroskop	197
Abschnitt VIII. Die mikroskopischen Photographien und die photographische Taubenpost	201
Abschnitt IX. Pyrophotographie	203
Abschnitt X. Zauberphotographie	205
Abschnitt XI. Scamoni's heliographisches Verfahren	206
Abschnitt XII. Photographie und Gerichtswesen	209
Abschnitt XIII. Photographie, Industrie und Kunst	210
Funfzehntes Kapitel. Die Chromphotographie	212
Abschnitt I. Die Chromverbindungen	213
Abschnitt II. Heliographie mit Chromsalzen	216
Abschnitt III. Die Erzielung von Photoreliefs	221
Abschnitt IV. Der Reliefdruck	226
Abschnit V. Der Pigmentdruck oder die Herstellung der Kohlebilder	229
Abschnitt VI. Der Lichtdruck	232
Abschnitt VII. Der Anilindruck	236
Abschnitt VIII. Die Photolithographie	238
Abschnitt IX. Die Pyrophotographie mit Chromsalzen	247
Abschnitt X. Die Photographie und das Sandblasverfahren	250
Abschnitt XI. Das Photometer für Chromphotographie	252
Abschnitt XII. Die chemischen Wirkungen des Lichts und die Erbswurst	254
Sechzehntes Kapitel. Die Eisen-, Uran- und Kupferphotographie	256
Siebzehntes Kapitel. Die Veränderungen des Glases im Licht	259
Achtzehntes Kapitel. Die Photographie in natürlichen Farben	262
Neunzehntes Kapitel. Die Photographie als Lehrgegenstand an Gewerbeschulen und Kunstschulen	267
Sach- und Namenregister	276

ERSTES KAPITEL.

Entwickelung unserer photochemischen Kenntnisse.

Verschiedene Arten der Lichtwirkungen. — Physikalische und chemische Veränderungen. — Bleichende Wirkung des Lichts. — Wirkung des Lichts auf Hornsilber und Höllenstein. — Chemische Tinte. — Bilder auf Höllensteinpapier. — Wedgewood's und Davy's Arbeiten. — Die Camera-obscura. — Nièpce. — Wirkung des Lichts auf Asphalt. — Heliographie. — Anwendung derselben für Herstellung von Werthpapieren. — Iodsilber. — Erfindung der Daguerreotypie.

Das Sonnenlicht, welches von dem grossen glühenden Centralkörper unsers Planetensystems ausstrahlt, übt auf die irdische lebendige und todte Welt mannichfaltige Wirkungen aus, von denen einzelne sich sofort dem menschlichen Sinn offenbaren und daher seit Jahrtausenden bekannt sind, andere jedoch nicht so augenfällig hervortreten und erst durch die Beobachtungen der Neuzeit erkannt, geprüft und für das Leben nutzbar gemacht worden sind.

Die erste Wirkung, welche jeder Mensch, selbst der ungebildetste, wahrnimmt, wenn nach dunkler Nacht die Sonne aufgeht, ist das Sichtbarwerden der Körper. Die Strahlen der Lichtquelle werden von den verschiedenen Körpern zurückgeworfen (reflectirt), sie gelangen in unser Auge, sie erzeugen einen Eindruck auf der Netzhaut, und das Resultat ist die Wahrnehmung der Körper durch das Auge. Bald aber offenbart sich noch eine andere Wirkung, die nicht durch das Auge, sondern durch das Gefühl wahrgenommen wird, die Sonnenstrahlen erleuchten nicht nur, sondern erwärmen die Körper, welche sie treffen. Solches fühlt schon die in die Sonne gehaltene Hand. Beide Wirkungen, die leuchtende oder erleuchtende und erwärmende Wirkung der Strahlen, unterscheiden sich sehr wesentlich voneinander. Die erleuchtende Wirkung nehmen wir **augenblicklich** wahr, die erwärmende offenbart sich erst nach einiger Zeit, die kürzer oder länger sein kann, je nachdem die erwärmende Kraft der Sonne stärker oder geringer ist.

Nun gibt es ausser diesen beiden Wirkungen des Sonnenlichts noch eine dritte, welche in den meisten Fällen noch längerer Zeit bedarf, um offenbar zu werden, und welche nicht direct durch das Auge oder das Gefühl, sondern nur durch eigenthümliche Veränderungen wahrgenommen werden kann, welche das Licht in der Stoffwelt veranlasst. Dieses sind die **chemischen Wirkungen des Lichts**.

Nehmen wir ein Stückchen Holz und biegen es oder zersägen es, so **ändern** wir seine Form, reiben wir es, so wird es warm, wir **verändern** dabei seine Temperatur, aber immerhin bleibt es Holz. Diese Veränderungen, welche den **Stoff des Körpers nicht afficiren**, nennen wir physikalische.

Entzünden wir aber ein Stück Holz, so steigen riechende Gase auf, Asche fällt ab und es bleibt eine schwarze Masse zurück, die total von dem Holze verschieden ist. Hierbei ist aus dem Holze ein **ganz anderer Stoff, die Kohle**, hervorgegangen. **Stoffliche Veränderung** der Art nennen wir chemische Veränderungen. Solche chemischen Veränderungen übt vorzugsweise die Wärme aus. Erhitzen wir z. B. einen blanken Eisendraht zum Glühen, so erleidet er anscheinend nur eine physikalische (**nicht stoffliche Veränderung**). Lassen wir ihn aber erkalten, so finden wir, dass der vorhin glänzende Stab matt und schwarz geworden ist, dass er eine bröckliche schwarze Oberfläche erhalten hat, die beim Biegen leicht abbricht und von dem blanken, sehnigen, biegsamen Eisen sehr verschieden ist, es ist also hier eine chemische, d. h. stoffliche Veränderung vor sich gegangen, das Eisen hat sich in einen andern Körper, in Hammerschlag, verwandelt, indem es sich vereinigt hat mit einem Bestandtheil der umgebenden Luft, dem Sauerstoff.

Chemische Veränderungen der Art werden aber nicht nur durch die Wärme veranlasst, sondern auch durch das Licht.

Schon seit langer Zeit weiss man, dass sogenannte unechte, gefärbte Zeuge im Lichte verschiessen, d. h. bleicher werden. Hier verwandelt sich der Farbestoff in einen farblosen oder anders gefärbten Körper, es geht eine stoffliche Veränderung vor sich, und dass diese durch das Licht veranlasst wird, offenbart sich durch den Umstand, dass die vor dem Lichte geschützten Theile der betreffenden Stoffe, z. B. nach innen schlagende Falten, unverändert bleiben. Diese farbenverändernde Wirkung des Lichts ist sogar schon seit langer Zeit für das praktische Leben angewendet worden in der sogenannten Leinwandbleiche. Hier wird die graue Leinwand im Sonnenlicht ausgebreitet, wiederholt mit Wasser benetzt, und so wird der graue Farbestoff durch Wirkung des Lichts und der Feuchtigkeit allmählich verändert, er wird auflöslich und kann durch Kochen mit Lauge entfernt werden.

Früher glaubte man, dass diese Veränderungen, welche wir beschrieben haben, durch die Wärme veranlasst würden, welche die Sonnenstrahlen in den Körpern hervorbringt. Dass diese Ansicht aber eine irrige ist, zeigt sich schon am besten daran, dass man unecht gefärbte Zeuge monatelang der Temperatur eines heissen Ofens aussetzen kann, ohne dass sie bleichen, dass ferner das Wachs, welches ebenfalls durch Sonnenlicht gebleicht, durch die Hitze eher dunkler als heller wird.

Wie schon bemerkt wurde, gehört zu dieser bleichenden Wirkung des Sonnenlichts eine ziemlich lange Zeit, und dieser Umstand machte die Erscheinung selbst weniger auffallend. Was rasch und plötzlich vor sich geht, überrascht die Menschen und regt sie zum Forschen und Nachdenken an.

In den freiberger Bergwerken findet sich als Seltenheit ein glasartiges, fettglänzendes Silbererz, welches seines Ansehens wegen Hornsilber genannt wird. Dieses Hornsilber besteht aus Silber und Chlor in chemischer Verbindung und lässt sich auch künstlich erzeugen, wenn man Chlorgas über metallisches Silber leitet. Dieses Hornerz ist völlig farblos an seiner Lagerstätte, wird es aber an das Tageslicht gebracht, so färbt es sich schon in wenigen Minuten violett. Hier offenbart sich eine Lichtwirkung, die schon lange die Verwunderung der Gelehrten erregte.

Noch deutlicher trat aber eine solche bei einem andern silberhaltigen Material hervor. Uebergiesst man Silber mit Salpetersäure, so löst es sich unter Brausen auf. Dampft man alsdann die Auflösung ein, so bekommt man eine feste Krystallmasse, die nicht mehr Silber, sondern eine Verbindung desselben mit Salpetersäure ist. Dieses salpetersaure Silber ist total verschieden von dem gewöhnlichen Silber. Es löst sich leicht im Wasser wie Zucker, es besitzt einen bittern widerlichen Geschmack, es schmilzt sehr leicht und zerstört organische Stoffe. Daher dient es als Aetzmittel unter dem Namen Höllenstein.

Es ist nun schon seit langer Zeit bekannt, dass Finger, die Höllenstein angefasst, Haut, die damit gebeizt, oder Stoffe, die mit einer Lösung desselben bespritzt worden, sich sehr rasch dunkel färben. Man braucht nur ein Stückchen Papier mit Silberlösung zu benetzen, trocken werden zu lassen und in das Licht zu legen, um dieses sofort zu beobachten.

Man benutzte diese Eigenschaft sehr bald zur Herstellung einer sogenannten unauslöschlichen Tinte, die nichts weiter ist, als eine Auflösung von einem Theil Höllenstein in vier Theilen Wasser, die mit etwas dicker Gummiauflösung versetzt wird. Damit auf Leinwand entworfene Schriftzüge sind blass, werden aber

Wirkung des Lichts auf Höllensteinpapier. 5

nach dem Trocknen im Sonnenlicht rasch dunkelbraun und leiden nicht in der Wäsche. Solche Silbertinte wird in Lazarethen vielfach zum Zeichnen der Wäsche angewendet. Man darf aber dazu nur Gänsefedern, nicht Stahlfedern benutzen, da diese den Höllenstein zersetzen. Gewöhnlich pflegt man die Zeichen mittels hölzerner Formen aufzudrucken.

Von der Entdeckung der Schwärzung von mit Höllenstein getränktem Papier bis zur Erfindung der Photographie war nur ein Schritt, und doch dauerte es lange, ehe jemand daran dachte, mit Hülfe des Lichts allein Bilder zu erzeugen, und noch länger, ehe diese Versuche vom Erfolg gekrönt wurden.

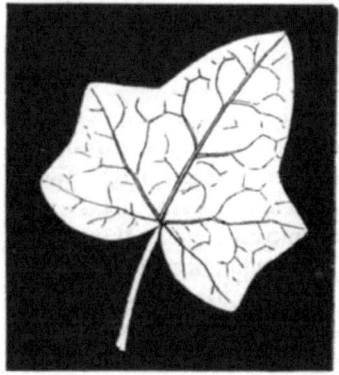

Fig. 1. Epheublatt.   *Fig. 2.* Copie des Epheublatts, durch das Licht auf Höllensteinpapier erzeugt.

Wedgewood, der Sohn des berühmten Porzellanfabrikanten, der das noch jetzt beliebte Wedgewoodgeschirr fertigte, und Davy, der berühmte englische Chemiker, machten die ersten Versuche im Jahre 1802. Sie legten flache Körper, z. B. Pflanzenblätter, auf Höllensteinpapier. Das Licht wurde alsdann von den aufliegenden Körpern zurückgehalten, die darunterliegenden Stellen des Papiers blieben weiss, während die unbedeckten Stellen des Papiers vom Lichte geschwärzt wurden, so entstand eine weisse Umrisszeichnung der aufgelegten Gegenstände, eine sogenannte weisse „Silhouette" auf schwarzem Grunde. (Vergl. Fig. 1 und 2.)

Wedgewood erzeugte in dieser Weise sogar Copien von auf Glas entworfenen Zeichnungen in weissen Linien auf schwarzem Grunde, und dieser Process wurde die Basis eines in neuerer Zeit zur höchsten Wichtigkeit gelangten Verfahrens, des Lichtpausprocesses.

Leider waren diese Bilder nicht von langer Dauer. Sie mussten im Dunkeln aufbewahrt werden und konnten nur bei gedämpftem Lichte gezeigt werden. Blieben sie längere Zeit dem Lichte ausgesetzt, so wurden auch die weiss gebliebenen Stellen geschwärzt, und dadurch verschwand das Bild. Man kannte noch kein Mittel, die Bilder haltbar, d. h. lichtbeständig zu machen oder, wie man jetzt zu sagen pflegt, zu fixiren, aber der erste Schritt zur Erfindung der Photographie war gethan, und der Gedanke, die Bilder der Körperwelt ohne Hülfe des Zeichners herstellen zu können, erhielt nach diesen ersten Versuchen einen so immensen Reiz, dass von jetzt ab in England und Frankreich viele Männer in der Stille sich eifrigst mit der Sache beschäftigten.

Es ist klar, dass nach dem Verfahren von Wedgewood und Davy nur flache Körper copirt werden konnten. Bei aller Ausbildung, der dieses Verfahren noch fähig war, liess es also nur eine beschränkte Anwendung zu.

Aber schon in Wedgewood stieg der Gedanke auf, ob es nicht möglich sei, von jedem beliebigen Körper Bilder auf lichtempfindlichem Papier mit Hülfe des Lichts zu erzeugen, und dieses versuchte er mit Hülfe eines interessanten optischen Instruments, das die Eigenschaft hat, von körperlichen Gegenständen ebene Schattenbilder zu entwerfen. Dieses Instrument ist die Camera-obscura.

Macht man in den Fensterladen eines völlig verdunkelten Zimmers ein kleines Loch, so wird man auf der gegenüberliegenden Wand bei sonnigem Wetter ein deutliches Bild der Landschaft von dem Zimmer erblicken.

Ist *A* (Fig. 3) eine Pappel, *o* das Loch, *W* die Hinterwand des Zimmers, so gehen von jedem Punkte der Pappel Lichtstrahlen nach dem Loche und pflanzen sich in gerader Linie weiter fort bis nach der Wand. Es ist nun klar, dass nach dem Punkte *a'* im Zimmer nur Licht von dem Punkte *a* der Pappel gelangen kann, der auf der Verlängerung der Linie *a' o* liegt. Daher kann auch der betreffende Punkt der Wand nur Licht reflectiren, welches in seiner Farbe und Lage

Fig. 3.

dem Punkt *a* entspricht. Dasselbe gilt für die Punkte *f* und *g*, und das Resultat ist demnach, dass auf der Wand ein verkehrtes Bild des Baumes sichtbar wird. Dieses beobachtete zuerst Porta, der berühmte italienische Physiker, dessen Haus, wie Zeitgenossen erzählen, von Neugierigen selten leer wurde, im 16. Jahrhundert.

Bald wurde dieses Instrument dadurch verbessert, dass man an Stelle des Zimmers einen kleinen Kasten (Fig. 4) setzte, der statt einer festen Wand eine bewegliche matte Scheibe *S* hatte. Auf dieser matten Scheibe sieht man deutlich das Bild eines vor dem Kasten befindlichen Gegenstandes, wenn in der Vorderwand *W* des Kastens, der am besten aus Blech besteht, ein feines Loch gemacht wird.*

Noch schöner erscheinen diese Bilder, wenn man statt des Loches eine Glaslinse, ein sogenanntes Brennglas, einsetzt. Dieses Brennglas entwirft in einer gewissen Entfernung, die gleich ist der Entfernung seines „Brennpunktes", ein deutliches Bild der Gegenstände, das viel schärfer und heller ist, als das Bild, welches durch ein Loch erzeugt wird.

In dieser verbesserten Form benutzten nun Wedgewood und Davy das Instrument. Ihre Idee war, das

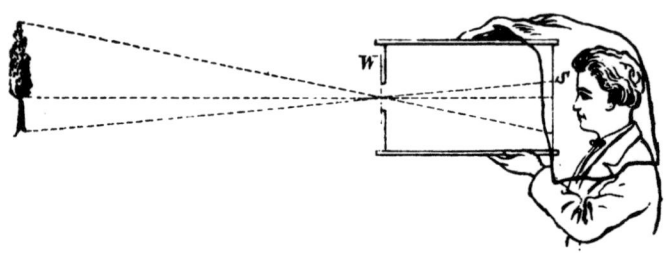

Fig. 4.

Bildchen auf der matten Scheibe durch lichtempfindliches Papier zu fesseln; sie befestigten ein Stück Silberpapier an der Stelle des Bildchens und liessen es daselbst stundenlang, leider ohne Erfolg. Die Bilder waren nicht hell genug, um einen sichtbaren Eindruck auf das lichtempfindliche Papier zu machen, oder das Papier war zu unempfindlich. Es mussten erst empfindlichere Präparate gefunden werden, um das schwache Bildchen zu fesseln, und diese fand zuerst ein Franzose, Nicophore Nièpce. Er griff zu einem ganz eigenthümlichen Körper, dessen Lichtempfindlichkeit früher niemand bekannt war, dem Asphalt oder Judenpech. Dieses schwarze, am Todten Meere, am Kaspischen

---

* Nothwendig ist hierbei Schutz des Kopfes vor fremdem Lichte durch eine Hülle, d. i. ein übergeworfenes Tuch.

Meere und an vielen andern Orten sich findende Erdharz ist auflöslich in ätherischen Oelen, z. B. Terpentinöl, Lavendelöl, ferner in Petroleum, Aether u. s. w. Bringt man die Lösung dieses Körpers auf eine Metallplatte und lässt sie ringsherum laufen, so bleibt eine dünne Flüssigkeitsschicht daran hängen, die bald eintrocknet und eine zarte, braune Asphaltschicht zurücklässt. Diese Asphaltschicht wird keineswegs im Lichte dunkler, aber sie verliert durch das Licht ihre Löslichkeit in ätherischen Oelen.

Setzt man daher solche Platte an die Stelle des Bildchens der Camera-obscura, so wird die Asphaltschicht an allen dunkeln Stellen (den Schatten) des Bildchens löslich bleiben, an allen hellen Stellen dagegen unlöslich werden. Das Auge freilich merkt von dieser Veränderung nichts, die Platte sieht nach der Belichtung noch so aus, als vor der Belichtung. Uebergiesst man aber die Asphaltschicht mit Lavendelöl, so löst diese alle unveränderten Stellen auf und lässt alle durch das Licht veränderten, d. h. unlöslich gewordenen Stellen, zurück. So erhielt Nièpce nach stundenlanger Belichtung in der Camera-obscura und nachheriger Behandlung mit ätherischem Oel in der That ein Bild. Freilich waren diese Bilder sehr unvollkommen, aber sie waren immerhin interessant als erste Versuche, die Bildchen der Camera-obscura zu fesseln, und noch interessanter durch den Nachweis, dass es Körper gibt, die im Sonnenlicht ihre Löslichkeit verlieren. Diese Thatsache wurde lange nach Nièpce's Tode wieder gewürdigt, und sie führte zu einer der schönsten Anwendungen der Photographie, der sogenannten Heliographie oder der Combination von Photographie mit Kupferdruck, eine Combination, die Nièpce selbst allem Vermuthen nach schon gekannt hat.

Ein Kupferdruck wird hergestellt, indem eine ebene Kupferplatte mit dem Grabstichel gravirt wird, d. h. die Striche, welche im Bilde schwarz erscheinen sollen, vertieft in die Platte eingegraben werden. Beim Abdrucken wird zuerst Schwärze in diese Vertiefungen gerieben und alsdann ein Papierbogen mit der Platte durch eine Walzenpresse zusammengepresst, dann geht die Schwärze an das Papier über und bildet den Kupferdruck.

Nièpce versuchte die mühsame, vom Kupferstecher herzustellende vertiefte Zeichnung auf der Kupferplatte mit Hülfe des Lichts herzustellen. Er überzog zu dem Zwecke eine Kupferplatte mit Asphalt, wie oben angegeben, und belichtete diese unter einer Zeichnung auf Papier. Hier hielten die schwarzen Striche der Zeichnung das Licht zurück. In diesen Stellen blieb demnach die Asphaltschicht löslich. Unter dem hellen Papier wurde sie dagegen unauflöslich. Beim nachherigen Uebergiessen der Platte mit Lavendelöl blieben daher die unlöslich gewordenen Asphalttheile auf der Platte haften, die löslichen wurden aufgelöst und fortgeführt und dadurch die Platte an den betreffenden Stellen blossgelegt. **So erhält man einen Asphaltüberzug auf der Platte, in welchem die ursprüngliche Zeichnung wie eingravirt erschien.**

Giesst man nun auf solche Platte eine ätzende Säure, so kann diese nur dort auf das Metall wirken, wo solches nicht durch Asphalt geschützt war, und hier wurde die Metallplatte in der That angefressen, und so entstand eine vertiefte Zeichnung auf Metall durch die ätzende Wirkung der Säure und demnach eine Platte, die, gereinigt, wie eine Kupferdruckplatte abgedruckt werden konnte.

Man hat in Nièpce's Nachlass solche Kupferdrucke, die er Heliographien nannte und die er seinen Freunden schon 1826 zeigte, gefunden.

Diese Methode wird heute noch in vervollkommneter Form angewendet, namentlich beim Druck von Papiergeld, wo es darauf ankommt, eine Anzahl von Druckplatten herzustellen, welche alle absolut ähnlich sind, damit ein Geldschein vollkommen dem andern gleiche

Entdeckung und Entwickelung der Daguerreotypie. 11

und dadurch von Nachahmungen unterschieden werden kann. So ist das Wappen und die Schrift auf der Vorderseite der preussischen Zehnthalerscheine von solcher heliographischen Platte gedruckt. Tausende tragen photographische Drucke in ihrem Portefeuille, ohne es zu ahnen. Man hat übrigens nicht zu befürchten, dass solche Scheine mit Hülfe von Photographie oder Heliographie mit leichter Mühe nachgemacht werden können. Der farbige Grund, das Papier und die Farbe der Schrift bereiten hier wohlberechnete Hindernisse, die solche Nachahmung, wie wir später sehen werden, sehr erschweren, wenn nicht unmöglich machen.

Nièpce's Drucke waren freilich sehr unvollkommene und blieben daher unbeachtet. Er selbst kam davon zurück und betrieb wieder Experimente zur Fixirung der reizenden Bilder der Camera-obscura. Ihm schloss sich im Jahre 1829 Daguerre an, und beide experimentirten gemeinschaftlich bis zum Jahre 1833, wo Nièpce starb, ohne den Lohn für seine langjährigen Bemühungen gefunden zu haben. Daguerre experimentirte weiter, und hätte es vielleicht nicht viel weiter gebracht als Nièpce, wenn ihm nicht ein glücklicher Zufall in die Hände gearbeitet hätte.

Er machte Versuche mit Iodsilberplatten. Diese stellte er her, indem er Silberplatten den Dämpfen des schwarzen Iod, eines eigenthümlichen, leicht flüchtigen chemischen Elements, aussetzte. Die Silberplatte nahm dabei eine zartgelbe Färbung an, die der Verbindung des Iod mit Silber eigenthümlich ist. Solche Iodsilberplatten sind lichtempfindlich, sie färben sich am Lichte bräunlich, und setzt man sie demnach der Wirkung des Lichts in der Camera-obscura aus, so entsteht auf denselben bald ein Bild. Allerdings gehört dazu eine sehr lange Belichtungszeit, und schwer konnte man daran denken, in dieser Weise einen Menschen aufzunehmen, denn solcher hätte stundenlang stillhalten müssen.

Eines Tages hatte Daguerre einige Platten, die zu kurze Zeit belichtet worden und daher noch **kein** Bild zeigten, als unbrauchbar in einen Schrank gelegt, worin sich verschiedene Chemikalien befanden. Nach einiger Zeit sah er zufällig nach den Platten und war nicht wenig erstaunt, darauf ein Bild zu finden. Er vermuthete sofort, dass dieses durch Wirkung irgendeiner in dem Schranke befindlichen Substanz auf die Platte entstanden sein müsse. Er nahm nun einen Körper nach dem andern aus dem Schranke heraus und legte frischbelichtete Platten hinein; es entstanden darauf nach mehrstündigem Liegen wiederum Bilder. Endlich hatte er alle Stoffe der Reihe nach aus dem Schranke entfernt, und dennoch entstanden darin Bilder auf den belichteten Platten. Jetzt war er nahe daran, den Schrank für bezaubert zu halten, da entdeckte er eine früher´ ganz übersehene Schale mit Quecksilber am Boden desselben. Er vermuthete, dass die Dämpfe dieses Körpers (denn Quecksilber verdampft schon bei gewöhnlicher Temperatur) das Bild hervorgezaubert haben dürften. Um die Richtigkeit dieser Vermuthung zu prüfen, nahm er wiederum eine **kurze** Zeit in der Camera-obscura belichtete Platte, auf welcher noch kein Bild sichtbar war. Er setzte diese Platte Quecksilberdämpfen aus, und siehe da, es erschien zu seinem Entzücken ein Bild, und — die Welt war nun um eine der schönsten Erfindungen reicher!

ZWEITES KAPITEL.

Die Daguerreotypie.

Publication und Verbreitung derselben. — Arbeitsgang derselben. — Verbesserungen. — Erfindung der Porträtlinse. — Aesthetische Wirkung der Daguerreotypie.

Mancher, der heute die grossartigen Leistungen der Papierphotographie vor Augen hat, z. B. Porträts von Lebensgrösse, blickt wol mit Mitleid oder gar Verachtung auf jene kleinen Bildchen, die nach ihrem Erfinder Daguerreotypien genannt werden, Bildchen, deren Betrachtung freilich sehr durch die hässliche Spiegelung gestört wird, und die insofern keinen ruhigen Anblick erlauben. Anders war es im Jahre 1839, als Daguerre's Entdeckung gerüchtweise weiter erzählt wurde. Bilder erzeugt ohne Zeichner, durch die Wirkung der Sonnenstrahlen allein! Das war schon wunderbar, noch wunderbarer aber, dass durch geheimnissvolle Wirkung des Lichts jeder Körper sein eigenes Bild auf die Platte schrieb. Welche kühnen Hoffnungen, welche schlimmen Befürchtungen knüpften sich nicht an das Gerücht von jener geheimnissvollen Entdeckung.

Man prophezeite das Ende der Malerei, den Hungertod aller Zeichner. Jedermann hoffte mit leichter Mühe selbst die Bilder von Gegenständen darstellen zu können, nach welchen sein Herz begehrte.

Ein Freund scheidet von hinnen: im Nu ist noch im Moment des Abschiedes sein Bild fixirt; eine fröhliche Gesellschaft ist versammelt — man nimmt sofort ihr Bild als Andenken auf. Die magisch im Abendsonnenschein schimmernde Landschaft, das Lieblingsplätzchen im Garten, das buntbewegte Alltagsleben der Strassen, Menschen und Thiere, kurz alles sah man schon im Bilde festgehalten mit Hülfe des chemisch wirkenden Strahles.

Wiederum kamen Zweifler, die das Ganze für unmöglich erklärten; sie wurden zum Schweigen gebracht durch das Zeugniss von Humboldt, Biot und Arago, der drei berühmten Naturforscher, die Daguerre 1838 in sein Geheimniss zog. Die Aufregung wuchs. Es wurde durch Einfluss Arago's der Antrag gestellt, Daguerre eine jährliche Pension von 6000 Francs zuzusichern, falls er seine Entdeckung veröffentliche. Die französische Deputirtenkammer ging darauf ein, und endlich wurde nach langem ungeduldigen Harren der wissbegierigen Welt das Geheimniss offenbart.

Es war eine denkwürdige öffentliche Sitzung der Akademie der Wissenschaften im Palais Mazarin in Paris am 19. August 1839, in welcher Daguerre in Gegenwart aller Koryphäen der Kunst und Wissenschaft und der Diplomatie, welche damals in Paris gegenwärtig waren, sein Verfahren experimentell erläuterte.

„Frankreich hat diese Erfindung adoptirt und ist stolz darauf, sie als ein Geschenk der ganzen Welt zu übergeben", sagte Arago, und ungehemmt durch Geheimnisskrämerei, uneingeschränkt durch Patente* machte jetzt Daguerre's Erfindung die Runde durch die civilisirte Welt.

Daguerre sammelte bald eine Anzahl von Schülern aus allen Theilen der Erde um sich, welche das Verfahren nach ihrer Heimat verpflanzten und Mittelpunkte der Lehrthätigkeit wurden, welche die Zahl der Kunstjünger täglich vermehrte.

---

* Nur in England wurde das Verfahren (schon vor seiner Publication am 15. Juli 1839) patentirt.

Der noch lebende Kunsthändler Sachse in Berlin wurde bereits am 22. April 1839 in Daguerre's Erfindung eingeweiht und mit Daguerre's Vertretung in Deutschland betraut. Am 22. September (also vier Wochen nach der Publication der Erfindung) machte Sachse bereits das erste Bild in Berlin. Diese Bilder wurden als Wunderdinge angestaunt und das Stück mit 1 bis 2 Friedrichdor, Originalbilder von Daguerre sogar mit 120 Francs das Stück bezahlt. Am 30. September experimentirte Sachse im charlottenburger Park vor dem Könige Friedrich Wilhelm IV., im October kamen die ersten Daguerre'schen Apparate in den Handel. Das erste Exemplar erhielt Beuth für die königliche Gewerbeakademie in Berlin. Es befindet sich heute noch daselbst. Mit der Einführung der Apparate war die Möglichkeit der Ausführung für jedermann gegeben, und nunmehr tauchten bald eine Menge Daguerreotypisten auf. Auch Männer der Wissenschaft cultivirten (mehr als jetzt) die neue Kunst, so unter andern die Physiker Professor Karsten, Moser, Nörrenberg, von Ettinghausen, ja sogar Damen, z. B. Frau Professor Mitscherlich. Die ersten Objecte, welche Sachse photographirte, waren Architekturbilder, plastische und malerische Gegenstände, welche zwei Jahre lang als Curiositäten einen lebhaften Absatz fanden. 1840 stellte er zuerst Gruppen lebender Personen dar, und damit wurde die Photographie vorwiegend Porträtirkunst, sie zog aus der Porträtarbeit ihre Hauptnahrung, und nach zwei Jahren gab es „Daguerreotypisten" in allen Hauptstädten Europas.

In Amerika ist ein Maler, Professor Morse, der nachmalige berühmte Erfinder des Morse'schen Telegraphen, der erste gewesen, welcher Daguerreotypien fertigte, neben ihm wirkte Professor Draper für die neue Kunst.

Betrachten wir nun einmal den Arbeitsgang zur Herstellung der Daguerreotypplatten genauer. Als Bildfläche dient, wie schon oben bemerkt, eine Silberplatte, oder an Stelle derselben eine silberplattirte Kupferplatte. Diese wird mit Hülfe von Tripel und Olivenöl glatt geschliffen, dann mit englisch Roth und Wasser und Baumwolle auf das feinste polirt. Nur solche durchaus sauber polirte Platte ist für den Process brauchbar. Diese geputzte Platte wird mit der gereinigten Seite auf einen offenen viereckigen Kasten gelegt, auf dessen Boden sich fein zertheiltes Iod befindet. Dieses verdunstet, seine Dämpfe berühren das Silber und verbinden sich augenblicklich damit. Die Platte färbt sich dabei erst strohgelb, dann roth, dann violett, endlich blau. Die Platte wird alsdann vor dem Lichte geschützt, in die Camera-obscura an die Stelle gebracht, wo das Bildchen auf der matten Scheibe sichtbar ist, und hier eine gewisse Zeit „exponirt", wie der Photograph sagt, nachher in das Dunkle zurück- und hier auf einen zweiten Kasten gebracht, auf dessen metallenem Boden sich etwas Quecksilber befindet. Dieses Quecksilber wird mit Hülfe einer Spirituslampe schwach erwärmt. Auf der Platte ist anfangs nicht die Spur eines Bildes sichtbar. Dieses tritt erst dadurch hervor, dass die Quecksilberdämpfe sich an den vom Licht getroffenen Stellen niederschlagen, und dieses geschieht zwar um so stärker, je kräftiger das Licht gewirkt hat. Das Quecksilber verdichtet sich hierbei in ganz feinen weissen Kügelchen, die man unter dem Mikroskop sehr gut erkennen kann. Man nennt diese Operation die Entwickelung des Bildes.

Nach der Entwickelung muss das lichtempfindliche Iodsilber entfernt werden, um das Bild haltbar zu machen oder zu fixiren. Dieses geschieht durch eine Auflösung von unterschwefligsaurem Natron, welche das Iodsilber auflöst. Nachher ist nur noch Waschen mit Wasser und Trocknen nöthig, und das Daguerreotyp ist fertig. Zuweilen pflegte man auch das Bildchen des Schutzes halber zu vergolden. Man goss Chlorgoldauflösung darauf und erwärmte es, es schlug sich dabei eine zarte Goldschicht nieder, welche wesentlich zur Haltbarkeit des Bildes beitrug. Immerhin bleibt solches Bildchen leicht verletzbar und verlangt Schutz durch Glas und Rahmen.

Daguerre's erste Bilder brauchten noch eine Belichtungszeit von 20 Minuten, zu lange für Aufnahmen von Porträts. Bald aber fand man, dass Brom, ein seltener, dem Iod in vielen Beziehungen ähnlicher Körper, im Verein mit letzterm angewendet, bedeutend empfindlichere Platten liefert, die eine wesentlich kürzere Belichtungszeit von vielleicht 1—2 Minuten erlauben.

Wol mancher erinnert sich noch jener ersten Zeit der Photographie, in welcher die Personen genöthigt wurden, im vollen Sonnenschein Platz zu nehmen und sich die blendenden Strahlen ins Gesicht scheinen zu lassen, eine Tortur, die sich noch deutlich in den erhaltenen Bildern der photographischen Schlachtopfer in den schwarzen Schlagschatten, den verzogenen Wangenmuskeln und den zusammengekniffenen Augen ausprägt.

Solche Conterfeis hielten freilich nicht den Vergleich mit einer guten Zeichnung nach dem Leben aus, und schwerlich hätte die Porträtphotographie jemals Erfolg gehabt, wenn es nicht gelungen wäre, die Belichtung in einem ruhigern, weniger blendenden Lichte vorzunehmen. Dies wurde erreicht durch Erfindung einer neuen Linse, dem Porträt-Doppelobjectiv von Professor Petzval in Wien.

Diese neue Linse zeichnete sich dadurch aus, dass sie ein bedeutend helleres Bild lieferte als die alte Daguerre'sche, und dadurch auch weniger grell beleuchtete Gegenstände aufzunehmen gestattete. Petzval erfand diese Linse 1841. Nach seinen Angaben schliff sie Voigtländer, und bald war eine Voigtländer-Linse das nothwendige Erforderniss jedes Daguerreotypisten. Durch Anwendung von Bromiod und der Petzval'schen Linse wurde die Belichtung bis auf Secunden reducirt.

Damit erreichte die Daguerreotypie ihren Höhepunkt. So fein die erhaltenen Bilder auch erschienen, so kam man doch, nachdem die erste Begeisterung verflogen war und der Enthusiasmus einer nüchternen Kritik Platz gemacht hatte, dahinter, dass dieselben viel zu wünschen übrigliessen.

Zunächst erschwert der störende Glanz der Bilder sehr erheblich ihre Betrachtung. Dann traten auch auffallende Abweichungen von der Natur ein. Gelbe Gegenstände wirkten oft wenig oder gar nicht, und bildeten sich schwarz ab, blaue dagegen, die dem Auge doch dunkel erscheinen, wurden öfter (nicht immer) weiss.

Es ist dieses heute noch in der Photographie der Fall, nur sucht man jetzt durch Nacharbeitung an der Platte den Fehler zu mildern (Negativretouche).

Aber noch ein begründetes ästhetisches Bedenken wurde gegen diese Bilder geltend gemacht.

Es war keine Frage, dass die Daguerreotypie durch die wunderbare Schärfe ihrer Details, durch die fabelhafte Treue, mit welcher sie die Contouren der Gegenstände wiedergab, die Malerei weit übertraf. Die Daguerreotypplatte gibt mehr, aber — sie gibt eben deshalb zu viel. Sie bildet das vollkommen Nebensächliche mit derselben Treue ab, als die Hauptsache. Nehmen wir den einfachsten Fall, ein Porträt.

Ein Maler, der ein Porträt malt, malt durchaus nicht alles, was er in natura sieht. Das Original hat vielleicht einen schon etwas getragenen Rock an, derselbe zeigt hier und da manche Quetschfalte, auch einen Fleck, eine aufgeplatzte Naht, alles dies stört den Maler nicht im geringsten, er lässt solche Zufälligkeiten einfach weg. Ebenso wird er, wenn das Original vor einer zerfallenen Kalkwand sitzt, durchaus nicht jene Kalkwand mit ihren Klecksen mit in sein Bild aufnehmen. Er kann weglassen was er will, und zusetzen was er will. Anders ist es in der Photographie. Diese würde bei der Porträtaufnahme alle jene Kleinigkeiten, die im Bilde stören, mit eben solcher Genauigkeit abbilden, als die Hauptsache, den Menschen selbst. Hierzu kommt noch ein Punkt. Das, was der Maler in sein Bild aufnimmt, wird keineswegs alles gleichstark hervorgehoben. In jedem Porträt ist der Kopf die Hauptsache. Diesen führt der Maler denn auch am sorgfältigsten aus. Er macht ihn wenigstens am hellsten, er lässt die andern Theile mehr in das Halbdunkel zurücktreten. In der Photographie ist es aber keineswegs der Kopf, welcher am hellsten wird, häufig ist es irgendein Stuhl, ein Stück des Hintergrundes, und solches stört im Bilde sehr erheblich. Endlich aber wirkt der Ausdruck des Gesichts mit. Dieser ist nach der Stimmung des Menschen sehr verschieden. Die Photographie gibt natürlich den Ausdruck, den das Original im Moment der Aufnahme hatte. Dieser Ausdruck wird nun aber durch ganz unbedeutende Einflüsse wesentlich afficirt. Eine leise Verstimmung, Langeweile, eine unbedeutende Unbequemlichkeit oder die beim Photographiren zu beobachtende Unbeweglichkeit reichen oft hin, dem Gesicht einen fremdartigen Ausdruck zu verleihen.

Ganz anders ist es in einem gemalten Bilde, der Maler verkehrt länger mit der Person als der Photograph, er lernt sehr bald die zufälligen Stimmungen von dem charakteristischen Gesichtsausdruck unterscheiden, und dadurch ist er im Stande, ein dem Charakter des Dargestellten weit mehr entsprechendes Porträt zu liefern als der Photograph.

Natürlich gilt dies nur für Gemälde von Meistern ersten Ranges. In dem Porträt des Stümpers findet sich von diesen Vorzügen nichts, und diese zahllosen Stümper verschwanden allerdings, als plötzlich die Kunst der Sonne auftauchte, wie Fledermäuse vor dem Licht. Viele von ihnen ergriffen in richtiger Erkenntniss die neue Kunst selbst, und brachten es darin zu grössrem Erfolge als sie als Maler erzielt haben würden.

Der tüchtige Künstler hat jedoch die Photographie nicht zu fürchten. Im Gegentheil, sie gereicht ihm durch ihre fabelhafte Treue der Zeichnung zu seinem

Vortheil, er lernt daraus die Umrisse der Körper richtig wiedergeben, und seit Erfindung der Photographie ist unbedingt ein grösseres Naturstudium, eine grössere Naturwahrheit in den Bildern unserer Meister sichtbar.

Wir werden später sehen, wie auch die Photographen sich die ästhetischen Grundsätze, nach denen die Maler bei Fertigung ihrer Porträts verfahren, zu eigen machten und dadurch ihnen einen gewissen künstlerischen Stempel aufdrückten, der sie weit über die Producte der ersten Zeit erhebt. Dieser wurde aber erst möglich, als die Technik der Photographie selbst sich vervollkommnete und statt des widerstrebenden Materials der Silberplatten ein künstlerischen Arbeiten mehr entsprechendes zu verwenden gestattete.

DRITTES KAPITEL.
Die Papierphotographie und der Lichtpausprocess.

Talbot's Papierphotographien. — Lichtpauspapier. — Leaf prints. — Lichtpausprocess und seine Anwendung.

In demselben Jahre, als Daguerre seinen Process der Herstellung von Bildern auf Silberplatten veröffentlichte, publicirte Fox Talbot, ein reicher englischer Privatmann, der, wie viele begüterte Engländer, sich mit wissenschaftlichen Untersuchungen beschäftigte, ein Verfahren, Zeichnungen mit Hülfe des Lichts auf Papier zu fertigen. Er badete Papier in Kochsalzlösung, trocknete es und legte es dann in Silberlösung. Auf diese Weise erhielt er ein Papier, welches viel lichtempfindlicher war als das von Wedgewood angewendete. Dieses benutzte er zum Copiren von Pflanzenblättern. Talbot sagt selbst: „Nichts gibt schönere Copien von Blättern, Blumen u. s. w., als dieses Papier, besonders unter der Sommersonne; das Licht wirkt durch die Blätter hindurch und copirt selbst die zartesten Adern."

Talbot übertreibt nicht. In den Händen des Verfassers befinden sich Lichtabdrücke der Art von Talbot's eigener Hand, die die Aderung der Blätter jetzt noch trefflich erkennen lassen.

Die in dieser Weise in der Sonne copirten Bilder sind freilich noch nicht haltbar, da das Papier ja durch seinen Gehalt an Silbersalzen noch lichtempfindlich ist, Talbot gab aber ein Mittel an, die Bilder zu

22   Drittes Kapitel.

fixiren. Er tauchte dieselben in heisse Kochsalzlösung. Dadurch wurde der grösste Theil der Silbersalze entfernt, und die Bilder dunkelten jetzt wenig mehr im Lichte.

Noch sicherer gelang dieser Fixirprocess dem rühmlichst bekannten Sir John Herschel durch Eintauchen der Bilder in eine Lösung von unterschwefligsaurem Natron. Dieses Salz, welches alle Silbersalze

Fig. 5.

auflöst, wurde um jene Zeit sehr theuer bezahlt. Das Pfund kostete wol 2 Thaler. Mit der steigenden Bedeutung der Photographie steigerte sich die Production dieses Salzes, und jetzt wird es bereits in vielen tausend Centnern dargestellt, und zu einem Preise nicht höher als 5 Groschen per Pfund.

So wurde die Herstellung eines haltbaren Lichtbildes auf Papier, welche Wedgewood vergeblich anstrebte, ermöglicht. Freilich erlangte man nach dieser Methode nur Bilder von flachen Gegenständen, die sich leicht mit Papier zusammenpressen liessen, z. B. Pflanzenblätter, Zeugmuster. Das Verfahren ist neuerdings, nachdem es fast vergessen worden war, wieder in Aufnahme gekommen. Man stellte damit reizende Ornamente aus Blättern, verschiedenen Pflanzen und Blumen dar, und diese Copien werden um so schöner, als uns jetzt viel feinere und gleichmässigere Papiere zur Disposition stehen als Herrn Talbot, ja neuerdings sogar lichtempfindliches Papier der Art unter dem Namen Lichtpauspapier in den Handel gekommen ist.* Solche Blättercopien (leaf prints) sind namentlich in Amerika sehr beliebt. Wir geben hier die getreue Nachbildung einer solchen Blättercopie in Fig. 5.

Da durch die Käuflichkeit des lichtempfindlichen Papiers die Herstellung solcher Blättercopien sehr leicht gemacht wird, so geben wir hiermit die Art und Weise der Herstellung für unsere schönen Leserinnen, die in dieser Weise gleich ihren Schwestern in Amerika auch Bildchen zur Verzierung von Lampenschirmen, Briefmappen und ähnlichen Dingen herstellen können.

Die Blätter (namentlich Farrn u. dgl.) werden passend ausgewählt und zwischen Löschpapier gepresst und getrocknet, dann auf einer Seite gummirt und in einem passenden Arrangement, wobei der Geschmack der Arbeiterin massgebend ist, auf eine Glastafel geklebt, die in einem kleinen Holzrahmen liegt** (Fig. 6); sobald das Ganze trocken ist, kann man sofort mit dem Copiren beginnen.

Man legt ein Stückchen lichtempfindliches Papier

---

* Dasselbe wird dargestellt von Herrn Romain Talbot, Karlstrasse 11, in Berlin.
** Diese Holzrahmen, Copirrahmen genannt, Schälchen und Fixirsalz, werden ebenfalls von Herrn Talbot in Berlin fabricirt. Es existirt sogar jetzt ein kleines Spielzeug der Art im Handel unter dem Titel „Sonnencopirmaschine".

auf das Blätterarrangement, legt die beiden Holzdeckel *h h* auf und klemmt sie mittelst der Hölzchen *x x* fest, und dann setzt man das Ganze, die Glasscheibe nach oben, dem Lichte aus.

Sehr bald bräunt sich der Bogen da, wo er nicht von den Blättern bedeckt ist, und schliesslich wird er ganz bronzefarben. Das Licht dringt auch theilweise durch die Blätter und färbt das darunterliegende Pa-

Fig. 6.

pier bräunlich. Man kann leicht beobachten, wie weit die Färbung unter den Blättern gediehen ist, wenn man eins der Hölzchen *h* und den halben Deckel *d* wegnimmt und das Papier aufhebt.

Fig. 7.

Sobald die Zeichnung dunkel genug erscheint (es ist reine Geschmacksache, sie dunkel oder heller zu halten), nimmt man das Papier heraus und bringt es einstweilen in eine dunkle Schublade. Man kann in dieser Weise mehrere Bilder nacheinander machen,

Blättercopien.

die man nachher gemeinschaftlich fixirt, d. h. lichtbeständig macht.

Zu dem Zwecke legt man das Bild in ein flaches Schälchen (Fig. 8) mit Wasser, etwa 5 Minuten, und dann in ein zweites Schälchen, in welches man eine Auflösung von 20 Gramm Fixirnatron in 100 Gramm Wasser gegossen hat. In dem Moment, wo man die Copie darin untertaucht, wird sie gelbbraun. Nachdem die Copie 10 Minuten in der Fixirlösung gelegen hat (man kann auch mehrere Blätter, eins nach dem andern, eintauchen), wird sie herausgenommen und in frisches Wasser gelegt (am bequemsten in eine Untertasse). Dieses Einlegen in frisches Wasser wiederholt man vier- bis sechsmal, indem man das Bildchen jedesmal 3 Minuten in dem Wasser liegen lässt.

Fig. 8.

Nachher legt man die Bilder auf Löschpapier und lässt sie trocknen, sie lassen sich alsdann mittels reinen Kleisters auf Pappe oder dickes Papier, Leinwand, Glas oder Holz aufkleben.

Manchem wird dieses Verfahren nur als eine niedliche Spielerei erscheinen, es hat aber neuerdings immer mehr Bedeutung gewonnen als **Hülfsmittel zum Copiren von Zeichnungen, Karten, Plänen, Kupferstichen u. s. w.**

Diese Arbeit, welche sonst dem Techniker und Künstler viele Stunden Zeit und Arbeit kostete und bei aller Aufmerksamkeit doch ungenau wurde, lässt sich mit leichtester Mühe bewerkstelligen mit Hülfe des eben geschilderten Verfahrens.

Man denke sich auf ein Stück lichtempfindlichen Papieres eine Zeichnung gelegt und beide durch eine Glastafel fest zusammengedrückt dem Lichte ausgesetzt. Das Licht scheint durch alle weissen Stellen des Papieres hindurch und färbt die darunterliegenden Stellen des empfindlichen Papieres braun. Die schwarzen Striche der Zeichnung aber halten das Licht zurück, und an diesen Stellen bleibt demnach das darunterliegende Papier weiss. Lässt man daher das Licht genügend lange wirken, so erhält man in dieser Weise eine weisse Copie auf dunkelbraunem Grunde, die gerade so wie die obenbeschriebenen Blätterdrucke fixirt und gewaschen wird. Diese Copie ist in ihrer Stellung verkehrt zum Original, wie Bild und Spiegelbild, im übrigen aber stellt sie solches auf das treueste Strich für Strich dar. Wir geben in Tafel I die Copie eines eingedruckten Holzschnittes nach dieser Methode. Diese Copie ist nur klein, aber man kann ebenso gut die allergrösste, wie die kleinste Zeichnung copiren, und so macht man in der That in technischen Bureaux, in Bauhütten und Maschinenfabriken solche Copien nach Zeichnungen bis zu $1\frac{1}{4}$ Meter Grösse.

Man hat dazu grosse „Copirrahmen", die in ihrer Construction den kleinen obenbeschriebenen Rahmen ähnlich sind, und behufs des Fixirens und Auswässerns grosse Schalen von Holz, die mit Asphalt überzogen sind. Man nennt dieses Verfahren in der Praxis Lichtpausprocess. Die schwarze Copie, welche dieser liefert, nennt man ein negatives Bild. Nun kann man aber nach diesem wieder eine zweite weisse Copie fertigen, indem man das negative Bild auf lichtempfindliches Papier deckt. Dann scheint das Licht durch alle hellen Striche hindurch und färbt das darunterliegende Papier dunkel, während es unter den schwarzen Stellen des Negativs weiss bleibt. So entsteht ein Bild, welches dem ursprünglichen Originale auf das vollkommenste gleicht, ein positives Bild genannt. Das Waschen und Fixiren wird mit diesem

Bilde genau ebenso vorgenommen, als mit dem negativen. Fig. 9 stellt solche positive Copie nach dem Negativ Fig. 5 dar.

So ist der Geograph im Stande, sich rasch treue Copien seiner Handzeichnungen und Karten zu fertigen, der Ingenieur copirt die Maschinenzeichnungen, nach denen er arbeiten lassen, der Student naturwissenschaftliche Abbildungen, von denen er lernen will. Beim Copiren selbst muss das lichtempfindliche

Fig. 9.

Papier (Lichtpauspapier) das Originalbild innig berühren, ersteres wird deshalb auf die Bildseite, nicht auf die Rückseite des Originals gelegt.

Grosse Dienste hat dieser Process bereits im Felde geleistet, wenn es galt, von einer vielleicht nur in einem einzigen Exemplar vorhandenen Landkarte rasch eine Copie zu machen. Wollte man die Landkarte abzeichnen, so würde man mehrere Tage nöthig haben, und die Copie würde nimmermehr so genau werden, als die Lichtpause.

Es ist merkwürdig, dass dieser für die Industrie hochwichtige Process erst neuerdings in seiner vollen Bedeutung erkannt worden ist, obgleich Talbot's Versuche schon 32 Jahre bekannt sind. Der Grund ist jedenfalls darin zu suchen, dass die Papiere früher nicht in der Reinheit dargestellt wurden, wie jetzt, und daher häufig das Resultat durch Schmuzflecke so gut wie unbrauchbar gemacht wurde, andererseits aber in dem Umstande, dass die Präparirung der Papiere besondere Vorsicht erheischt und solche dem Ungeübten, d. h. dem Nichtphotographen, häufig mislangen, dass endlich die nach der ältern Methode präparirten Papiere sehr bald verdarben und daher sofort nach der Präparation verwendet werden mussten.

Diese Uebelstände sind durch Erfindung des Romain Talbot'schen Lichtpauspapieres, welches fertig präparirt in den Handel kommt, sich monatelang hält, aufgehoben und dadurch der Process für jeden Techniker und Liebhaber leicht ausführbar gemacht.

VIERTES KAPITEL.
Der Entwickelungsgang der modernen Photographie.

Talbot's Papiernegativ. — Photographie als vervielfältigende Kunst. — Nièpce de St.-Victor's Verdienste. — Eiweissnegative. — Die Schiessbaumwolle in der Photographie. — Collodium. — Archer's Negativprocess. — Eiweisspapier. — Die photographische Visitenkarte. — Das Photographiealbum.

Der Leser hat bereits aus dem vorigen Kapitel gelernt, was ein **Negativbild** ist und wie solches als Lichtcopie nach **flachen** Gegenständen gewonnen werden kann. Talbot, der Erfinder jenes Papierprocesses, strebte nun auch danach, körperliche Gegenstände, die sich **nicht** mit lichtempfindlichem Papier zusammenpressen lassen, z. B. eine Person, eine Landschaft, mit Hülfe einer Camera-obscura **auf Papier** abzubilden.

Dieses erreichte er in der That zwei Jahre nach Daguerre's Entdeckung mit Hülfe eines mit Iodsilber präparirten Papieres.

Er tauchte Papier in salpetersaure Silberauflösung und dann in Iodkaliumlösung. Er erhielt so ein wenig empfindliches Papier, das aber jederzeit durch Eintauchen in gallussaures Silber sehr lichtempfindlich gemacht werden konnte.*

Dieses Papier gab in der Camera-obscura exponirt nicht sofort ein Bild; erst nach längerm Liegen im Dunkeln oder bei nochmaliger Behandlung mit gallussaurem Silber entwickelte sich das Bild deutlich, aber

---

* Das Wesen dieses eigenthümlichen Processes wird weiter unten erklärt werden.

nicht als Positiv, sondern als Negativ. Bei einer Porträtaufnahme erschien z. B. das Hemd schwarz, ebenso das Gesicht, der schwarze Rock dagegen weiss.

Das Bildchen wurde durch Eintauchen in eine Lösung von unterschwefligsaurem Natron lichtbeständig gemacht.

Das so erhaltene Negativ ist bereits ein flaches Bild, gewonnen von einem körperlichen Gegenstande. Talbot fertigte nun nach solchem Negativ positive Bilder.

Er deckte das Negativ auf ein Stück lichtempfindliches Chlorsilberpapier, wie es im vorigen Kapitel beschrieben worden ist, und liess das Licht darauf wirken. Dieses schien durch die hellen Stellen des Negativs hindurch, färbte die darunterliegenden Partien des lichtempfindlichen Papiers dunkel, während die dunkeln Stellen des Negativs das darunterliegende Papier vor der Lichtwirkung schützten. So erhielt er von dem negativen Bilde ein positives Bild. Nun konnte er diesen Process beliebig oft wiederholen, und dadurch war er im Stande, von einem einzigen Negativ zahlreiche Positive mit Hülfe des Lichtes zu copiren. **Dadurch trat die Photographie ein in die Reihe der vervielfältigenden Künste**, und dieser Umstand übte auf ihre fernere Entwickelung einen tiefgehenden Einfluss aus.

Daguerre's Verfahren lieferte nur ein einziges positives Bild bei einer Aufnahme. Verlangte man deren mehr, so musste die Person wiederholt sitzen. Bei Talbot's Verfahren genügte eine einzige Aufnahme zur Herstellung von hunderten von Bildern.

Freilich waren die Talbot'schen Bilder der ersten Zeit nicht sonderlich schön. Alle Ungleichheiten des Papiers, jeder kleine Schmuzfleck prägte sich in der positiven Copie aus, und an Zartheit waren sie demnach den feinen Daguerreotypen nicht zu vergleichen. Bald aber wurde das Verfahren verbessert.

Nièpce de St.-Victor, der Neffe von Nicophore Nièpce, des Freundes von Daguerre, hatte die glückliche Idee, statt des Papiers in dem negativen Process Glas an-

Eiweissbilder. 31

zuwenden. Er überzog Glastafeln mit einer Eiweisslösung, in welcher Iodkalium aufgelöst war.

Solche Eiweisslösung lässt sich leicht herstellen, indem man Eiweiss zu Schnee schlägt und absetzen lässt. Die mit der Eiweissschicht überzogenen und getrockneten Glastafeln wurden in eine Silberauflösung getaucht. Hierbei bildete sich Iodsilber, und die ganze Eiweissschicht färbte sich dadurch gelb und wurde höchst lichtempfindlich.

Diese Glastafel brachte Nièpce nun an die Stelle des Bildes in der Camera-obscura und liess das Licht darauf wirken.

Der Eindruck desselben war anfangs unsichtbar, trat aber deutlich hervor, als man das Bild in eine Auflösung von Gallussäure steckte. So erhielt Nièpce ein negatives Bild auf Glas ohne die störenden Adern, Flecke, Wolken, Fasern, welche ein Papiernegativ zeigte.

Dieses negative Bild vervielfältigte er genau nach demselben Verfahren, welches Fox Talbot anwendet, und er erhielt von dem feinen negativen Bilde auch ein entsprechend feines positives Bild, welches weit eher im Stande war, den Vergleich mit den Producten Daguerre's auszuhalten.

Nièpce erfand sein Verfahren 1847. Es fand viele Aufmerksamkeit, hatte aber seine Schattenseiten. Die Präparation der Eiweisslösung, der Umgang mit Silberauflösungen und Galluslösungen führte viel Unsauberkeiten mit sich. Das Verfahren erschien daher vielen, die an den Daguerreotypprocess gewöhnt waren, schmuzig und unangenehm, und schreckte von der Beschäftigung damit ab.

Doch war der Vortheil des neuen Processes, nämlich die Möglichkeit der Vervielfältigung, auf der andern Seite zu einleuchtend, als dass man ihn hätte ignoriren können, und diejenigen, welche sich nicht vor schwarzen Fingern fürchteten, beschäftigten sich eifrig damit.

Ein wesentlicher Uebelstand bei diesem Process war

die leichte Zersetzbarkeit der Eiweisslösung. Man suchte daher nach einem andern Körper, der sich zuverlässiger erwies.

Diesen lieferte eine neue Erfindung, die im Jahre 1847 von Schönbein und Böttcher gemacht wurde, die sogenannte Schiessbaumwolle. Schönbein fand, dass gewöhnliche Baumwolle, in eine Mischung von Salpetersäure und Schwefelsäure eingetaucht, explosible Eigenschaften annimmt, gleich dem Schiesspulver. Man glaubte schon einen wichtigen Ersatz für diesen Körper gefunden zu haben, fand jedoch bald, dass seine Explosionsfähigkeit äusserst ungleich war, bald zu stark, bald zu schwach. Dagegen beobachtete man eine andere sehr nützliche Eigenschaft desselben Körpers, nämlich seine Löslichkeit in Alkoholäthermischung. Diese Lösung lässt beim Verdunsten ein durchsichtiges Häutchen zurück, welches sich ausserordentlich gut als Heftpflaster bei Wunden eignet, und durch diese Eigenschaften wurde der Körper, welcher bestimmt war als Zerstörungsmittel an Stelle des Pulvers zu treten und Wunden zu schlagen, ein Heilmittel für letztere. Man nannte diese Auflösung von Schiessbaumwolle Collodion.

Verschiedene photographische Experimentatoren kamen auf den Gedanken, diesen Körper an Stelle des Eiweisses zu versuchen, um Glasplatten damit zu überziehen; die Versuche führten jedoch anfangs zu keinem genügenden Resultat. Endlich veröffentlichte Archer in England eine vollständige Beschreibung eines Collodion-Negativverfahrens, dass an Schönheit der Resultate und an Einfachheit und Sicherheit das Nièpce'sche Eiweissverfahren übertraf. Archer überog Plangläser mit Collodion, in welchem Iodsalze aufgelöst waren, er tauchte diese in eine Silberlösung und erhielt so eine mit lichtempfindlichem Iodsilber imprägnirte Collodionhaut, welche in der Camera exponirt wurde. Der hier erzeugte unsichtbare Lichteindruck wurde sichtbar durch Uebergiessen der Platte mit Gallussäure, oder der ihm ähnlichen, aber chemisch kräftiger wirkenden Pyrogallussäure, oder an Stelle dessen einer Auflösung von Eisenvitriol.

Durch diesen Process erhielt man sofort ein äusserst feines, sauberes Negativbildchen, welches viel schönere Copien auf Papier lieferte als das frühere Talbot-Negativpapier. Eine sehr wesentliche Verbesserung erfuhr ferner das positive Papier, als man dasselbe nach Nièpce de St.-Victor's Vorgang mit Eiweiss überzog. Dadurch erhielt es eine glänzende Oberfläche und nahm im Lichte einen schönern, wärmern Farbenton an, der die Bilder brillanter erscheinen liess als die früher auf gewöhnlichem stumpfen Papier gefertigten.

So wurde der Talbot-Process, der anfangs neben dem Daguerre'schen kaum der Beachtung werth erschien, durch eine Verbesserung nach der andern allmählich so vervollkommnet, dass er schliesslich dem Daguerre'schen Process den Rang ablief. Von dem Jahre 1853 an kamen Papierbilder nach Collodionnegativen mehr und mehr in Eingang, die Bestellung auf Daguerreotypien nahm ab, und bald verschwanden letztere ganz, nur in Amerika werden sie noch hier und da angefertigt.

Jetzt ist das Collodionverfahren das herrschende. Es gewann einen ungemeinen Impuls durch Einführung der Visitenkarten. Dieses kleine Bildformat, welches darauf berechnet ist, verschenkt, daher also in einer Mehrzahl hergestellt zu werden, wurde 1858 von Disderi in Paris, dem Hofphotographen des Kaisers Napoleon, erfunden und fand so ungemeinen Beifall, dass es sofort in alle Kreise eingeführt und bald zu einem nothwendigen Object für jeden civilisirten Menschen wurde. Der billige Preis, für welchen diese Bilder geliefert wurden, lockte auch den Unbemittelten an, und scharenweise strömte jetzt das Publikum in die Ateliers, deren Zahl sich täglich vermehrte.

Durch die photographische Visitenkarte wurde das alte Stammbuch, das beliebte Souvenir jugendlicher Seelen, fast ganz verdrängt, an Stelle der geschriebenen Worte des Freundes oder der Freundin traten deren durch das Licht geschriebene Bilder. In jeder Bauernhütte existirt jetzt ein photographisches Album, und in Berlin allein sind jetzt mehr als zehn Fabriken in Thätigkeit, um den Bedarf an photographischen Albums zu befriedigen; sie werden von dort aus nach allen Welttheilen exportirt.

FÜNFTES KAPITEL.

Der Negativprocess.

Die Dunkelkammer. — Ueber chemisch unwirksames Licht. — Das Plattenputzen. — Collodioniren. — Empfindlichmachen. — Die Kassette. — Das Arrangement. — Die Belichtung. — Entwickelung. — Verstärkung. — Fixirprocess. — Lackiren.

In den vorigen Kapiteln haben wir den Entwickelungsgang der Photographie eingehend geschildert und sind dadurch in den Stand gesetzt, uns in der Werkstatt eines Photographen zurechtzufinden. Sein ganzes Thun beruht in der chemischen Wirkung des Lichts, und dennoch ist der Hauptraum seiner Thätigkeit nicht sowol das lichterhellte Atelier, sondern ein Verliess, in welchem vorzugsweise tiefe Nacht herrscht, es ist die Dunkelkammer. Was an das Licht gebracht werden und dessen zarteste Wirkungen wiedergeben soll, die lichtempfindliche Platte nämlich, das muss in der Finsterniss geboren werden, in der Dunkelkammer. Dieser Raum, „von Flaschen, Büchsen rings umstellt, mit Instrumenten vollgepfroft", ist die enge Welt des Photographen, aus welcher er nur für wenige Minuten heraustritt in das Licht seines Ateliers, um sofort mit der belichteten Platte zurückzukehren und diese noch mannichfaltigen chemischen Operationen zu unterwerfen.

Viele Personen glauben, dass das Auf- und Zumachen der „Klappe" (des Deckels an der Linse des Apparats, fälschlich Maschine genannt) die Hauptarbeit des Photographen sei. Ja, man erzählt von einer Königin, die zu photographiren glaubt, indem sie sich alles dazu Gehörige bringen und vorbereiten lässt, um, wenn alles zur Aufnahme bereit ist, den Deckel des Objectivs abzunehmen und wieder aufzusetzen, eine Arbeit, die ein fünfjähriges Kind ebenso gut machen könnte. Diese Operation ist aber nur ein Glied in der grossen Kette von 28, sage achtundzwanzig Operationen, die jede Platte durchmachen muss, um zunächst ein negatives Bild zu liefern, und es gehören wiederum mindestens acht Operationen dazu, nach diesem negativen Bilde ein positives Bild zu copiren. -

Sehen wir uns diese Operationen ein wenig näher an. Der Anblick einer Dunkelkammer ist zwar nichts weniger als einladend. Selbst bei der grössten Ordnung spritzen Tropfen von Silberauflösung umher, es entstehen hier und da schwarze Flecke. Dazu tritt ein permanenter Aetherparfum von verdunstendem Collodion und die infolge des nothwendigen Plattenwaschens unvermeidliche Feuchtigkeit. Und das alles erscheint in dem trüben Halblicht einer theilweise mit gelben Scheiben gedämpften Gas- oder Petroleumlampe oder eines mit ebensolchen gelben Scheiben eingefassten kleinen Fensters.

Von vornherein muss hier darauf aufmerksam gemacht werden, dass der photographische Dunkelraum nicht eigentlich völlig dunkel ist. Nur das Tageslicht muss von gewissen Operationen ausgeschlossen werden, das gelbe Licht der Lampe ist unschädlich.

Wir lernen hier gleich einen wichtigen Unterschied kennen, nämlich den Unterschied zwischen chemisch wirksamem und chemisch unwirksamem Licht. Chemisch sehr wirksam ist das Licht der Sonne, des blauen Himmels, das elektrische Licht, Magnesiumlicht, chemisch sehr wenig wirksam ist das Gaslicht, Petroleumlicht; völlig unwirksam ist das gelbe Licht einer Spirituslampe, deren Docht man mit Kochsalz eingerieben hat. Das wirksame Licht des Tages kann ferner unwirksam gemacht werden, wenn man dasselbe durch

Das Plattenputzen. 37

eine gelbe oder besser röthlich-gelbe Glasscheibe gehen lässt. Daher ist das durch das gelbe Fenster einer Dunkelkammer einfallende Licht chemisch unwirksam, oder doch so wenig wirksam, dass es nicht mehr stört. Es ist merkwürdig, dass das gelbe Licht, welches so kräftig auf unser Auge wirkt, auf die photographische Platte so gut wie keinen Einfluss äussert. Die Thatsache ist bis jetzt noch nicht genügend erklärt. Für die photographische Praxis hat sie ihre Nachtheile, ein gelbes Kleid z. B. wird in der Photographie leicht schwarz, ebenso ein gelbes Gesicht, gelbe Flecke, z. B. Sommersprossen, erscheinen im Bilde beinahe schwarz. Diese Nachtheile kann man jedoch durch Anwendung der später zu besprechenden Negativretouche umgehen. Auf der andern Seite aber hat die Unwirksamkeit des gelben Lichts auch ihre Vortheile für den Photographen. Sie gestattet, die lichtempfindlichen Platten bei einer Beleuchtung zu fertigen, die den Platten nicht schadet und seinen Augen demnach die Controle seiner Arbeit gestattet. Wären die Platten empfindlich für alles Licht, so müssten sie in absoluter Dunkelheit präparirt werden, und das hätte grosse Mislichkeiten.

Die erste Operation, welche behufs Präparation einer lichtempfindlichen Platte vorgenommen werden muss und welche grosse Sorgfalt erfordert, ist das Putzen des Glases. Die mit dem Diamant zugeschnittenen Scheiben werden einige Stunden in eine ätzende Flüssigkeit, Salpetersäure, gelegt und dadurch alle an der Oberfläche hängenden Unreinigkeiten zerstört.

Die anhängende Säure wird durch Waschen mit Wasser entfernt und dann die Platte mit einem reinlichen Tuche getrocknet. Jedem Laien würde sie jetzt rein erscheinen, der Photograph aber unterwirft sie noch einer Politur, indem er einige Tropfen Spiritus oder besser Ammoniak darauf verreibt. Jedes Betupfen mit dem Finger, jedes Streifen mit dem Rockärmel über die geputzte Fläche, ja jedes Tröpfchen Speichel, welches vielleicht beim Husten dem Munde entschlüpft, würde die reingeputzte Fläche wieder verderben, ja noch mehr, selbst die atmosphärische Luft wirkt mit der Zeit nachtheilig. Lässt man eine geputzte Platte nur 24 Stunden an der Luft stehen, so zieht sie allmählich Dünste aus derselben an und dann ist ein erneutes Putzen nothwendig.

Die geputzte Platte wird mit Collodion begossen. Das Collodion selbst ist, wie wir wissen, eine Auflösung von Schiessbaumwolle in einer Mischung von Alkohol und Aether, der man Iod und Brommetall, z. B. Iodkalium und Bromkadmium, beigefügt hat. Auch diese Lösung muss mit Beachtung der grössten Sauberkeit hergestellt sein, namentlich ist zu achten auf Reinheit der angewendeten Materialien, längeres Stehenlassen der angesetzten Mischung und sorgfältiges Abgiessen der Flüssigkeit vom Bodensatz. Das Ueberziehen einer Platte mit Collodion ist eine Sache des Handgeschicks, es gelingt nur dem, der es gesehen hat, und auch erst nach einiger Uebung.

Gewöhnlich giesst man auf die Mitte der an der Ecke mit der Hand völlig horizontal gehaltenen Platte einen runden Haufen der dicken Flüssigkeit und lässt diesen durch ganz leises Neigen nacheinander in alle vier Ecken fliessen, endlich über eine Ecke ablaufen.

Ein guter Theil der aufgegossenen Flüssigkeit, d. h. fast die Hälfte, bleibt an der Platte hängen.

Gewöhnlich bilden sich beim Ablaufen Streifen, die ebenfalls das Bild verderben würden, daher muss die Platte beim Ablaufen unaufhörlich gedreht werden, bis der letzte Tropfen abgelaufen ist. Die Flüssigkeit erstarrt dann zu einer zarten, feuchten, schwammigen Haut. In dem Moment, wo die dickere Ablaufseite erstarrt ist, muss die Platte sofort in die Silberauflösung (Silberbad) eingetaucht werden.

Hier geht nun ein seltsames Spiel der Flüssigkeiten vor sich. Die ätherische Collodionhaut stösst nämlich anfangs die wässerige Silberlösung wie Fett ab, und es gehört eine förmliche Bewegung der Platte in der Silberlösung dazu, um ein inniges Haften der Lösung an der Platte zu erzielen.

Neben dieser mechanischen Wirkung geht zu gleicher Zeit eine chemische Veränderung vor sich. Die in der Collodionschicht befindlichen Iod- und Bromsalze setzen sich mit dem salpetersauren Silber um, es entstehen Iod- und Bromsilber und salpetersäure Salze. Dieses so entstandene Iodbromsilber färbt die Schicht gelb. Jetzt erst ist die Platte fertig, welche als die Grundfläche für das vom Lichte zu zeichnende Bild dient.

Alle diese Operationen müssen der photographischen Aufnahme vorausgehen, und sie werden thatsächlich begonnen in dem Moment, wo das Publikum das Atelier betritt, und bei richtiger Leitung des Ganzen ist die Platte fertig, noch ehe das Arrangement des Aufzunehmenden vollendet ist.

Dieses Arrangement ist eine Arbeit für sich, sie ist rein künstlerischer Natur. Eine natürliche und dabei doch nicht ungraziöse Haltung des Originals, die Vorkehrung der Seite, von der es sich am vortheilhaftesten präsentirt, die malerische Ordnung des Gewandes, das Entfernen ungehöriger Gegenstände, die nicht im Bilde erscheinen sollen, das Hinzubringen solcher, die dazu passen, sei es ein Tisch, ein Schrank, ein Hintergrund, endlich die zweckmässige Direction des Lichts, das sind kurz zusammengefasst die Aufgaben, die dem Arrangeur zustehen. Nur wenige Minuten darf er darauf verwenden, denn die Personen ertragen kein langes Warten und Experimentiren, und die Platte dauert selbst nur kurze Zeit, denn sie ist feucht von anhängender Silberlösung, diese trocknet bald ein und die Platte ist alsdann unbrauchbar.

Ist endlich die Belichtung, wobei die Person eine absolute Ruhe bewahren muss, vollbracht, so wird die lichtempfindliche Platte nach der Dunkelkammer zurückgebracht.

Zu diesem Transport der Platte, die natürlich sorglich vor dem Tageslicht behütet werden muss, bedient

Fünftes Kapitel.

sich der Photograph eines flachen Kästchens (Fig. 10), Kassette genannt, dessen Boden H und Deckel D sich ausziehen, resp. aufklappen lassen. In den Ecken befinden sich Silberhäkchen dd, auf welchen die Platte aufliegt, eine am obern Deckel D befindliche Feder f hält sie in ihrer Lage fest. So kann sie in dem verschlossenen Kasten leicht transportirt werden, und so wird sie in die Camera-obscura eingesetzt, nachdem deren matte Scheibe so lange hin- und hergerückt worden ist, bis das Bild scharf darauf erscheint. Nach geschehener Belichtung wird die Platte in der Kassette nach dem Dunkelzimmer zurückgebracht.

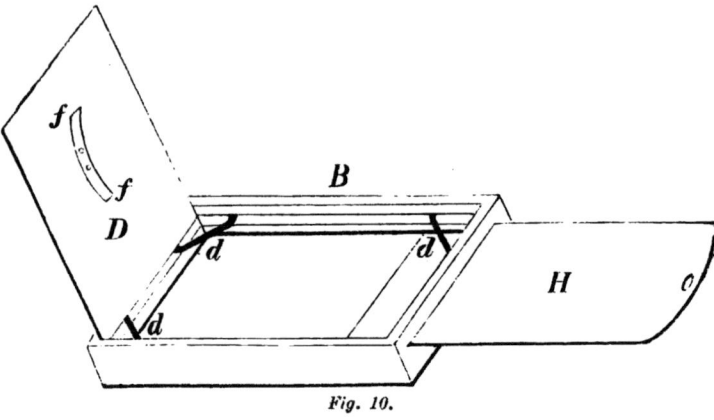

Fig. 10.

Hier folgt nun eine der wichtigsten Operationen; das ist die **Entwickelung** des Bildes. Auf der belichteten Platte ist nämlich nicht die Spur eines Bildes sichtbar. Die Wirkung des Lichts besteht nämlich in einer ganz eigenthümlichen Veränderung des Iodsilbers, welches den Hauptbestandtheil der Platte bildet. Dieses erlangt durch das Licht die Fähigkeit, pulveriges Silber anzuziehen, wenn dieses auf der Platte in irgendeiner Weise niedergeschlagen wird. Dieser Niederschlag wird nun bei der jetzt folgenden Operation erzeugt. Mischt man Silberauflösung mit einer

Fixirprocess. 41

sehr verdünnten Eisenvitriollösung, so erfolgt langsam ein Niederschlag von metallischem Silber, aber nicht als weisse glänzende Masse, sondern als graues Pulver. Nun hängt an der empfindlichen Platte Silberauflösung, welche noch aus dem Silberbade stammt. Giesst man demnach Eisenvitriollösung darüber, so entsteht ebenfalls ein Silberniederschlag, und plötzlich sieht man das Bild zum Vorschein kommen, indem das Silberpulver sich an die belichteten Stellen hängt.

Zuerst erscheinen die hellsten Theile beim Porträt, das Hemd, danh das Gesicht, endlich der schwarze Rock. Das so erhaltene negative Bild ist jedoch mit dieser Operation noch keineswegs vollendet.

Gewöhnlich ist 'das Bild zu durchsichtig, zu dünn, als dass es im Positivprocess zur Herstellung einer Papiercopie mit Hülfe des Lichts dienen könnte, denn die Herstellung der Copie erfolgt dadurch, dass das Licht durch die durchsichtigen Stellen des Negativs hindurchscheint und das darunterliegende Papier schwarz färbt, während es von den Theilen, die weiss bleiben sollen, zurückgehalten wird. Um dieses zu bewirken, müssen aber die betreffenden Stellen des Negativs hinreichend undurchsichtig sein.

Daher ist eine Kräftigung des Bildes nothwendig, und solches geschieht, indem man gleichsam den Entwickelungsprocess wiederholt. Man giesst eine Mischung von Eisenvitriol- und Silberlösung auf das Bild, und in dieser bildet sich wiederum ein Silberniederschlag, der sich nur an die Bildstellen hängt und diese dadurch intensiver färbt. Ist die Platte nicht völlig rein, so schlägt sich beim Entwickeln und Verstärken Silber an den Schmuzstellen nieder und gibt Flecke. Nachdem die Kräftigung des Bildes, der sogenannte Verstärkungsprocess, vollendet ist, ist es nur noch nothwendig, das Iodsilber, welches die Durchsichtigkeit der hellen Theile der Platte beeinträchtigt, wegzuschaffen. Dazu giesst man auf die Platte eine Lösung von unterschwefligsaurem Natron. Dieses Salz hat die Eigenthümlichkeit, unauflösliche Silbersalze aufzulösen, so auch das Iodsilber, welches unter dem Einflusse der Salzlösung verschwindet. Das ist der Fixirprocess. Endlich wird die Platte gewaschen und getrocknet. Wer in Betracht zieht, dass diese verschiedenartigen Operationen alle an einem durch die leiseste Berührung verletzbaren Häutchen verrichtet werden, wird sich nicht wundern, dass dem an Behandlung so zarter Sachen nicht gewöhnten Anfänger so manche Plattenschicht zerreisst, ehe sie fertig ist.

Auch im trockenen Zustande bleibt das Bild äusserst leicht verletzlich, und daher überziehen es die Photographen, um es zu schützen, mit einem Lack, d. i. eine Auflösung von Harzen, wie Schellack oder Sandarak in Spiritus. Hiermit ist das gebrechliche Glasnegativ vollendet.

Diese Uebersicht der Operationen, die ein Photograph nothwendig durchmachen muss, um ein negatives Bild herzustellen, wird genügen nachzuweisen, dass das Photographiren doch etwas schwieriger ist als mancher glaubt, und dass jedenfalls mehr dazu gehört als das Oeffnen und Schliessen der Klappe am Objectiv.

Zum Gelingen aller dieser Operationen gehört aber vorzugsweise Routine, eine durch eifriges Arbeiten erlangte Sicherheit in der Ausübung jedes einzelnen Processes. Fehler, die in irgendeiner Operation gemacht werden, sind in der Regel unheilbar, daher ist die Vermeidung derselben unbedingtes Erforderniss, und solches erreicht man nur durch Gewöhnung.

SECHSTES KAPITEL.
Der Positivprocess.

Charakter des Negativs. — Abweichung von der Natur. — Negativretouche. — Herstellung des lichtempfindlichen Papiers. — Copiren. — Tonen mit Chlorgold. — Fixiren. — Ursache des Verbleichens. — Silbergehalt der Bilder. — Abtönung der Photographie.

Im vorigen Kapitel haben wir die Erzeugung eines negativen Bildes nach der Natur kennen gelernt. So interessant ein solches Negativ auch sein mag, so dürfte es doch keinem Besteller eines Bildes genügen, denn es zeigt ja alle Dinge verkehrt. Das weisse Gesicht schwarz, den schwarzen Rock hell. Niemand würde ein solches Bild, welches ihn als Mohren darstellt, an die Wand hängen. Es gilt also, von diesem negativen Bilde ein positives zu copiren. Wie dieses geschieht, haben wir bereits in dem Kapitel über Lichtpausprocess kennen gelernt. Es ist das alte Talbot'sche Verfahren, was hier zur Anwendung gelangt, aber doch müssen wir noch einiger sehr wichtigen Zwischenarbeiten gedenken, die gerade für unsere jetzige Photographie von hoher Bedeutung geworden sind.

Die Camera-obscura, der Negativprocess, und der Photograph, welcher beide geschickt und mit Verstand zu handhaben weiss, liefern allerdings ein Negativ, welches, auf lichtempfindliches Papier gedeckt und dem Lichte exponirt, ein Positivbild liefert, aber dieses positive Bild zeigt bei aller Treue der Zeichnung der

Figuren, d. h. der Umrisse, doch sehr erhebliche Abweichungen von der Natur. Zunächst fällt es auf, dass die Licht- und Schattenverhältnisse keineswegs richtig wiedergegeben sind. Meistens erscheinen die hellen Partien etwas zu hell, die dunkeln, z. B. Falten im Gewande, der Haut, ferner der Schatten unter den Augen und Kinn, zu dunkel. Früher, als die Photographen nichts von Kunst verstanden, nahm man diese Fehler für baare Münze. Man schwor auf die Richtigkeit der Photographie, **weil die Natur sich durch die Photographie selbst zeichne.** Hierbei übersieht man die Mitwirkung des Photographen.

Die Natur, d. h. der aufzunehmende Gegenstand, macht allerdings durch das von ihm ausgehende Licht einen Eindruck auf die Platte, aber ein Lichteindruck ist noch kein Bild, er ist sogar an sich unsichtbar, noch mehr, die Stärke des Lichteindrucks steht ganz in dem Belieben des Photographen, je nachdem er kürzere oder längere Zeit belichtet (exponirt), kann er den Lichteindruck schwach oder intensiv halten. Es gibt gar keine Regel, wie lange ein Photograph belichten muss.

Die Natur bestimmt demnach eigentlich nur die Umrisse im Bilde, die Licht- und Schattenverhältnisse aber hängen ab theils von den Licht- und Schattenverhältnissen der Natur, theils von dem Belieben des Photographen.

Der Lichteindruck wird **entwickelt**, dadurch tritt er sichtbar hervor, endlich wird das entwickelte Bild **verstärkt**. Hierbei kann der Photograph die Licht- und Schattencontraste nach seinem Belieben steigern und sogar übertreiben, wie er will. Vergleicht man nun das Negativ aufmerksam mit dem Gegenstande, so findet man, dass manche dunkle Partien gar nicht erschienen sind, weil die Expositionszeit zu kurz war, als dass sie hätten einen Eindruck auf die Platte machen können. Andere sind zwar erschienen, aber zu blass. Dagegen sind sehr helle Theile, z. B. der

Hemdkragen, übertrieben hell und weiss, ja die daran befindliche Stickerei ist vielleicht gar nicht sichtbar, weil die Expositionszeit zu lang war. Bei langer Exposition nämlich bemerkt man öfter, wie helle Partien, die sich wenig in der Farbe unterscheiden, vollständig zusammenfliessen, d. h. einen einzigen weissen Klecks bilden.

Ausserdem sind die Zufälligkeiten, welche ein Maler unbedenklich weglassen würde, z. B. Wärzchen, Pickel, Härchen, alle mit derselben Deutlichkeit gezeichnet als die Hauptsachen, und somit sellt das Negativ weder eine correcte, noch eine angenehme Wiedergabe der Wirklichkeit dar, sondern liefert beim positiven Process ein Bild, welches sehr erhebliche Abweichungen von der Natur zeigt und durch zu starkes Hervortreten von Nebensachen oft uncharakteristisch wird.

In der ersten Zeit der Photographie ging man über diese Abweichungen leicht hinweg. Jedermann war zufrieden, ein Porträt zu besitzen, welches wenigstens seine Umrisslinien richtig zeigte, und was das Negativ sündigte, suchte man durch Retouche des Positivs zu ersetzen. Diese Retouche machte aber die Bilder theuer, und als man anfing, Bilder dutzendweise zu bestellen, suchte man daher diese Arbeit, die man an jedem einzelnen Bilde vornehmen musste, dadurch zu umgehen, dass man sie am Negativ vornahm.

Ein einziges retouchirtes Negativ lieferte natürlich Hunderte tadelloser Abdrücke, die nicht mehr retouchirt zu werden brauchten, und somit wurde die Negativretouche die erste und wichtigste Arbeit zur Herstellung eines wahrheitsgetreuen und angenehmen Bildes. Diese Negativretouche besteht darin, dass manche Partien ganz zugedeckt werden. Die (im Negativ hellen) Sommerflecke und Wärzchen z. B. werden durch Bleistift oder Tuschpunkte total weggeschafft. Andere Theile, z. B. zu dünne Details der Haare, werden durch Bleistiftstriche verstärkt. Manche Schatten, z. B. die Falten im Gesicht, durch Auflegen dünner Tusche gemildert. Diese Arbeit muss natürlich immer mit dem Gedanken gemacht werden, dass alles, was der Maler mit seinem schwarzen Stift in das Negativ einzeichnet, verkehrt, d. h. im Positiv hell erscheint.

Es gehört daher zur Negativretouche eine sehr gründliche Kenntniss der Wirkung von Bleistift und Tuschen verschiedener Nuancen beim positiven Process. Der beste Zeichner und Maler ist daher noch lange nicht im Stande, ein Negativ zu retouchiren.

Zu bemerken ist, dass der Negativretoucheur unter Umständen auch zu weit gehen kann. Durch Zudecken aller Falten kann er ein altes Gesicht jugendlich machen, durch Wegschneiden von Höckern und Abnormitäten ein hässliches Original verschönern, und diese Kunststückchen werden eiteln Bestellern gegenüber oft genug angewendet und theuer genug bezahlt.

Die am Ende des Bandes angefügte Tafel II zeigt zwei Porträts derselben Person, das eine nach einem retouchirten, das andere nach einem nichtretouchirten Negativ. Sie stellen eine berühmte Sängerin dar (Fräulein Artot), und erkennt man leicht die Flecke auf der Haut und die tiefen Schatten auf dem nicht retouchirten Bilde, während dieselben in dem retouchirten nicht sichtbar sind.

In vielen Fällen dient die Negativretouche nur der menschlichen Eitelkeit, aber dieses ist keineswegs immer der Fall.

Wie schon oben ausgeführt, gibt die Photographie die natürlichen Farben nicht immer richtig wieder. Das Gelb wird oft schwarz, das Blau weiss. Die Photographie nach farbigen Bildern leidet deshalb sehr erheblich an fehlerhafter Wiedergabe der Töne. Hier tritt die Negativretouche zur Correctur der Fehler als wichtiger Helfer ein, und durch sie allein ist die Photographie nach Oelgemälden auf die jetzige hohe Stufe der Vollkommenheit gehoben worden. Wir werden diesen Fall noch weiter unten besprechen. Betrachten wir jetzt die Operationen des positiven Processes.

Das Copiren. 47

Die erste Operation ist die Herstellung des lichtempfindlichen Papiers. Ein Stück mit Eiweiss überzogenen und mit Kochsalz getränkten Papieres wird auf eine Schale mit Silberauflösung gelegt. Das Papier schwimmt auf der Lösung, es saugt diese auf und es bildet sich durch Wechselzersetzung mit dem Kochsalz Chlorsilber. Nach einer Minute wird das Papier von der Silberlösung abgenommen.

Das nasse Papier zeigt sich wenig lichtempfindlich, die Lichtempfindlichkeit stellt sich erst nach dem Trocknen ein. Das trockene, mit Chorsilber und salpetersaurem Silber getränkte Papier wird nun in dem Copirrahmen (Fig. 11), der dem auf S. 24 beschriebenen ähnlich construirt ist, innig mit dem Negativ zusammengepresst und dann das Ganze dem Lichte exponirt. Jetzt geht derselbe Process vor sich, den wir bereits in dem Kapitel über das Lichtpausverfahren geschildert haben: das Licht scheint durch die hellen Stellen des Negativs hindurch und färbt das darunterliegende Papier dunkel. Unter den dunkeln Stellen des Negativs bleibt das Papier aber weiss, unter den Halbtönen färbt es sich etwas; so entsteht eine treue positive Copie des Negativs von schöner braunvioletter Farbe.

Fig. 11.

Wir wissen aus der Schilderung des Lichtpausprocesses, dass sich diese Copie, weil das Papier noch lichtempfindlich ist, im Lichte nicht lange halten würde. Die noch darin befindlichen Silbersalze müssen entfernt werden, wenn die Copie haltbar werden soll. Auch hier benutzt man zu gedachtem Zwecke eine Lösung von unterschwefligsaurem Natron. Taucht man die Copien in dieselbe, so werden sie dauerhaft im Licht, aber leider erleiden sie bei dem Eintauchen eine eigenthümliche Farbenveränderung: sie werden hässlich braun. Diese Farbe schadet nichts bei technischen und wissenschaftlichen Bildern, sie stört aber bei Porträts und Landschaften, und um diesen Bildern eine angenehmere Farbe zu ertheilen, taucht man sie vor dem Fixiren in eine ganz verdünnte Auflösung von Chlorgold. Man nennt diesen Process das Tonen.

Es schlägt sich dabei ein Theil des Goldes an den Bildcontouren nieder, färbt diese mehr bläulich, und nunmehr wird durch Eintauchen in die Fixirnatronlösung der Ton des Bildes nicht wesentlich geändert.

Das Bild, welches so entsteht, besteht theilweise aus Gold, theilweise aus Silber in fein zertheiltem Zustande, es braucht nur gründlich ausgewaschen zu werden, um seiner Haltbarkeit gewiss zu sein. Geschieht dieses nicht, so bleiben kleine Mengen schwefelhaltigen Fixirnatrons zurück, und diese zersetzen sich unter Bildung von gelbem Schwefelsilber. Daher kommt es, dass die Bilder aus älterer Zeit, wo man aus Unkenntniss über die Folgen das gründliche Auswaschen versäumte, so oft gelb und fahl werden.

Erstaunlich ist es, welche geringe Menge Silber und Gold dazu gehört, einen Bogen intensiv zu färben, es befindet sich in einem im Lichte über und über schwarz gewordenen Bogen von 44×47 Centimeter Grösse nur $0{,}15$ Gramm, in einem Bilde dieser Grösse dagegen nur $0{,}075$, d. h. etwa $1/13$ Gramm, in einer photographischen Visitenkarte etwa $1/500$ Gramm Silber.

Es muss hier bemerkt werden, dass die Bilder, welche frisch copirt sind, im Fixirprocess etwas bleichen, daher pflegt der Photograph dieselben dunkler zu copiren als sie nachher bleiben sollen. Daher erfordert auch der Copirprocess ein geübtes Auge, so einfach er auch scheinen mag.

Unter Umständen werden beim Copiren gewisse Kunstgriffe angewendet, um angenehme Effecte zu erzielen, dahin gehört unter anderm das sogenannte Abtönen. Jeder unserer Leser kennt gewiss die Porträts

Abgetönte Bilder.

auf weissem Grund, deren Contouren allmählich in den hellen Fond verlaufen. Dieser Effect wird in sehr einfacher Weise hergestellt, indem man auf den Copirrahmen eine sogenannte Maske legt. Diese ist ein Stück Blech oder Pappe a (Fig. 12), in welches ein ovales Loch b ausgeschnitten ist. Dieses wird auf den Copirrahmen kk gelegt, sodass der Theil des Negativs, welcher im Bilde copiren soll, senkrecht darunterliegt. Dieser Theil wird alsdann senkrecht von den breiten Lichtbündeln SS getroffen und intensiv gefärbt, die seitlichen Theile, welche unter der Maske liegen, werden aber nur durch das schmale Lichtbündel $S'S'$ getroffen; sie copiren daher nur blass, und um so blässer, je

Fig. 12.

weiter sie vom Rande der Maske entfernt sind; so entsteht der sanft verlaufende Rand, der sehr kunstvoll aussieht und doch nur das Resultat eines äusserst einfachen Kunstgiffes ist.

Das Bild, welches der Photograph in der vorher beschriebenen Weise erhält, bedarf nur einiger Zurichtung, um als elegantes salonfähiges Product vor dem Publikum zu erscheinen. Es wird in regelmässiger Form (rechteckig oder oval) zugeschnitten und mittels reinen Kleisters auf elegante weisse Pappe (Carton) geklebt und schliesslich nach dem Trocknen und nach Wegschaffen der kleinen Fehler durch eine kleine Retouche mit dem Pinsel noch durch zwei glatte Stahlwalzen gezogen (satinirt).

Es haben durch den Gebrauch sich gewisse Grössen bei dem Publikum eingebürgert. Dahin gehört im

Porträtfach das sogenannte Visitenkarten- und Cabinetformat. Ersterers hat die Grösse einer ziemlich grossen Visitenkarte, letzteres ist $2^1/_2$mal so gross.

Die Visitenkarte wurde 1858 von Disderi in Paris eingeführt; sie gewann rasch Verehrer und hat sich jetzt über die ganze Erde verbreitet. Selbst die chinesischen Photographen fertigen Photographien in Visitenkartenformat.

Die Visitenkarte und das in England zuerst eingeführte und vorzugsweise in Amerika beliebte Cabinetformat haben sich nicht blos in der Porträtphotographie, sondern auch in der Landschaftsphotographie und der Photographie nach Oelgemälden Geltung verschafft. Millionen dieser Bilder werden jährlich verkauft, und ein passend eingerichtetes Album zum Unterbringen derselben findet sich jetzt fast in jeder Familie.

Die Feinheit der Details erlaubt der Photographie solche kleinen Formate, sie ist aber keineswegs daran gebunden, sie geht in der Bildgrösse kühn bis zu Flächen, die ein lebensgrosses Porträt einschliessen können. Die Herstellung dieser erfordert freilich ein besonderes Verfahren, das sogenannte Vergrösserungsverfahren, das wir später noch genauer betrachten werden.

SIEBENTES KAPITEL.

Das Licht als chemisch wirksames Agens.

Theorie der Photographie. — Wesen des Lichts. — Wellenbewegung. — Mittönen. — Zerfallen des Realgars im Licht. — Chemische Zersetzungen durch das Licht. — Farben und Töne. — Schwingungen derselben. — Brechung des Lichts. — Farbenzerstreuung. — Das Spectrum. — Spectrallinien. — Unsichtbare Strahlen. — Photographische Mondscheinlandschaften. — Abnorme photographische Wirkung der Farben. — Potographie des Unsichtbaren.

„Grau, treuer Freund, ist alle Theorie, und grün des Lebens goldner Baum", sagt Goethe, und getreu diesem Spruche (der oft misverstanden und misbraucht wird und demjenigen, welcher nicht Lust hat zu denken, oft als Deckmantel seiner Faulheit dient) haben wir vorerst eine Fülle von Thatsachen aus dem Leben, d. i. aus dem Entwickelungsgange und der Praxis der Photographie besprochen, um nunmehr an der Hand der Wissenschaft uns Rechenschaft zu geben, wie und warum der zwar nicht goldene, aber silberne Baum der Photographie grünt und blüht und so herrliche Früchte trägt.

Zwei Wissenschaften reichen sich die Hand, um die Wunderwerke der Photographie zu vollbringen. Die eine ist die Optik, eine Abtheilung der Physik, die andere die Chemie. Dass sie allein noch nicht im

Stande sind, die Anforderungen zu erfüllen, die man an das Erzeugniss der Photographie, an das Bild stellt, haben wir bereits erörtert. Hier kommen noch ästhetische Forderungen in Betracht, und so vereinigt die Photographie die Gebiete der Naturwissenschaft und bildenden Kunst in sich, die anscheinend untrennbar weit auseinanderliegen. Wir beschäftigen uns zunächst mit den optischen Principien, d. h. mit der Betrachtung der Kraft, welche in der Photographie die chemischen Veränderungen erzeugt, d. i. das Licht. Wir werden sehen, dass die chemischen Wirkungen desselben nicht blos die Basis unserer Kunst geworden sind, sondern dass sie eine noch viel wichtigere Rolle in dem Entwickelungsprocess unsers Planeten gespielt haben und noch spielen.

Wir wissen von der Existenz von Sonnen, Monden, Planeten, wir kennen ihre Entfernung, ja noch mehr, wir kennen, obgleich wir durch Millionen von Meilen von ihnen geschieden sind, die darauf vorkommenden Stoffe.

Wir verdanken alle diese Kenntnisse dem Lichte. Was ist Licht? Wellenbewegung des Aethers. Was ist Aether? Ein unendlich zartes Fluidum, welches den ganzen Weltenraum erfüllt und welches ebenso gut wie alle Flüssigkeiten in Wellenbewegung geräth. Man werfe einen Stein ins Wasser, er schlägt Wellen, d. h. es bilden sich Kreise oder Ringe von Bergen und Thälern, diese scheinen vom Mittelpunkte aus fortzuschreiten, sie verbreiten sich immer weiter und weiter, werden dabei immer schwächer und schwächer, und verlieren sich endlich. Wirft man mehrere Steinchen gleichzeitig ins Wasser, so erzeugt jedes sein eigenes Wellensystem. Diese durchkreuzen sich in der complicirtesten Weise, es entsteht ein Wirrwarr von Ringen, und wunderbar ist, dass keiner den andern stört, dass jeder sich regelmässig vom Mittelpunkte der Erregung, wo der Stein ins Wasser fiel, nach aussen hin fortpflanzt. (Vgl. Fig. 13.)

Fortpflanzung des Lichts. 53

Man kann sogar eine Hand voll Sand, die viele Tausende Körner einschliesst, ins Wasser werfen, und man wird, wenn man seine Aufmerksamkeit auf die Wellen richtet, die ein einzelnes Korn erregt, deutlich beobachten, dass diese sich unbeschadet der zahllosen übrigen Wellen regelmässig kreisförmig fortpflanzen.

Diese Wellenbewegung ist eine der eigenthümlichsten Bewegungen, die in der Natur existiren, sie findet nicht blos im Wasser statt, sondern auch in der Luft, sie vermittelt die Fortpflanzung des Schalls.

Das Eigenthümliche der Wellenbewegung ist, dass die Flüssigkeit fortzuschreiten scheint, ohne es in Wirklichkeit zu thun. Sehen wir, am Ufer sitzend, einen Wellenkreis ankommen, so macht es ganz den Eindruck, als kämen die Wassertheilchen vom Punkte der Erregung auf uns zu.

Dass dieses ein Irrthum ist, lässt sich leicht nachweisen, wenn man Sägespäne oder ein Stückchen Holz in das Wasser wirft. Es tanzt auf den Wellen auf und ab, ohne sich von der Stelle zu rühren. In der That ist die Wellenbewegung nur ein solches Auf- und Niedertanzen der Wassertheilchen, und diese Bewegung theilt sich nach und nach den benachbarten Wassertheilchen mit.

Fig. 13.

Genau ebenso pflanzt sich das Licht von einem leuchtenden Körper aus nach allen Richtungen im Weltenäther wellenschlagend fort. Die Richtung der Fortpflanzung nennen wir einen Lichtstrahl. Wir nehmen ihn wahr, sobald er unser Auge trifft, indem der zitternde Aether unsere Netzhaut erschüttert.

Nun wissen wir von den Wellen der Töne, dass sie im Stande sind, andere Körper in Schwingungen zu versetzen. Schlägt man auf einer Violine die A-Saite an, so tönt dieselbe A-Saite in einem benachbarten Klaviere deutlich mit. Ja, man braucht nur den Dämpfer eines Klaviers aufzuheben und irgendeinen Ton hineinzusingen, und augenblicklich tönt die Saite mit, die den gleichen Ton hat. Dasselbe thut eine gleichgestimmte Glasglocke. Es gibt sogar Leute, die durch einen scharfen, schrillend gesungenen Ton im Stande sind, ein Glas zu zerschreien. Es wird durch die Wellenbewegung in so heftige Erschütterungen versetzt, dass es in Stücke zerfällt. Unter solchen Umständen darf es nicht wundernehmen, dass auch der zitternde Lichtäther im Stande ist, Körper so heftig zu erschüttern, dass sie zerfallen.

Das wunderbarste Beispiel der Art gewährt der Realgar. Dieses ist ein schön rubinrothes, prächtig krystallisirendes Mineral, welches aus Schwefel und Arsenik besteht. Legt man solchen Krystall monatelang an das Licht, so wird er mürbe, er zerfällt zu Pulver. In dieser Weise sind dem mineralogischen Museum in Berlin manche Prachtstücke des schönen Minerals verloren gegangen.

Hier liegt nur eine mechanische Wirkung der Lichtwellen vor, keine chemische, sie macht uns aber die Möglichkeit einer solchen fassbar. Die Wärme veranlasst chemische Zersetzungen, indem sie die Körper ausdehnt und dadurch die kleinsten Theile derselben (Atome genannt) so weit voneinander entfernt, dass die chemische Kraft, welche sie bindet, ihre Wirksamkeit verliert und dadurch die Bestandtheile sich trennen. So zerfällt Quecksilberoxyd durch die Wärme leicht in seine Bestandtheile, Quecksilber und Sauerstoff.

Licht bewirkt dieselbe Zersetzung, indem die Lichtwellen die Atome des Körpers erschüttern, d. h. sie in Schwingung versetzen, und sind diese Schwingungen bei den Bestandtheilen des Körpers nicht gleichartig, so erfolgt eine Trennung derselben, der Körper zerfällt.

Die Lichtwellen sind keine Fiction, man hat nicht nur ihre Existenz erkannt, sondern auch ihre Grösse bestimmt. Diese ist unendlich gering, aber dennoch genau messbar. Schallwellen und Lichtwellen erweisen sich demnach als etwas Analoges, und wie es in der Musik verschiedene Töne gibt, so gibt es beim Licht verschiedene Farben. Gross ist die Zahl der Töne. Das einfachste Klavier zählt jetzt neun Octaven, und es gibt noch Töne darunter und darüber. Die Zahl der Farben ist dagegen gering. Man unterscheidet deren nur sieben, Roth, Rothgelb, Gelb, Grün, Blau, Dunkelblau, Violett, es sind die bekannten sieben Regenbogenfarben. Der Maler begnügt sich sogar mit drei Grundfarben, Gelb, Blau und Roth. Alle übrigen gehen aus der Mischung derselben hervor, und die grosse Farbenscala der Maler besteht nicht aus einfachen Farbentönen, sondern sozusagen aus Farbenaccorden. Die tiefen Töne der Musik machen wenig Schwingungen, die hohen mehr. Eine $\bar{a}$-Saite macht z. B. 420 Schwingungen in der Secunde, das um eine Octave tiefere kleine a nur 210, das grosse A 105.

Beim Licht ist Roth die Farbe, welche die geringste Zahl der Schwingungen macht, es ist der tiefste Farbenton, Violett der höchste, er schwingt nahezu doppelt so rasch als Roth.

Von den Tönen wissen wir, dass sie sich gleichschnell in der Luft fortpflanzen. Wäre das nicht der Fall, so würde ein Musikstück, von weitem gehört, als die ärgste Dissonanz empfunden werden.

Genau so ist es auch im Reiche des Lichts, die Farben ohne Ausnahme pflanzen sich gleichschnell im Aether fort, das Roth so rasch wie das Violett. Während aber der Schall in der Secunde nur 1024 Fuss = 333 Meter zurücklegt, eilt das Licht in dieser Zeit 42000 Meilen weit, und der tiefste Farbenton, das Roth, macht in einer Secunde 420 Billionen Schwingungen, d. i. millionenmal millionenmal soviel als der

Ton, den man in der Musik mit einem gestrichenen ā bezeichnet*, d. i.

Die geringe Zahl von Farbentönen gegenüber der grossen Zahl von musikalischen Tönen ist auffällig. Es gibt aber in der That ausser den sieben sichtbaren Farben noch unsichtbare, die theilweise höher und theilweise tiefer liegen als die sichtbaren Farbentöne.

Diese unsichtbaren Farbentöne werden wahrnehmbar einerseits durch das Thermometer, welches uns die tiefern Farbentöne offenbart, andererseits durch ihre Wirkung auf lichtempfindliche Substanzen. Denn merkwürdigerweise besitzen die Farbentöne, welche höher als Violett sind, obgleich sie unsichtbar sind, eine starke chemische Wirksamkeit.

Wir nennen die unsichtbaren Farbentöne jenseit des Violett Ultraviolett, die jenseits des Roth Ultraroth.

In dem gewöhnlichen weissen Lichte finden sich alle Farbentöne nebeneinander, sie erregen gemeinschaftlich die Empfindungen von Weiss. Wollen wir die Farbentöne einzeln betrachten, so müssen wir sie trennen, und dieses gelingt mit Hülfe eines Prismas.

Jedes geschliffene Kronleuchterprisma lässt die durchgesehenen Flammen als einen regenbogenfarbenen Streifen erscheinen, welcher dieselben Farben enthält, welche wir oben bereits genannt haben. Diese Trennung der Farben im Prisma erfolgt durch Brechung.

Tritt ein Lichtstrahl aus einem durchsichtigen Körper in einen andern, so wird er von seiner geradlinigen Richtung abgelenkt, diese Ablenkung ist es, welche man Brechung nennt.

---

* Wir bemerken hier, dass der Ton ā nicht überall gleich ist; das ā der berliner Oper ist das höchste, es hat 437 Schwingungen, das ā der italienischen Oper zu Paris dagegen nur 424 Schwingungen. Wir haben der Einfachheit wegen eine runde Zahl = 420 angenommen.

Farbenzerstreuung.

Trifft z. B. der Strahl *a n* (Fig. 14) eine Wasserfläche, so geht er nicht in seiner ursprünglichen Richtung *a n* weiter, sondern in der Richtung *n b*. Errichtet man an dem Punkte *n*, wo der Strahl in das Wasser fällt, dem Einfallspunkte, eine senkrechte Linie *n d*, so ist diese das **Einfallsloth**, und die Regel ist, dass, wenn der Strahl von einem dünnern Medium (z. B. Luft) in ein dichteres übergeht, er dem Einfallsloth **genähert** wird, denn *n b* liegt dem Einfallsloth offenbar näher als *n a*. Anders ist es, wenn ein Strahl von einem dichtern Medium in ein dünneres übergeht, z. B. aus Glas in Luft. Dann entfernt sich der Strahl *n b* vom Einfallsloth *n d*, d. i. der Winkel, den er nach der Brechung mit dem Einfallsloth macht, ist grösser als der Winkel, den er vorher mit demselben macht.

Nun ist es eine Eigenthümlichkeit, dass das Licht ungleicher Tonhöhe auch ungleich stark gebrochen wird.

Lässt man ein Bündel weissen Sonnenlichts auf ein Stück Glas fallen, so werden die violetten Strahlen stärker abgelenkt als die blauen, diese stärker als die grünen, gelben und rothen, und das Resultat ist, dass das weisse Strahlenbündel in einen regenbogenfarbenen Fächer, Violett, Indigo, Blau, Grün, Gelb, Orange, Roth, aufgelöst wird.

Fig. 14.

Diese Erscheinung ist die Ursache der Entstehung des Regenbogens. Fällt ein Strahl *a* auf einen Wassertropfen (Fig. 15), so wird er gebrochen und zu gleicher Zeit in einen farbigen Fächer zertheilt, der von der Rückwand des Tropfens reflectirt wird, bei *b* abermals eine Brechung und Farbenzerstreuung erleidet und als breites Farbenbündel austritt. Bei offenem Tageslicht ist solches nicht rein wahrnehmbar, weil unser Auge durch das helle Licht der Umgebung geblendet ist. Um das

Farbenspectrum rein zu beobachten, stellt man dasselbe am besten in einem verdunkelten Zimmer dar, in welches man das Licht nur durch eine schmale Spalte b (Fig. 16) eintreten lässt.

Bringt man das Prisma S vor diesen Spalt, so sieht man auf der gegenüberliegenden Wand das Farbenspectrum sehr rein. Ist der Spalt hinreichend eng, so beobachtet man in demselben eine Reihe dunkler Linien, die den Farbenstreifen senkrecht durchschneiden.

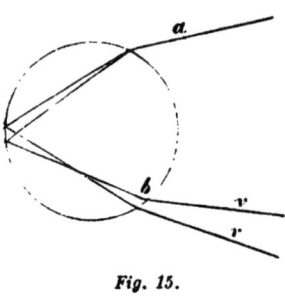

Fig. 15.

Diese Linien, welche Wollaston zuerst sah und der berühmte Optiker Frauenhofer genauer studirte, führen nach letzterm den Namen Frauenhofer'sche Linien.

Diese Linien befinden sich immer an derselben Stelle, sodass man dieselben als die natürlichen Notenlinien betrachten kann, auf welchen die Farbenscala aufgeschrieben ist. Und wie die Notenlinien zur Erkenntniss der Tonlage dienen, so bedient man sich der Spectrallinien zur Bezeichnung bestimmter Stellen der Farbenscala.

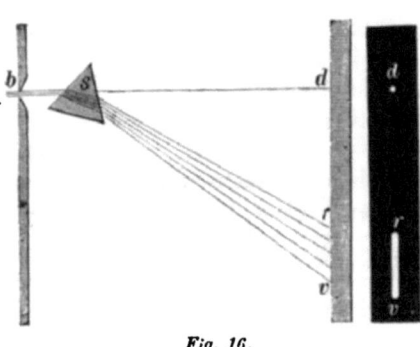

Fig. 16.

Der Ausdruck im Spectrum beim Grün würde z. B. eine Stelle nur sehr unsicher bezeichnen, dagegen ist durch die Angabe der im Grün sich befindenden Spectrallinie sofort die Stelle des Spectrums gekennzeichnet. Frauenhofer hat zu diesem Zwecke gewissen sehr charakteristischen Linien Namen gegeben, er bezeichnet sie mit Buchstaben. So nennt er eine bestimmte Linie im Roth *A*, eine andere im Gelb *D*, eine im Violett *H* und *H'*. Da die Zahl der Linien viele Tausende beträgt, so reichen diese Buchstaben nicht hin zur Bezeichnung aller. (Vgl. Fig. 17.)

Die beschriebenen Linien finden sich vorzugsweise im Sonnenlicht. Das Licht anderer Sterne zeigt wesentlich andere Linien, das Licht künstlicher Lichtquellen zeigt nicht dunkle, sondern helle Linien.

Eine mit Kochsalz gelb gefärbte Flamme zeigt z. B. eine sehr charakteristische Linie im Gelb, brennender Magnesiumdraht mehrere blaue und grüne Linien.

Die Lage dieser Linien stimmt vollständig überein mit der Lage gewisser dunkler Linien im Sonnenspectrum; so liegt z. B. die gelbe Linie in einer mit

Fig. 17.

Kochsalz gefärbten Flamme genau dort, wo im Sonnenspectrum die Linie *D* liegt. Die grünen Linien in einer Magnesiumflamme genau dort, wo im Sonnenspectrum die Linien *E* und *b* liegen.

Diese merkwürdige Uebereinstimmung führte zu der Vermuthung, dass die Linien im Sonnenspectrum ihr Dasein vielleicht denselben Stoffen verdanken, welche die gleichliegenden Linien in irdischen Flammen erzeugen. Kirchhoff erhob durch seine Untersuchungen diese Vermuthung zur Gewissheit, und so konnte er aus den Linien im Sonnenspectrum die Stoffe bestimmen, die auf dem glühenden Sonnenkörper vorhanden sind und dadurch Aufschluss geben über die chemische Zusammensetzung eines Gestirns, das 20 Millionen Meilen von uns entfernt ist (Spectralanalyse).

Aber das Spectrum birgt noch andere Wunder, die

nicht das menschliche Auge, wol aber die photographische Platte erkennt.

Setzt man eine lichtempfindliche Platte der Wirkung des Spectrums aus, so beobachtet man, dass Roth und Gelb so gut wie gar keinen Eindruck auf dieselbe machen, Grün nur einen schwachen. Kräftiger wirkt schon das Hellblau, am intensivsten aber das dunkle Indigo und Violett, aber auch jenseit des Violett in dem Raume, wo für unser Auge keine Strahlen mehr wahrnehmbar sind, findet noch eine deutliche Wirkung statt, und diese erstreckt sich über einen Raum jenseit des Violett, der fast ebenso lang ist, als der sichtbare Theil des Spectrums.

Aus dieser Thatsache erkannte man die Existenz der bereits erwähnten ultravioletten Strahlen. Die Netzhaut unsers Auges und die photographische Platte zeigen demnach eine ganz verschiedene Empfindlichkeit. Unser Auge wird am heftigsten afficirt von Gelb und Grün. Diese Farben erscheinen uns als die hellsten, die photographische Platte dagegen wird von diesen hellen Farben gar nicht afficirt, dagegen sehr kräftig von den indigofarbenen und violetten Strahlen, die unserm Auge dunkel erscheinen, und sogar von solchen, die unserm Auge unsichtbar sind.

Daher ist es natürlich, dass die Photographie manche Gegenstände falsch wiedergibt. Früher machten wir schon darauf aufmerksam, dass die Photographie für schwach erleuchtete Gegenstände (Schatten) viel weniger empfindlich ist als das menschliche Auge. Am deutlichsten geht dieses daraus hervor, dass das Auge in dem 200000mal schwächern Mondlicht bequem sehen kann, während die photographische Platte von einer Mondscheinlandschaft kein Bild zu liefern im Stande ist. Die photographirten Mondscheinlandschaften, welche man zuweilen im Handel findet, sind Aufnahmen von Landschaften bei Tagesbeleuchtung, die man sehr dunkel copirt, sodass sie einen mondscheinartigen Effect machen. Sehr beliebt sind derartige Bilder in Venedig.

Abnorme Wirkung der Farben. **61**

Diese geringe Empfindlichkeit der photographischen Platte für schwache Lichter ist die Ursache, dass Schatten in der Photographie meist zu schwarz werden. Zu diesen Fehlern tritt nun noch die falsche Wirkung der Farben. Blau wirkt meistens hell, Gelb und Roth wirken wie Schwarz. Die gelben Sommersprossen erscheinen daher im Bilde als schwarze Flecke, ein blaues Kleid wird völlig weiss. Blaue (also dunkle) Blumen auf gelbem (also hellem) Grunde geben in der Photographie helle Blumen auf dunkelm Grunde. Rothes Haar wird schwarz, ebenso goldblondes. Selbst eine ganz schwache gelbe Färbung wirkt schon nachtheilig. Bei der Photographie nach einer Zeichnung stören schon die feinen Eisenflecke, die sich öfters im Papier befinden und die kaum mit dem Auge sichtbar sind. Diese Flecke kommen als schwarze Punkte. Es gibt Gesichter mit leisen gelben Flecken, die dem Auge gar nicht auffallen und die in der Photographie auffallend dunkel zum Vorschein kommen. In Berlin wurde vor einigen Jahren eine Dame photographirt deren Gesicht in der Photographie niemals Flecke ergeben hatte. Zur Ueberraschung des Photographen erschienen bei der Aufnahme augenfällige, im Original selbst unsichtbare Flecken. Einen Tag später erkrankte die Dame an den Pocken, und die anfangs für das Auge unsichtbaren Flecken traten jetzt deutlich sichtbar zum Vorschein. Hier hatte die Photographie die (jedenfalls ganz schwachgelb tingirten) Pockenflecken früher erkannt als das menschliche Auge.

Bei der Photographie farbiger Bilder treten solche abnorme Farbenwirkungen noch viel deutlicher auf, und sie sind nur wegzuschaffen durch zweckmässige Bearbeitung der Platte, durch **Negativretouche**.

Es ist hier aber zu bemerken, dass keineswegs alle blauen Farben in der Photographie hell werden. Eine Ausnahme bildet z. B. der Indigo, welcher ebenso dunkel wird wie in der Natur, wie die Photographien preussischer Soldatenröcke zeigen. Der Grund liegt darin, dass das Indigo noch eine sehr beträchtliche Menge Roth enthält. Dagegen wirken Kobaltblau und Ultramarin-Blau fast wie weiss. Zinnoberroth wirkt sehr dunkel, ebenso englisch Roth, Krapproth dagegen, welches Blau enthält, wird sehr hell. Chromgelb wird viel dunkler als Neapelgelb, Schweinfurter Grün heller als grüner Zinnober. Keins unserer Pigmente zeigt eine absolut reine Spectralfarbe, sondern besteht stets aus einer Mischung verschiedener Farben, und dadurch modificirt sich die photographische Wirkung wesentlich.

Betrachtet man die Wirkung der Spectralfarben auf photographische Platten genauer, so beobachtet man, dass die stärkste Wirkung im Indigo liegt. Die verschiedenen photographisch empfindlichen Präparate verhalten sich jedoch in diesem Punkte etwas verschieden. Chlorsilber ist am empfindlichsten für Violett, unempfindlich für Blau. Bromsilber ist auch für Grün empfindlich, Iodsilber nur für Violett und Indigo. Mischungen von Iod und Bromsilber auch für Blau und Grün. Dem Verfasser dieses Buches ist es am Ende des Jahres 1873 gelungen, photographische Platten auch für solche Farben empfindlich zu machen, die bisher als unwirksam galten, d. h. für Gelb, Orange und Roth. Er fand, dass, wenn dem Bromsilber, welches für sich allein nur wenig für Grün empfindlich ist, gewisse Farbstoffe zugesetzt werden, welche grünes Licht verschlucken (absorbiren), die Empfindlichkeit des Bromsilbers für Grün bedeutend gesteigert wird. In gleicher Weise lässt sich durch Zusatz von Farbstoffen, welche das gelbe oder rothe Licht absorbiren, das Bromsilber für gelbes und rothes Licht empfindlich machen. Nach dieser Entdeckung dürfen wir hoffen, die Schwierigkeiten, welche bisher die Aufnahme farbiger Objecte darbot, bald überwunden zu sehen.

Man hat früher öfters von einer Photographie des Unsichtbaren gesprochen. Die obengenannten Fälle (Photographie unsichtbarer Pocken) gehören hierher. Speciell versteht man darunter aber die Photographie einer unsichtbaren Chininschrift. Schreibt man mit einer concentrirten Lösung von saurem schwefelsauren Chinin auf Papier, so erhält man eine kaum sichtbare Schrift. Photographirt man dieselbe, so erscheint sie im Bilde schwarz und deutlich sichtbar. Das saure schwefelsaure Chinin hat nämlich die Eigenschaft, die violetten, ultravioletten und blauen Strahlen gleichsam herabzustimmen, d. h. sie in Strahlen von geringer Brechbarkeit und geringerer chemischer Wirksamkeit zu verwandeln. Daher wirkt das von Chinin ausgehende Licht wenig oder nicht, und die Schriftzüge werden demnach schwarz.

Diese Eigenschaft des schwefelsauren Chinins dient auch dazu, ultraviolette Strahlen sichtbar zu machen. Hält man ein Stück Papier, das mit saurem schwefelsauren Chinin bestrichen ist, in das Spectrum, so sieht man den anfangs unsichtbaren ultravioletten Theil des Spectrums im bläulich grünlichen Lichte leuchten.

Aehnlich wirken auch andere Körper, z. B. Uranglas, Flussspat von Devonshire, und hat daher diese Eigenschaft den Namen Fluorescenz erhalten.

ACHTES KAPITEL.
Chemische Wirkung verschiedener Lichtquellen.

Künstliches Licht. — Magnesiumlicht. — Drummond'sches Kalklicht. — Elektrisches Licht. — Aufnahme unterirdischer Räume durch gespiegeltes Sonnenlicht. — Chemische Intensität des Sonnenlichts und des blauen Himmelslichts. — Athmung der Pflanzen unter Einfluss des Lichts. — Wirkung des Lichts in der Entwickelungsgeschichte der Erde und im Haushalte der Natur.

Aus den im vorigen Kapitel erörterten Thatsachen geht hervor, dass die chemische Wirkung hauptsächlich ausgeübt wird von den ultravioletten, violetten und blauen Strahlen. Es ist demnach leicht ersichtlich, dass das Licht irgendeiner Lichtquelle um so intensiver chemisch wirken wird, je reicher es an diesen Strahlen ist.

Sehr arm an solchen Strahlen ist das Lampenlicht, Gas- und Petroleumlicht. Dieses wirkt daher nur schwach auf die photographische Platte, und infolge dessen können die Photographen bei gedämpftem Lampenlicht ihre empfindlichen Platten präpariren.

Häufig geschieht solches auch bei Tageslicht, welches durch eine gelbe Scheibe gedämpft worden ist.

Bedeutend reicher an chemisch wirksamen Strahlen ist das indianische Weissfeuer und die blauen bengalischen Flammen, ferner die Flamme des brennenden Schwefels. Die letztere besitzt nur eine geringe Leuchtkraft, weil sie wenig leuchtende (gelbe und rothe) Strahlen enthält, dagegen ist sie reich an blauen und violetten Strahlen. Man hat in der That mit Hülfe dieser Flammen photographische Bilder aufgenommen.

Magnesiumlampe.

Weit übertroffen werden aber dieselben in ihrer Wirksamkeit durch das **Kalklicht**, **Magnesiumlicht** und **elektrische Licht**. Das Magnesiumlicht wird in sehr einfacher Weise durch Abbrennen von Magnesiumdraht dargestellt. Magnesium ist ein Metall, welches den Hauptbestandtheil der Magnesia bildet. Magnesia ist nichts weiter als Magnesiumrost, d. i. eine Verbindung des Magnesiums mit Sauerstoff.

Fig. 18.

Verbrennt man Magnesiumdraht, so verbindet sich derselbe unter Erglühen mit dem Sauerstoff der Luft, und das so gebildete Magnesiumoxyd fällt zu Boden. Das Magnesiumlicht ist sehr bequem in seiner Anwendung. Man kann eine Unze Magnesiumdraht, der für 15 bis 30 Aufnahmen hinreicht, bequem in der Tasche mit sich nehmen. Der Preis des Metalls (5 Groschen per Gramm) und der beim Brennen sich entwickelnde

Qualm sind jedoch noch ein Hinderniss für seine allgemeinere Anwendung. Verfasser dieses Buches hat es zur Aufnahme von Bildwerken in den Gräbern Aegyptens wiederholt mit Erfolg angewendet. Behufs des Abbrennens mit Magnesiumdraht bedient man sich der Solomon'schen Lampe (Fig. 18). Dieselbe besteht aus einer Rolle K, auf welcher der Draht aufgewickelt ist, einem Uhrwerk G, welches den Draht mittels Walzen durch das Brennerrohr R führt, an dessen Spitze f der Draht entzündet wird, und dem Hohlspiegel O, der das Licht als paralleles Strahlenbündel zurückwirft.

Fig. 19.

Mittels des Handgriffs H kann man die Lampe und mit ihr das Strahlenbündel nach jeder beliebigen Richtung hin richten, mittels des Hakens m kann man das Uhrwerk sofort anhalten.

Uebertroffen wird das Magnesiumlicht an Stärke durch das Drummond'sche Kalklicht. Dieses wird hervorgebracht durch eine Gas- oder Spritflamme, in welche Sauerstoffgas geblasen wird. Der Sauerstoff wird dargestellt durch Erhitzen eines sauerstoffreichen Salzes, des chlorsauren Kalis. Dieses enthält den Sauerstoff in fester Form gebunden. Beim Erhitzen entweicht er als Gas und wird in einem Kautschuksack K aufgefangen.

Dieser Sack wird mittels eines Hahnes h verschlossen und beim Gebrauch zwischen zwei Breter bb gelegt, von denen das obere mit einem Gewicht belastet

Elektrische Batterie. 67

wird. Durch den Druck des Gewichts strömt das Sauerstoffgas durch den Hahn h und das Kautschukrohr n in die Sauerstofflampe D. An dieser befindet sich ein Brenner HF, der in eine Spitze I ausläuft. Das Leuchtgas, welches zur Verbrennung dient, tritt durch den Hahn L ein, der mit einer Gasleitung in Verbindung steht.

An der Spitze I geht die Verbrennung vor sich. Ohne Sauerstoff brennt das Leuchtgas mit heller, russender Flamme, sobald aber der Sauerstoffhahn geöffnet wird, wird die Flamme kleiner und blau, und entwickelt jetzt eine ungeheuere Hitze.

Ihre Leuchtkraft ist gering, sobald aber die Flamme den Kalkcylinder AB zum Glühen gebracht hat, strahlt dieser ein blendend weisses Licht aus, das photographisch höchst intensiv wirkt und namentlich zur Herstellung von Vergrösserungen mit Erfolg von Monckhoven und Harnecker benutzt worden ist.

Derselbe Apparat dient auch zur Herstellung der sogenannten Nebelbilder.

Noch kräftiger als das Kalklicht wirkt das elektrische Licht, das mit Hülfe einer elektrischen Batterie erzeugt wird.

Fig. 20.

Taucht man ein Stück feste Kohle k (Fig. 20) und ein Stück Zink z gemeinschaftlich in eine Säure (verdünnte Salpetersäure oder Schwefelsäure), so entwickelt sich Elektricität, die bei Annäherung der aus der Flüssigkeit herausragenden Zink- und Kohlenenden einen Funken erzeugt. Dieser Funken ist äusserst schwach. Verbindet man aber mehrere solcher Becher mit Zinkcylindern z und Kohlenstücken k miteinander, so wird der Funke höchst intensiv, und da man die Zahl dieser sogenannten Elemente beliebig steigern kann, so ist man im Stande, einen Lichtbogen von beliebig starkem Glanze zu erzeugen, der alle andern künstlichen Lichtquellen weit an Stärke übertrifft.

Beim Arrangement solcher elektrischer Batterien

68 Achtes Kapitel.

wird das Zink des einen Elements mit der Kohle des nächstfolgenden in Verbindung gesetzt, das Zink von dieser wieder mit der Kohle des dritten. (Vgl. Fig. 22.)

Fig. 21.

Nähert man alsdann die beiden Drähte, welche von Z und C ausgehen, so springt ein Lichtfunke über, indem der elektrische Strom eine Verbrennung der Metalldrähte bewirkt.

Gewöhnlich erzeugt man das Licht zwischen Kohlenspitzen, die innerhalb eines Hohlspiegels H (Fig. 23) angebracht sind. Die Vorrichtungen S und S' dienen zum Nähern oder Entfernen der Kohlenspitzen, und steht die obere derselben durch den Fuss F mit dem Draht K, die untere mit dem Draht Z der oben beschriebenen elektrischen Batterie in Verbindung. Zur Herstellung des elektrischen Lichts genügen 36 Elemente der Form wie Fig. 21.

Fig. 22.

Die Herrichtung der Batterie macht die Anwendung des Lichts unbequem. Im übrigen aber übertrifft dieses Licht alle andern an photographischer Wirksamkeit.

Nadar in Paris hat damit eine grosse Menge vortrefflicher Bilder in den Katakomben von Paris gefertigt.

Auch zum Porträtiren ist es benutzt worden. Jedoch hat das Porträtiren mit solchem blendenden, künstlichen Lichte insofern Mislichkeiten, als dasselbe grelle Schlagschatten wirft, die das Porträt stark verunstalten.

Fig. 23.

Man hat dieses dadurch umgangen, dass man auch auf der Schattenseite elektrisches Licht geringer Stärke wirken liess. Dennoch ist es schwer zu vermeiden, dass die Gesichtszüge sich bei Anwendung so hell

70 Achtes Kapitel.

blitzender Lichter zusammenziehen, ähnlich wie im Sonnenschein.

Alle diese künstlichen Lichter sind demnach für photographische Zwecke ohne Ausnahme Nothbehelf, um so mehr als der Preis derselben sehr hoch zu stehen kommt. Man wird ihre Anwendung daher beschränken auf die Aufnahme von Räumen, die nicht anders beleuchtet werden können. Verfasser dieses Buches hat mit grösserm Vortheil Sonnenlicht angewendet, als es sich um Aufnahme ägyptischer Gräber handelte. Er brachte dieses in die unterirdischen Räume durch Spiegelung.

Fig. 24.

Man denke sich einen im Freien aufgestellten Spiegel a, der die Sonnenstrahlen durch den Grabeseingang T in das unterirdische Gewölbe G reflectirt. In dem Gewölbe werden sie von einem zweiten Spiegel b aufgefangen, der die Strahlen auf die zu photographirende Wandfläche W wirft. Allerdings erhält man dadurch nur einen Lichtfleck, lässt man diesen jedoch während der Exposition der photographischen Platte durch Bewegung des Spiegels b über den zu photographirenden Theil der Wand hin und herwandern, so werden alle Theile des Objects nacheinander genug beleuchtet, um photographisch wirken zu können.

Braun in Dornach hat später mit Hülfe desselben Verfahrens die sehr dunkeln Fresken Rafael's und Michel Angelo's in der Sixtinischen Kapelle und in den Stanzen des Vaticans aufgenommen und vortreffliche Resultate damit erzielt.

Die wichtigste Lichtquelle bleibt für photographische Zwecke das Sonnenlicht.

Die Helligkeit dieses Lichts aber ist grossen Schwankungen unterworfen. Schon das Auge erkennt, dass die Sonne um die Mittagszeit bedeutend heller ist als morgens und abends. Dieser Unterschied ist nach den Messungen von Bouguer derart, dass die Sonne bei einer Höhe von 50° über dem Horizont 1200 mal heller ist als im Moment des Aufgangs. Das Auge erkennt ferner eine bedeutende Farbendifferenz zwischen der Sonne am Horizont und der Sonne am Zenith. Letztere erscheint weiss, erstere mehr röthlich, und bei Versuchen mit dem Spectralapparat erkennt man, dass in der untergehenden Sonne die rothen Strahlen dominiren, die violetten und blauen dagegen theilweise oder ganz fehlen.

Daher kommt es, dass die chemische Wirkung des Sonnenlichts morgens und abends äusserst schwach ist, dass sie aber steigt, wenn die Sonne sich über den Horizont erhebt, und ihre grösste Intensität um die Mittagszeit erreicht.

Die Ursache der röthlichen Färbung der Morgen- und Abendsonne liegt darin, dass die Lufttheilchen die blauen Strahlen theilweise zurückwerfen (daher sieht die Luft, d. h. der Himmel, blau aus), dagegen die gelben und rothen leichter hindurchlassen.

Ist E (Fig. 25) die von der Atmosphäre A umgebene Erde, S die Sonne im Moment des Aufgangs, S'' die Sonne im Moment des Niedergangs für den Ort O, S' die Sonne in der Mittagszeit, so sieht man, dass die Sonnenstrahlen im Moment des Auf- und Untergangs einen viel längern Weg durch die Atmosphäre zurückzulegen haben, nämlich den Weg aO, als wenn die Sonne im

Achtes Kapitel.

Zenith S' steht. Je dicker aber die Schicht der Atmosphäre ist, die das Licht durchstrahlen muss, ehe es zum Beobachter gelangt, desto mehr wird es auch geschwächt. Es folgt daraus, dass auf hohen Bergen die chemische Wirkung der Lichtstrahlen intensiver sein muss, und solches hat sich auch in der That bei Versuchen in den Alpen ergeben.

Aber nicht nur das directe Sonnenlicht übt chemische Wirkungen aus, sondern auch das Licht des blauen Himmels, welches nichts anderes ist als reflectirtes Sonnenlicht, ja dieses ist sogar vermöge seiner blauen Farbe von sehr kräftiger Wirksamkeit.

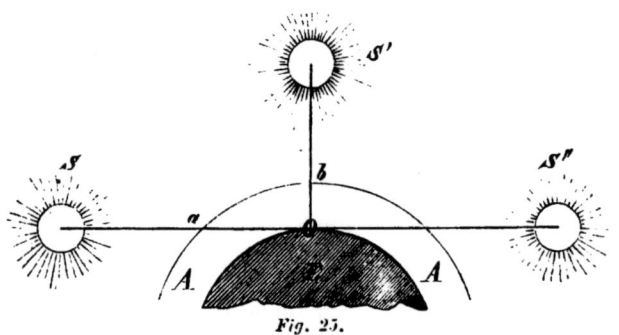

Fig. 25.

Schon oben ist bemerkt, dass die blaue Farbe des Himmels daher rührt, dass die Lufttheilchen vorzugsweise blaues Licht reflectiren. Die Quantität dieses reflectirten blauen Lichts wechselt aber mit der Tagesstunde, sie ist am stärksten beim höchsten Stand der Sonne, d. i. um Mittag, und nimmt ab in dem Masse als die Sonne sich dem Horizont nähert.

Daher pflegen die Photographen ihre Porträtaufnahmen, wobei sie nur das Licht des blauen Himmels verwenden, am liebsten um die Mittagszeit zu machen, d. i. in den Stunden von 10—2 Uhr. In diesen Stunden bleibt die chemische Wirkung des Lichts ziemlich dieselbe, nachher nimmt sie ab, rascher in den Wintermonaten, langsamer in den Sommermonaten. So ist die

Intensität des Sonnenlichts. 73

chemische Lichtstärke nach Bunsen in Graden ausgedrückt für Berlin

am 21. Juni   12 Uhr 1 Uhr 2 Uhr 3 Uhr 4 Uhr 5 Uhr 6 Uhr 7 Uhr 8 Uhr
                38'   38   38   37   35   30   24   14   6
am 21. Decbr.   20'   18   15   9   0   0

Es geht aus diesem Beispiel hervor, wie ausserordentlich schwach die Wirksamkeit des chemischen Lichts im Winter ist (z. B. um die Mittagszeit am 21. December etwa halb so stark als am 21. Juni), wie gering ausserdem wegen des kurzen Tages die Menge des chemischen Lichts ist, welches vom blauen Himmel am 21. December gespendet wird.

Daher müssen die Photographen im Winter bedeutend länger belichten als im Sommer, und ihr Copirprocess geht langsam von statten, sodass sie im Winter eine viel längere Zeit brauchen, um dieselbe Quantität Bilder zu copiren.

Nun ist die Intensität des blauen Himmelslichts vom Sonnenstande abhängig, der Sonnenstand ist aber verschieden nicht blos zu verschiedenen Tageszeiten, sondern auch zu gleichen Tageszeiten an verschiedenen Orten der Erde.

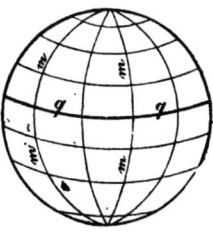

Fig. 26.

Zieht man Kreise um die Erde von Pol zu Pol, so erhält man die sogenannten Meridiane mm (Fig. 26). Alle Orte, die auf demselben Meridian liegen, haben zu gleicher Zeit Mittag, aber die Sonne steht sehr verschieden hoch, je nachdem der Ort mehr oder weniger nahe dem Aequator liegt.

Legt man Kreise um die Erde parallel dem Aequator q, so erhält man die sogenannten Breitenkreise. Steht die Sonne um die Mittagszeit an einem Orte des Aequators senkrecht, so steht sie in 10^0 nördlicher Breite 10^0 niedriger, d. h. die Sonnenhöhe (Entfernung der Sonne vom Horizont in Winkeln ausgedrückt) ist 80^0, 10^0 weiter nördlich ist sie um dieselbe Stunde nur 70^0, endlich auf dem Pol selbst, der 90^0 vom Aequator entfernt ist, ist die Sonnenhöhe $= 0$, d. h. die Sonne befindet sich am Horizont. Entsprechend diesen verschiedenen Sonnenständen zu gleichen Zeiten ist auch die chemische Lichtstärke des blauen Himmels sehr verschieden; so ist z. B.

in Kairo am 21. Sept. mittags die Lichtstärke $= 105^0$
in Heidelberg . . . . $= 57^0$
in Island . . . . $= 27^0$

Je südlicher daher ein Ort liegt, desto reichlicher ist die Lichtquantität, welche dem Photographen zur Verfügung steht. Daher sind die amerikanischen Photographen infolge der südlichern Lage der meisten Orte Amerikas bedeutend besser daran als die deutschen und englischen.

Diese Unterschiede in der chemischen Lichtintensität werden nun noch wesentlich modificirt durch das Wetter.

Ist der Himmel mit grauen Wolken bedeckt, so ist die chemische Lichtintensität erheblich geringer als bei völlig heiterm Himmel. Helle weisse Wolken steigern dagegen die chemische Lichtintensität sehr bedeutend. Im Herbst ist im allgemeinen die chemische Lichtintensität, vielleicht infolge der grössern Durchsichtigkeit der Luft, viel grösser als im Frühling. Nach Roscoe ist sie im August und September mehr als $1^1/_2$ mal so gross als im März und April.

Von hoher Bedeutung sind diese Unterschiede in der chemischen Lichtintensität für das Leben der Pflanzen. **Die grünen Pflanzenblätter athmen unter der Wirkung des Lichts Kohlensäure ein und Sauerstoff aus**, ohne Gegenwart des Lichts geht dieser Athmungsprocess nicht vor sich, die grüne Farbe der Blätter, die bunte Scala der Blumenfarben entsteht nur unter Wirkung des Lichts. Im Dunkeln entwickeln sich aus den Pflanzen nur krankhaft blasse Triebe, wie z. B. die bekannten weissen Keime der im Keller aufbewahrten Kartoffeln.

Wie nothwendig das Licht für das Leben der Pflanzen ist, geht auch daraus hervor, dass in halbdunkeln Zimmern Pflanzen den Lichtöffnungen zustreben, ihnen gleichsam entgegenwachsen, und je intensiver das Licht wirkt, desto kräftiger entwickelt sich die Pflanze.

Die grössere Fruchtbarkeit der Tropen ist daher nicht allein der höhern Temperatur, sondern auch der grössern chemischen Lichtintensität zuzuschreiben.

Neuere Beobachtungen haben ergeben, dass nicht die blauen und violetten Strahlen, sondern die gelben und rothen die grösste chemische Wirkung auf Pflanzenblätter ausüben.

Wir kommen hier zu der Erkenntniss der Wichtigkeit der chemischen Wirkung des Lichts für den Haushalt der Natur. Die atmosphärische Luft besteht aus zwei Gasarten, Sauerstoff und Stickstoff, die miteinander gemengt sind. Der Stickstoff wirkt keineswegs erstickend, wie der Name sagt, er ist eine völlig unschädliche Luftart, die nur zur Verdünnung des Sauerstoffs dient, denn Sauerstoff allein würde, so nothwendig er auch für den Lebensprocess ist, im reinen Zustande schädlich wirken.

Beim Athmen wird ein Theil des Sauerstoffs in der Lunge absorbirt; er bildet mit den organischen Bestandtheilen des Körpers Kohlensäure und Wasser. Diese athmen wir wieder aus und sie vertheilen sich in der Luft.

Es ist leicht durch einen Versuch nachzuweisen, dass sich in der That in der ausgeathmeten Luft beträchtliche Mengen von Kohlensäure befinden. Kohlensäure bildet mit Kalkwasser einen unlöslichen Niederschlag, den kohlensauren Kalk. Bläst man daher mit einem Glasröhrchen die ausgeathmete Luft in vollkommen klares Kalkwasser, so trübt sich dieses durch Bildung von kohlensaurem Kalk. Durch den Athmungsprocess wird demnach die Menge des Sauerstoffs in der atmosphärischen Luft fortwährend verringert und in Kohlensäure umgewandelt. Dasselbe geschieht in noch grösserm Massstabe durch den Verbrennungsprocess. Holz oder Kohle verbinden sich hierbei mit Sauerstoff, und das Resultat ist wiederum hauptsächlich Kohlensäure.

Man sollte demnach glauben, dass im Laufe der Zeit sich die Menge des Sauerstoffs in der Luft vermindern, die Menge der Kohlensäure zunehmen müsste. Dieses findet in der That in geschlossenen Räumen statt. Leblanc fand, dass nach einer Vorlesung im Hörsaal der Sorbonne in Paris die Luft ein Procent ihres Sauerstoffs verloren hatte.

In freier Luft bemerkt man von einer solchen Sauerstoffverminderung und Kohlensäurevermehrung nichts, und der Grund davon liegt darin, dass die durch den Verbrennungsprocess, durch das Athmen der Thiere gebildete Kohlensäure durch die Pflanzen unter Einfluss des Lichts wieder zerlegt wird.

Die Pflanzen absorbiren die Kohlensäure, behalten den Kohlenstoff und lassen den Sauerstoff freiwerden, dadurch wird der durch das Verbrennen und Athmen verloren gegangene Sauerstoff wieder nutzbar.

Es gab eine Zeit, wo die Atmosphäre viel reicher an Kohlensäure war als jetzt. Als die feurig flüssigen Massen, die einst unsere Erde bildeten, allmählich erstarrten, als die Wasserdämpfe sich als Meer niederschlugen, befand sich in der Atmosphäre der grösste Theil des Kohlenstoffs der Erde verbrannt, d. h. mit Sauerstoff verbunden, als Kohlensäure vor. Die Luft war daher zu jenen Zeiten unendlich viel kohlensäurereicher als jetzt. Als endlich die Erde so weit abgekühlt war, dass eine Vegetation sich entwickeln konnte, sprossten auf dem warmen Boden unter dem Einflusse des Sonnenlichts riesige Pflanzen hervor, sie gediehen üppig in der kohlensäurereichen Atmosphäre, der Kohlenstoff der Kohlensäure ging über in Holz, und so verminderte sich im Laufe von Jahrtausenden die Kohlensäure der Atmosphäre mehr und mehr. Bald stellten sich Erdrevolutionen ein, ganze Länder mit ihren Wäldern wurden unter Sand und Thonschlamm begraben, sie verwesten, d. h. verwandelten sich in Steinkohle. Eine neue Vegetation sprosste auf dem neuentstandenen Boden auf, absorbirte unter Wirkung des Lichts wiederum die Kohlensäure der Atmosphäre, um wiederum bei einer Erdrevolution unter Erdreich begraben zu werden. So wurde der Kohlenstoff aus der Kohlensäure der Atmosphäre als Steinkohle in den Tiefen der Erde aufgespeichert, so wurde die Atmosphäre durch die chemische Wirkung des Lichts immer reicher an Sauerstoff, bis sie endlich nach zahllosen Umwälzungen der Erde jenen Reichthum an Sauerstoff erlangte, der die Existenz der am Schlusse der Erdentwickelung auftretenden Menschen möglich machte.

Die chemische Wirkung des Lichts hat demnach in der Entwickelung unsers Planeten eine bedeutende Rolle gespielt, und sie spielt sie noch heute im Haushalte der Natur.

NEUNTES KAPITEL.

Von der Brechung des Lichts.

Einfache Brechung. — Ablenkung. — Brechungsindex. — Brechung in Planlgäsern, Prismen und Linsen. — Bilderzeugung durch Linsen.

Wir haben schon S. 39 angedeutet, dass ein Lichtstrahl, wen er die Grenze zweier durchsichtiger Medien von ungleicher Dichtigkeit passirt, eine Richtungsveränderung erleidet welche man Brechung nennt.

Fig. 27.

Legt man in ein undurchsichtiges Gefäss eine kleine Münze a und hält das Auge o so, dass der Rand des Gefässes die Münze eben verdeckt, so ist sie unsichtbar. Giesst man aber Wasser in das Gefäss, so wird die Münze sichtbar, und dieses geschieht durch die Brechung, welche die Strahlen an dem Uebergang von Wasser in Luft erleiden. (Vgl. Fig. 27.)

Man nennt den Winkel, welchen die Strahlen vor und nach der Brechung miteinander machen, die **Ablenkung**.

Diese Ablenkung ist um so grösser, je schiefer die Strahlen auf die Fläche des Wassers fallen.

Um die Grösse der Brechung genau zu bestimmen, denkt man sich an dem Eintrittspunkt des Strahles $n\,l$ (Fig. 28) in n eine senkrechte Linie errichtet, diese nennt man **Einfallsloth**, den Winkel i, den der Strahl mit

Brechung des Lichts. 79

diesem Einfallsloth bildet, nennt man **Einfallswinkel**, den Winkel r, den der gebrochene Strahl mit demselben Einfallsloth bildet, **Brechungswinkel**. Das Verhältniss der Grösse von Einfalls- zu Brechungswinkel ist ein eigenthümliches. Schlägt man einen Kreisbogen und errichtet von den Punkten a und b senkrechte Linien $a\,d$ und $b\,f$ auf das Einfallsloth, so erhält man das, was Mathematiker den Sinus eines Winkels nennen. $a\,d$ ist der Sinus von i, $b\,f$ der Sinus von r.

Der Sinus des Einfallswinkels steht zum Sinus des Brechungswinkels stets in einem constanten Verhältniss.

Fig. 28.

Dieses Verhältniss ist beim Uebergang des Lichts aus Luft in Wasser wie 4 zu 3, d. h. also der Sinus $b\,f$ ist $^3/_4$ mal so gross als der Sinus $a\,d$ oder Sinus $a\,d$ $^4/_3$ mal so gross als Sinus $b\,f$. Beim Eintritt in Glas wird das Licht stärker gebrochen. Hier ist das Verhältniss des Sinus wie 3 zu 2. Dieses Verhältniss des Sinus der beiden Winkel bezeichnet man mit dem Namen **Brechungsexponent** oder **Brechungsindex**.

Fällt ein Lichtstrahl $n\,l$ auf eine ebene Glastafel (Fig. 29), so erleidet er ebensolche Brechung, er geht in der Richtung $n\,n$ weiter und der

Fig. 29.

Brechungswinkel bei n im Glase wird $^2/_3$ des Einfallswinkels sein.

Beim Austritt aus der Glastafel auf der andern Seite erfolgt abermals eine Brechung, jetzt ist aber der Brechungswinkel bei n' in der Luft $^3/_2$ mal so gross als der Winkel im Glase, und da der Winkel bei n gleich dem Winkel bei n' ist, so ist auch der Austrittswinkel von $r\,n'$ so gross wie der Eintrittswinkel von $n\,l$, d. h. der Strahl geht nach der Brechung in der ursprünglichen Richtung weiter. Er erleidet höchstens eine Parallelverschiebung mit sich selber. Daher sehen wir durch unsere Fenster die Gegenstände in derselben Richtung, in welcher sie wirklich liegen.

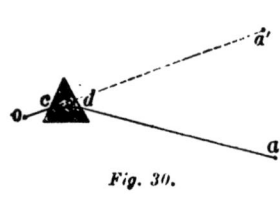

Fig. 30.

Ganz anders ist das Verhältniss, wenn man durch ein dreikantiges Glas sieht. Ist das Auge bei o, ein Gegenstand bei a und man hält ein dreikantiges Prisma dicht vors Auge, so sieht man den Gegenstand nicht bei a, sondern in der Richtung a'. Der auffallende Strahl $a\,d$ erleidet nämlich an der ersten Fläche des dreikantigen Glases eine Ablenkung, in der Richtung $d\,c$, bei der Brechung an der zweiten Fläche abermals eine Ablenkung in der Richtung $o\,c$, beide Ablenkungen summiren sich.

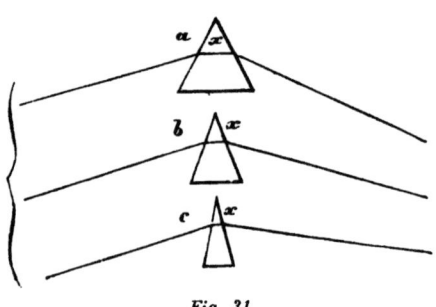

Fig. 31.

Je grösser der Winkel x ist, welchen die beiden Glasflächen des Prisma miteinander machen, durch welche der Strahl geht, desto grösser ist diese Ablenkung. So ist die Ablenkung bei dem Prisma b stärker als bei dem Prisma c, bei dem Prisma a stärker als bei

Linsenbrechung. 81

dem Prisma b, weil der brechende Winkel x in b grösser ist als in c, in a grösser als in b.

Baut man sich einen Glaskörper auf, der aus lauter einzelnen Prismenstücken (Fig. 32) verschiedenen Winkels besteht, und denkt man sich ein Bündel paralleler

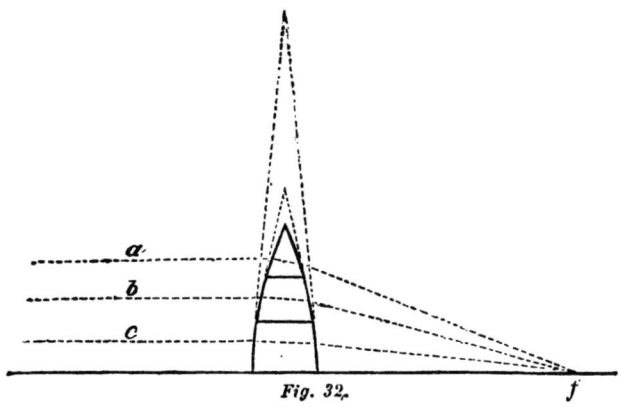

Fig. 32.

Strahlen darauffallend, so wird der Strahl a stärker gebrochen werden als der auf das spitzere Prisma fallende Strahl b, dieser wieder stärker als der auf das noch spitzere Prisma fallende Strahl c, und das Resultat ist, dass sämmtliche Strahlen in einem Punkte f sich vereinigen.

Denkt man sich statt der Prismen eine zusammenhängende symmetrische Glasmasse, so bekommt man den Durchschnitt eines Brennglases, oder, wie der Optiker sagt, einer Linse, welche nach dem Dargestellten die Eigenschaft hat, alle parallel auffallenden Strahlen in einem Punkte zu vereinigen. (Vgl. Fig. 33.)

Fig. 33.

Jede Linse ist von zwei kugelförmigen Flächen be-

VOGEL. 6

grenzt. Die Verbindungslinie, welche durch die Mittelpunkt der beiden Kugelflächen geht, nennt man die Achse der Linse, den Punkt E (Fig. 33), in welchem die parallel auffallenden Strahlen vereinigt werden, den **Brennpunkt** oder **Focus**, die Entfernung desselben von der Linse die Brennweite. Aber nicht nur die parallel auffallenden Strahlen werden durch die Brechung in einer solchen Linse in einen Punkt vereinigt, sondern überhaupt alle Strahlen, welche von einem einzigen Punkte ausgehen. Man nennt ihren Vereinigungspunkt den **Bildpunkt**.

Fig. 34.

Ein leuchtender Punkt S z. B. sendet einen Kegel von Strahlen auf die Linse. Diese werden nach der Brechung in R vereinigt. Rückt S der Linse näher, so rückt R weiter ab, rückt S so nahe, dass es um

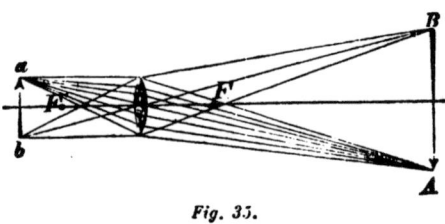

Fig. 35.

die doppelte Brennweite von der Linse entfernt ist, so ist der Vereinigungspunkt R derselben ebenso weit von der Linse entfernt.

Steht statt des leuchtenden Punktes ein Gegenstand, z. B. ein Pfeil AB, vor der Linse, so sendet jeder einzelne Punkt desselben einen Strahlenkegel auf die Linse, und alle Strahlen eines und desselben Kegels werden wiederum in einem Punkte vereinigt, die von *A* ausgehenden Strahlen in *a*, die von *B* ausgehenden in *b*, und das Resultat ist, dass in *a b* ein vollständiges verkleinertes, aber verkehrtes Bild des Pfeils entsteht. Rückt der Pfeil der Linse näher, so rückt sein Bild von der Linse weiter ab und wird grösser. Steht z. B. ein kleiner Pfeil *a b* vor der Linse, so erzeugt diese ein vergrössertes Bild *A B*.

Rückt aber der Pfeil weiter ab von der Linse, so rückt sein Bild der Linse immer näher und wird dabei immer kleiner. Eine Linse ist demnach im Stande, von einem Gegenstande vergrösserte oder verkleinerte Bilder zu entwerfen, je nachdem sie demselben mehr oder weniger genähert wird.

ZEHNTES KAPITEL.

Die photograph-optischen Apparate.

Construction der Camera-obscura. — Fernrohrbilder. — Die Laterna magica. — Der Vergrösserungsapparat. — Das Stereoskop.

Wir haben eben gezeigt, dass eine Linse im Stande ist, vergrösserte und verkleinerte Bilder von Gegenständen zu erzeugen, je nach der Entfernung derselben.

Fig. 36.

Darauf beruht die Wirkung der Camera-obscura, des wichtigsten photographischen Apparats, der dazu dient, von körperlichen Gegenständen in der Natur ebene Bilder zu entwerfen. Die einfachste Form desselben haben wir früher geschildert (s. S 7). Es ist ein dunkles Zimmer, in dessen Fensterladen ein kleines Loch angebracht ist. Solche Einrichtung liefert

Die Camera-obscura.

jedoch nur verschwommene und sehr lichtschwache Bilder. Setzt man aber in dem dunkeln Fensterladen o (Fig. 36) eine Linse ein, so erzeugt diese auf der gegenüberliegenden Wand ein Bild der vor dem Zimmer liegenden Gegenstände, welches viel schärfer und heller ist als ein Lochbild. Natürlich muss hier die Entfernung der Wand der Entfernung des Bildes entsprechen. Da diese nun verschieden ist, so hat man, um den Ort, wo das Bild sich befindet, genau finden zu können, die Camera in einen dunkeln kleinen Kasten (Fig. 37) verwandelt, dessen Hintertheil beweglich ist und eine matte Glasscheibe g enthält. Schiebt man den hintern Auszug o dieser Camera hin und her, so findet man bald den Ort, wo das Bild eines vor der Linse l stehenden Gegenstandes sich befindet. Photographische Linsen haben, um diese Entfernung recht genau einstellen zu können, noch eine Schraube mit Trieb r an der

Fig. 37.

Linsenfassung, die aber keineswegs nöthig ist.

Um das Bild auf der matten Scheibe g sehen zu können, muss man alles fremde Licht, welches das Auge blendet, abhalten, und zu dem Zwecke wirft man über den Kopf ein schwarzes Tuch, das sogenannte Kopftuch.

Die Operation des Aufsuchens des Bildes nennt man in der Photographie das Scharfeinstellen. Aus dem Gesagten geht hervor, dass das Bild verkehrt auf der matten Scheibe erscheint. So einfach die Operation des Bildaufsuchens auf den ersten Blick scheint, so schwierig wird sie dadurch, dass Gegenstände verschiedener Entfernung Bilder liefern, die ebenfalls verschieden weit von der matten Scheibe entfernt sind. Steht z. B.

Zehntes Kapitel.

Fig. 38.

der Camera ein Kopf gegenüber, so liegt die Nase der Linse näher als die hintern Haare, und das Resultat ist, dass das Bild der Nase in der Camera weiter ab von der Linse liegt als das Bild der Hinter- oder Seitenhaare. Es ist daher niemals das ganze Bild gleichmässig scharf. Photographen begnügen sich damit, die Hauptsachen scharf einzustellen, d. h. das Gesicht, und sie nehmen dann auf die „Unschärfe" anderer Theile weniger Rücksicht.

Liegt der Gegenstand sehr weit ab, z. B. eine Landschaft, deren nächste Objecte im Vordergrund etwa funfzigmal so weit entfernt sind als der Brennpunkt, so erscheinen die Bilder der verschiedenen, auch noch so weit entfernten Gegenstände alle im Focus.

Dasselbe ist der Fall mit Gestirnen. Photographische Cameras sind wol geeignet, Bilder von Gestirnen zu entwerfen, nur werden solche sehr klein, wenn der Focus der Linse klein ist. Daher wendet man hier lieber Fernrohrlinsen an. Die Bilderzeugung derselben beruht ganz auf denselben Principien wie die Bilderzeugung anderer Linsen. Denkt man sich eine Fernrohrlinse *o o*, davor in weiter Entfernung einen Pfeil *A B*, so entsteht von demselben zunächst ein verkleinertes Bild *a b*. So ist das Bild der 20 Millionen Meilen weit entfernten Sonne im Focus einer Linse von 6 Fuss Brennweite nur 8 Linien gross. Will man solches Bild photographisch aufnehmen, so muss man das Rohr *R*, an welchem die Linse L sitzt, so einrichten wie eine photographische Camera. (Vgl. Fig. 39.) Man bringt hinten eine matte Scheibe n an, die sich hin- und herschieben lässt, um das Bild scharf einzustellen, und die man behufs der Aufnahme mit einer photographischen Platte vertauschen kann. In dieser Weise sind die Bilder der Sonne, des Mondes, der Sonnenfinsternisse und verschiedene Sternbilder von Warren de la Rue, Rutherford und den verschiedenen Finsternissexpeditionen, bei denen unter andern auch der Verfasser betheiligt war (Expedition von Aden 1868), aufgenommen worden.

Gewöhlich sind die Bilder, welche der Photograph aufnimmt, kleiner als die Gegenstände in der Natur. Er ist jedoch auch im Stande, Bilder zu entwerfen,

Fig. 39.

die grösser sind als die Originale. Jede Linse liefert, wie S. 82 gezeigt worden ist, von demselben Gegenstande verschiedene Bilder, je nach dessen Entfernung. Ist der Gegenstand näher als die doppelte Brennweite, so entsteht ein vergrössertes Bild von demselben, ist er weiter, ein verkleinertes. Letzterer Fall ist der allgemeinere. Vergrösserte Bilder direct nach der Natur zu machen, hat jedoch seine Schwierigkeiten. Je grösser das Bild, über eine desto grössere Fläche wird das Licht zerstreut, welches von dem Gegenstande ausgeht, desto lichtschwächer wird aber auch jeder einzelne Theil des Bildes. Je lichtschwächer aber ein Bild ist, desto länger muss die Belichtung dauern, um einen photographischen Eindruck zu erhalten. Ein Mensch würde eine solche lange Sitzungszeit schwer

Zehntes Kapitel.

aushalten. Man wendet dieses Verfahren daher nur bei Zeichnungen u. dgl. an.

Vergrösserte Bilder anderer Gegenstände stellt man dar mit Hülfe eines Apparats, der der Laterna-magica ähnelt. Die Laterna-magica beruht auf der Herstellung eines vergrösserten Bildes mittels Linsen. Statt einer einfachen Linse wendet man zum Vergrössern ein Linsensystem $nn\ oo$ an, welches schärfere Bilder liefert. Das kleine Bild ab, welches auf Glas gemalt oder photographirt ist, wird durch einen seitlichen Schieber eingeschoben und recht hell erleuchtet. Zu diesem Zweck dient die Lampe L, der Hohlspiegel H und die Linse mm. Diese concentriren das helle Lampenlicht auf das zu vergrössernde Bild. Je nachdem man die Linse no mehr oder weniger herauszieht, d. h. ihre Entfernung vom Originalbild ändert, erhält man auch mehr oder weniger grosse Bilder.

Fig. 40

Dieses Instrument war früher nur ein Kinderspielzeug, neuerdings ist es aber zu einem wichtigen Hülfsmittel für den Unterricht geworden. Photographien nach mikroskopischen Präparaten, nach Thieren, Pflanzen, Mineralien, Landschaften, Völkertypen, Bauwerken geben in dieser Weise eine treuere und wahrere Anschauung des zu erklärenden Gegenstandes, als die meist sehr unvollkommen gezeichneten Karten und Wandtafeln.

Laterna-magica.

In Amerika ist diese Anwendung der Laterna-magica ganz allgemein. Jede grössere Lehranstalt besitzt solche, ja oft deren mehrere. In Deutschland hat man bisjetzt dieses so nützliche Instrument Jahrmarktskünstlern überlassen, die sie zu sogenannten Nebelbilderdarstellungen verwenden. Diese Nebelbilder werden mit Hülfe zweier nebeneinanderstehender Laterna-magica erzeugt, die beide ihre Bilder auf denselben Schirm (oder dieselbe Wand) werfen.

Schliesst man die Linse der einen durch einen aufgesetzten Deckel, so verschwindet das eine Bild, das andere bleibt allein sichtbar. Inzwischen vertauscht man das verschwundene Bild mit einem andern, öffnet den Deckel wieder und erhält so wieder die Mischung zweier Bilder. Geschieht das Schliessen der betreffenden Linse nicht plötzlich, sondern nach und nach, so verschwimmt das Bild ebenfalls allmählich, bis es völlig unsichtbar wird.

Neuerdings hat Professor Czermak in Leipzig die Darstellung vergrösserter Bilder durch die Laternamagica als wichtiges Unterrichtshülfsmittel bei seinen Vorlesungen in Leipzig eingeführt und einen so glänzenden Erfolg damit erzielt, dass hoffentlich damit der allgemeinern Einführung der Laterna-magica in Schulen die Bahn gebrochen werden wird.

Wir bemerken an dieser Stelle, dass vor kurzem wundervolle Glasbilder nach Photographien, mit Hülfe eines neuen Lichtcopirverfahrens dargestellt, in den Handel gekommen sind, die speciell für die Laterna bestimmt sind. Der Preis derselben ist ein so billiger, die Gegenstände (Landschaften aller Regionen der Erde) so interessant, dass es jeder Familie möglich ist, sich eine Collection der schönsten und interessantesten Bilder zu erwerben. Bei den Unterhaltungen am häuslichen Herde dienen solche Bilder in Verbindung mit der Laternamagica als ein Hauptquell der Belehrung und des Genusses für jung und alt.

Zu Darstellungen solcher Bilder im grossen reicht

eine einfache Petroleumlampe nicht aus. Hier müssen kräftigere Lichtquellen in Anwendung treten, entweder elektrisches Licht oder Drummond's ches Kalklicht (s. oben S. 66). Um solche vergrösserte Bilder photographisch zu fesseln, spannt man an Stelle des Lichtschirms einen lichtempfindlichen Bogen auf.

Für Herstellung lebensgrosser photographischer Bilder bedient man sich jedoch nicht der Laterna, sondern der sogenannten Solarcamera, welche Fig. 41 im Durchschnitt und 42 in der äussern Ansicht dargestellt ist.

Fig. 41.

Man lässt Sonnenlicht auf eine grosse Linse B fallen, welche dasselbe auf ein kleines Negativ N concentrirt, dicht dabei befindet sich das Objectiv O, welches ein vergrössertes Bild auf dem Schirm R entwirft. Natürlich ist das Bild negativ. Spannt man bei R einen empfindlichen Papierbogen aus, so bräunt sich dieser an allen Stellen, wo das Negativ hell (durchsichtig) ist, und bleibt weiss an allen Stellen, wo das Negativ schwarz (undurchsichtig) ist. Das Resultat ist daher ein Positiv.

Vergrösserungsapparat. 91

Das ganze System ist in einen dunkeln Holzkasten (Fig. 42) eingeschlossen, welcher mittels Zahnrad und Kurbel stellbar ist, sodass er immer der Sonne zugekehrt werden kann.

Zum Schluss haben wir noch einen der schönsten optisch-photographischen Apparate zu besprechen, der

Fig. 42.

uns gestattet, Bilder nicht nur als flache Gegenstände, sondern als Körper zu sehen, es ist das Stereoskop (zu deutsch Körperseher).

Unsere Leser wissen bereits, dass dieses Instrument zum Betrachten von Doppelbildern bestimmt, deren beide Hälften auf den ersten Blick durchaus keine

Differenz wahrnehmen lassen, und die durch das Instrument gesehen, zu einem Bilde zusammengehen, das nicht mehr flach, sondern körperlich erscheint.

Die beiden Bilder, welche anscheinend gleich sind, sind in der That verschieden. Betrachten wir einen Würfel mit dem rechten Auge, so sehen wir etwas mehr von seiner rechten Seite, betrachten wir ihn mit dem linken Auge, so sehen wir etwas mehr von seiner linken Seite, vorausgesetzt, dass der Kopf an derselben Stelle bleibt. Die Bilder des rechten und des linken Auges combiniren sich miteinander und geben den körperlichen Eindruck. Schliessen wir ein Auge, so ist der körperliche Eindruck weit schwächer, die Gegenstände erscheinen flach. Man wird das vielleicht nicht glauben, weil sich nur wenige Menschen von dem, was sie sehen, Rechenschaft geben, sondern viel zu flüchtig die Gegenstände anschauen. Dass aber die Sache sich wirklich so verhält, kann man leicht erkennen, wenn man vor eine Wand oder vor ein aufgestelltes Buch eine Flasche setzt und beides betrachtet. Mit zwei Augen erkennt man sofort den Abstand der Flasche vom Buche, sobald man aber das eine Auge schliesst, scheinen Flasche und Buch fast aneinanderzuliegen, und nur wenn man den Kopf seitwärts bewegt, erkennt man deutlich, dass beide voneinander abstehen.

Das Sehen mit beiden Augen ist daher zur Erkennung des körperlichen Eindrucks nothwendig. Erst dadurch erhalten wir die Ueberzeugung, dass der Raum nicht blos breit und hoch, sondern auch tief ist. Einäugige erhalten diesen Eindruck erst, wenn sie den Kopf seitlich bewegen. Sind die Gegenstände sehr weit entfernt, so ist der Unterschied in der Ansicht, welche das rechte und linke Auge von ihnen hat, sehr unbedeutend, solche weit entfernte Gegenstände erscheinen daher auf den ersten Blick flach und unkörperlich, erst wenn wir unsere Standpunkte ändern und sie von verschiedenen Seiten beobachten, lernen wir ihre Körperlichkeit kennen; solches ist demnach reine Erfah-

Brewster's Stereoskop.

rungssache. Ein weit abstehendes Haus wird jedermann als körperlich erkennen, weil wir aus Erfahrung wissen, dass ein Haus körperlich ist, dass wir es aber thatsächlich flach sehen, beweist die Täuschung der flachen Coulissen und Decorationen in Theatern, wo der ferne Hintergrund, wenn er **richtig gemalt ist**, oft fabelhaft den Eindruck der Natur macht. Wir erkennen solchen Hintergrund aber sofort als flach, wenn wir nur den Kopf seitwärts bewegen. Ein **körperlicher** Gegenstand liefert dann eine andere Ansicht, ein flacher aber erscheint unverändert.

Ausgehend von der Ansicht, dass die Combination der **verschiedenen** Bilder, welche das rechte und das linke Auge von einem Gegenstande entwerfen, erst den körperlichen Eindruck macht, versuchte nun Wheatstone statt eines Gegenstandes dem rechten Auge ein Bild der rechten Seite und dem linken Auge ein Bild der linken Seite

Fig. 43.

des Gegenstandes darzubieten; und er erhielt dadurch in der That einen vollkommen körperlichen Eindruck, obgleich das dargebotene Doppelbild gar kein Körper ist. Manchen Leuten gelingt es schon ohne Instrument, Stereoskopenbilder körperlich zu sehen. Die meisten aber bedürfen einer Vorrichtung, welche ermöglicht, dass die beiden Bilder, die doch um ein gewisses Stück voneinander abstehen, von beiden Augen an derselben Stelle gesehen werden. Diese Vorrichtung ist das Stereoskop. (Fig. 43.) Man erkennt an demselben das von der Seite hereinzuschiebende Doppelbild, ferner die Scheidewand im Innern des Kastens, welche verhindert, dass das rechte Auge das linke Bild sehen kann, und umgekehrt, ferner den gewöhnlich mit einem Spiegel versehenen Deckel, welcher die seitliche Oeffnung, durch welche Licht eindringt, auf- und zuzuklappen gestattet, endlich die beiden Augengläser an der vordern Seite.

Diese Augengläser sind beistehend für sich abgebildet, sie sind zwei Hälften einer Linse und sie wirken wie diese. (Fig. 44.) Die Construction dieses Instruments verdanken wir Brewster.

Wir haben früher gezeigt, dass eine Linse von einem entfernten Gegenstand ein verkleinertes Bild, von einem nahen Gegenstand ein vergrössertes verkehrtes Bild entwirft. Dieses Bild ist objectiv, d. h. man kann es deutlich sichtbar auf der matten Scheibe einer Camera darstellen.

Fig. 44.

Diese Erscheinung tritt jedoch nur ein, wenn der Gegenstand weiter entfernt ist als der Focus. Anders ist die Sache, wenn der Gegenstand der Linse näher liegt. Man halte ein gewöhnliches Vergrösserungs- oder Brennglas (Leseglas) nahe einer Schrift, und man wird sie nicht verkehrt, sondern aufrecht erblicken. Das Bild erscheint auch vergrössert, aber auf derselben Seite mit dem Gegenstand, und die Art und Weise, wie es entsteht, erläutert die vorstehende Figur, in welcher F der Focus der Linse, AB ein Gegenstand innerhalb der Brennweite und ab sein Bild bedeutet, wie es einem Auge auf der andern Seite der Linse erscheint. Wie man sieht, vereinigen sich die von AB ausgehenden Strahlen nicht wirklich zu einem Bilde, ihre Richtungen stossen aber rückwärts (in der Figur punktirt) verlängert zu einem Punkte zusammen, und dort sehen wir das Bild. Das Auge sucht nämlich das gesehene

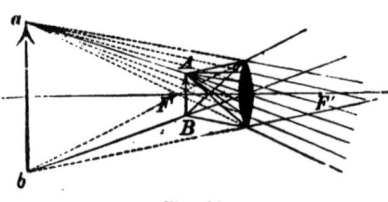

Fig. 45.

Object stets in der Richtung der ankommenden Strahlen, wie dieses z. B. beim Spiegel erkennbar ist, wo wir die gespiegelten Gegenstände hinter demselben sehen.

Um den Unterschied der Wirkung einer Linse für nahe und ferne Gegenstände klar zu zeigen, stellen wir hierher noch einmal die Figur S. 82 her, welche die Entstehung eines verkehrten vergrösserten Bildes AB von dem jenseit des Focus liegenden Pfeil ab zeigt.

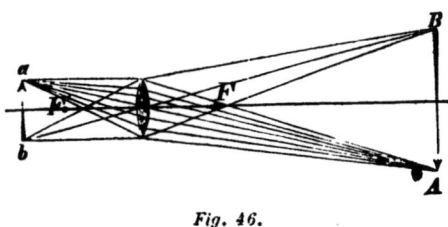

Fig. 46.

Eine Linse, die wir benutzen, um Gegenstände innerhalb des Focus vergrössert zu sehen, nennen wir eine Loupe. Solche Loupen sind nun auch die Linsen im Stereoskop. Sie liefern uns ein etwas vergrössertes aufrechtes Bild von dem besehenen Bilde, sie wirken aber auch zugleich ähnlich wie ein Prisma. Wie aus der Fig. 44 ersichtlich ist, bestehen die beiden Linsen eigentlich nur aus zwei Linsenhälften, die in verkehrter Richtung aneinandergesetzt sind, sie machen so den Eindruck prismatischer Glasstücke, und wirken auch ähnlich.

Fig. 47.

Wir zeigten früher, dass ein Auge o einen Gegenstand a durch ein Prisma in der Richtung $o\,a'$ sieht, d. h. verschoben nach der Seite des (obern) brechenden Winkels des Prisma. Dasselbe geschieht bei den Stereoskopengläsern. Wir sehen das Bild nicht in der ursprünglichen Richtung, sondern nach der Seite des brechenden Winkels, d. h. nach der Mitte des Instruments hin abgelenkt.

Die beiden entsprechenden Punkte a und a' (Fig. 48), welche dem rechten und linken Bilde angehören, erscheinen daher den beiden Augen gemeinschaftlich in a'', d. h. an demselben Orte, und somit sehen beide Augen statt zwei Bilder nur eins.

Nun ist zu bemerken, dass jedermann einen Gegenstand, den er scharf und deutlich sehen will, z. B. eine Schrift, in ganz bestimmter Entfernung von dem Auge hält. Man nennt diese Entfernnng die **Weite des deutlichen Sehens**. Diese ist bei guten Augen circa acht Zoll, bei Weitsichtigen grösser, bei Kurzsichtigen kleiner. Nun erscheint auch das Bild beim Stereoskopensehen verschieden weit, je nachdem es den beiden Gläsern genähert oder davon entfernt wird. Ist das Bild nahe an den Gläsern, so erscheint es auch durch die Gläser besehen näher und kleiner, andernfalls weiter und grösser. Jeder wünscht aber das Bild in der Weite des deutlichen Sehens zu sehen, daher müssen Stereoskope verschiebbare Gläser besitzen, damit jeder das Bild für sein Auge einstellen kann, d. h. die Entfernung von Bild und Glas so lange variiren kann, bis das Bild am deutlichsten erscheint. Fehlen solche Vorrichtungen zum Einstellen, so ist das Instrument nur für mittlere Augen brauchbar, andren bereitet es Anstrengung. Oefters gibt es Leute, deren Augen ungleich sind, das eine ist kurz-, das andere weitsichtig, für solche wird es kein genügendes Stereoskop geben, denn wenn die Entfernung der Linsen für das eine Auge passt, so passt sie nicht für das andere.

Es lässt sich aber dennoch bei solchen Personen ein

Fig. 48.

Das amerikanische Stereoskop.

stereoskopisches Sehen erreichen, wenn sie ein passendes Lorgnettenglas vor das eine Auge halten. Ein grosser Uebelstand für das Besehen papierener Stereoskopenbilder ist der ringsum verschlossene, nur oben offene Kasten des Brewster'schen Stereoskops. Dieser lässt nur ungenügend Licht zu dem Bilde dringen, und gewöhnlich ist dieses daher einseitig beschattet.

Diesem Mangel ist in dem amerikanischen Stereoskop abgeholfen. Dieses ist gänzlich ohne Kasten. Die Gläser sitzen in einem Rahmen gg, der mittels eines Griffs festgehalten wird. Die Scheidewand b dient dazu, die Gesichtsfelder beider Linsen zu trennen.

Fig. 49.

Das Bild wird auf das Querbretchen mit den Drähten dd gesetzt, und lässt sich dieses Bretchen leicht hin- und herschieben, sodass man bequem die richtige Stellung der Bilder für das Auge suchen kann.

Das amerikanische Stereoskop ist jedoch nur zur Betrachtung von Papierbildern geeignet. Die schönen transparenten Stereoskopenbilder auf Glas können dagegen nur mit dem Brewster'schen Kastenstereoskop gesehen werden, da diese im durchfallenden Licht betrachtet werden müssen und alles von vorn auffallende Licht auszuschliessen ist, falls sie nicht von ihrer Wirkung verlieren sollen.

In Deutschland liefert die Firma Moser sen. in Berlin Stereoskope amerikanischer Construction.

Wir haben das Stereoskop einen optisch-photographischen Apparat genannt. Wir bemerken jedoch, dass auch gezeichnete Doppelbilder durch dasselbe betrachtet werden können. Natürlich gelingt die Entwerfung solcher Bilder nur für sehr einfache Figuren. Einen complicirten Gegenstand, z. B. einen Menschen, oder gar eine Landschaft oder eine Maschine stereoskopisch zu entwerfen, würde sehr schwierig sein. Dieses war erst möglich durch die Photographie, die mit leichtester Weise den allercomplicirtesten Gegenstand vom beliebigen Standpunkt aus bildlich reproducirt, und erst seit Erfindung der Photographie ist daher das Stereoskop, das früher nur ein Stück physikalischer Sammlungen war, ein Lieblingsinstrument des Publikums geworden. Trotz des kleinen Formats machen die Bilder dieses Instruments einen klarern und verständlichern Eindruck als Bilder desselben Gegenstandes in grösserm Format. Ein Einzelbild einer Maschine oder einer complicirten Architektur (wir erwähnen als Beispiel den Chor des Kölner Doms von aussen) ist häufig nur ein unlösbarer Wirrwarr von Details. Im Stereoskop aber treten die verworrenen Massen sofort auseinander, sie sondern sich nach der Tiefe, und mit grösster Klarheit erkennt das Auge den innern Bau des Ganzen. Insofern sind Stereoskopenbilder für den Anschauungsunterricht von ebensolcher Bedeutung als die Laterna-magica. Wir schliessen dieses Kapitel, indem wir ein kleines humoristisches Gedicht zum Preise des Instruments von dem Maler und Photographen Wunder in Hannover einschalten.

Ein Kästchen nach der Optik festen Normen,
Ein flaches Doppelbild hineingestellt,
Und wunderbar! Ihr seht die schöne Welt
Verjüngt und klar in plastisch treuen Formen.

Die Zahl der Bilder zählt nach Millionen,
Im Licht erzeugt — ob der Erfindung Reiz —
Vom ewigen Schnee der Gletscher in der Schweiz
Bis zu den Sand am Meer in allen Zonen.

Das Stereoskop.

Willst du die schöne Welt dir recht beschauen,
Du hast nicht nöthig einen Reiseplan,
Bedarfst des Schiffes nicht und nicht der Eisenbahn,
Holst nicht den Schnupfen dir im Wind, dem rauhen.

Gemüthlich setzt man sich ins warme Zimmer
Und reiset in der That erstaunlich schnell,
Die Landschaft liegt vor uns so sonnenhell,
Benutzt man auch der Lampe matten Schimmer.

ELFTES KAPITEL.
Die chemischen Wirkungen des Lichts.

Physikalische und chemische Processe. — Moser's Versuche. — Wirkung des Lichts auf Elemente. — Verhalten des Phosphors, Sauerstoffs und Chlors im Licht. — Wirkung des Lichts auf Silbersalze. — Verhalten des Chlorsilbers, Bromsilbers und Jodsilbers. — Theorie der Entwickelung. — Trockenplatten. — Theorie des Positivprocesses.

Wir haben in dem vorhergehenden Kapitel die Rolle kennen gelernt, welche das Licht in den photographischen Processen spielt, und jetzt wollen wir eintreten in das chemische Gebiet, um die Erscheinungen zu erklären, welche bei der Bestrahlung lichtempfindlicher Substanzen vor sich gehen.

Alle Körper in der Natur sind ununterbrochenen Veränderungen unterworfen. Sonne, Mond und Sterne bewegen sich — sie verändern ihren Ort, Holz und Zucker kann man zerreiben, sie ändern dann ihre Form, Blei kann man schmelzen, es ändert dabei seinen Aggregatzustand. Diese beispielsweise angeführten Veränderungen lassen den Stoff der Körper selbst unverändert. Man kann das Holz noch so fein zerreiben oder zersägen, es bleibt Holz; das Blei bleibt was es ist, trotz der Schmelzung. Veränderungen der Art, die den Stoff des Körpers unangetastet lassen, nennt man physikalische Veränderungen.

Es gibt ausser diesen noch Veränderungen anderer Natur. Erhitzt man ein Stück Holz in einer Flamme, so verbrennt es; hierbei geht seine Holznatur vollständig verloren. Es verwandelt sich in brennbare Gase, verkohlt, wird locker und zerreiblich und lässt ein Häufchen Asche zurück, kurz es hört auf Holz zu sein. Ein Eisenstab, an der Luft geglüht, wird matt, er überzieht sich mit einer schwarzen Rinde, die beim Schlagen mit dem Hammer zu Pulver zerfällt, dem Hammerschlag. Hierbei wird der Stoff des Eisens total verändert. Veränderungen solcher Art nennt man **chemische Veränderungen**.

Das Licht ist nun im Stande, sowol physikalische als chemische Veränderungen hervorzurufen. Wir haben schon früher erzählt, dass das rothe Mineral, der Realgar, im Licht zu gelbem Pulver zerfällt. Hier liegt eine physikalische Veränderung vor, denn der Realgar bleibt als Pulver was er ist. Man kann ihn schmelzen, er bildet alsdann beim Erkalten wieder compacte feste rothe Stücke, die in das Licht gelegt, abermals zerfallen. Die Zahl der in dieses Gebiet gehörenden physikalischen Veränderungen, welche das Licht veranlasst, ist nicht gross, aber merkwürdig bleiben die Erscheinungen an sich.

Moser hat beobachtet, dass Licht auf fast alle Oberflächen wirke. Er bedeckte glattpolirte Silber-, Elfenbein- und Glasflächen mit einem durchbrochenen Schirm und setzte sie dem Lichte aus. Nachher hauchte er sie an oder räucherte sie in Quecksilberdampf und fand, dass sich der Hauch oder der Quecksilberdampf da stärker condensirte, wo das Licht auf die Fläche gewirkt hatte. Moser stellt daher den Satz auf: Licht wirkt auf alle Körper, und man kann seine Wirkung sichtbar machen durch Dämpfe, welche sich an den belichteten Stellen condensiren.

Bei weitem zahlreicher als die durch das Licht bewirkten physikalischen Veränderungen sind die chemischen Wirkungen des Lichts, und ihre Betrachtung ist die ganz specielle Aufgabe der Photochemie.

Wir müssen hier, ehe wir die complicirten photographischen Erscheinungen besprechen, mit den einfachern Erscheinungen der Art uns bekannt machen.

a) Wirkung des Lichts auf Elemente.

Unter Elementen versteht der Chemiker einfache unzerlegbare Körper. Wasser, was die Alten ein Element nannten, ist z. B. kein Element im chemischen Sinne, denn es lässt sich leicht zerlegen in zwei Bestandtheile gasförmiger Natur: Sauerstoff und Wasserstoff. Luft, ebenfalls ein Element der Alten, ist kein Element nach chemischer Anschauung, denn es ist gemengt aus zwei Luftarten: Sauerstoff und Stickstoff. Letztere beiden aber, Sauerstoff und Stickstoff, sind unzerlegbare Körper oder Elemente. Elemente sind ferner die sämmtlichen bekannten Metalle, ferner Schwefel, Phosphor, Chlor (das aus dem Chlorkalk sich entwickelnde, unangenehm riechende grünliche Gas), ferner das weniger bekannte Brom, eine braune stinkende Flüssigkeit, endlich das schwarze, flüchtige, zum Einreiben benutzte Iod. Alle diese Elemente verbinden sich untereinander und liefern dabei Körper mit ganz neuen Eigenschaften. Das metallische Eisen verbindet sich mit dem luftförmigen Sauerstoff und liefert den rothen pulverigen Eisenrost. Der Schwefel verbindet sich mit dem luftförmigen Sauerstoff und liefert damit die stechende riechende schweflige Säure. Iod und Chlor verbinden sich unmittelbar mit Metallen zu Iod und Chlormetallen, die ganz eigenthümliche Eigenschaften haben. Dahin gehört das Iodsilber und Chlorsilber.

Eigenthümlich ist es, dass manche Elemente in ganz verschiedenen Zuständen auftreten können, sodass man glauben sollte, man hätte zwei ganz verschiedene Stoffe vor sich. Der gelbe, leichtentzündliche, giftige, in Aether lösliche Phosphor unserer ältern Streichhölzer verwandelt sich durch Erhitzen im verschlossenen Raum in eine rothe, schwerer entzündliche, nicht giftige und nicht lösliche Substanz, die dennoch weiter nichts ist als Phosphor und durch Schmelzen wieder in gewöhnlichen Phosphor übergeht.

Diese Umwandlung von gelbem Phosphor in rothen wird nun interessanterweise nicht nur durch Wärme, sondern auch durch das Licht bewirkt. Setzt man gelben Phosphor lange Zeit dem Tageslichte aus, so wird er roth.

Auch der Sauerstoff der Luft ist ähnlicher Umwandlungen fähig. Der gewöhnliche Sauerstoff ist ein farbloses und geruchloses Gas. Durch Wirkung der Elektricität wird derselbe aber leicht in eine andere Gasart umgewandelt, die sich durch ihren eigenthümlichen Geruch auszeichnet (sogenannter Schwefelgeruch, beim Einschlagen des Blitzes) und viel kräftiger oxydirend (rostend) wirkt als gewöhnlicher Sauerstoff. Man nennt den umgewandelten Sauerstoff Ozon.

Solcher Ozon bildet sich auch durch Einwirkung des Lichts, wenn man in eine grosse lufthaltige Flasche Terpentinöl giesst und dieses im Sonnenlicht heftig schüttelt.

Ebenso eigenthümlich sind die Veränderungen, welche ein paar andere weniger bekannte Elemente, Chlor und Brom, im Sonnenlicht erleiden, und die man erst in neuerer Zeit genauer beobachtet hat.

Chlor ist ein gelbgrünes, unangenehm riechendes Gas, das beim Räuchern mit Chlorkalk sich entwickelt und sich durch Fähigkeit, farbige Stoffe zu zerstören (Chlorbleiche) und ansteckende Stoffe zu vernichten, auszeichnet. Brom ist ein ihm sehr ähnlicher Körper, der jedoch bei gewöhnlicher Temperatur nicht gasförmig, sondern flüssig ist, aber sehr leicht verdampft und dann ein braunrothes Gas darstellt.

Chlorgas nun sowol als Bromgas zeigen zum Licht ein eigenthümliches Verhalten, das auch ihre Verbindungen auszeichnet.

Besonders bemerkenswerth ist das Verhalten des Chlorgases zum Wasserstoffgas, eine Gasart, die einen Hauptbestandtheil des Wassers bildet und aus diesem leicht gewonnen werden kann, wenn man Zink hineinwirft und verdünnte Schwefelsäure hinzufügt. Das Zink bemächtigt sich alsdann des Sauerstoffs des Wassers und bildet mit der Schwefelsäure schwefelsaures Zinkoxyd, der Wasserstoff entweicht als Gas.

Mengt man diese brennbare Gasart mit Chlorgas und lässt Sonnenlicht auf das Gemenge scheinen, so entsteht eine Explosion. Chlorgas und Wasserstoffgas verbinden sich dabei chemisch zu einem neuen Körper, der keine Aehnlichkeit weder mit Chlor noch mit Wasserstoff hat, dem Chlorwasserstoff. Dieser ist sauer, sehr leicht im Wasser löslich, wirkt nicht bleichend wie Chlor und ist nicht brennbar.

Sehr nahe steht dem Chlor und dem Brom ein anderer Körper, das Iod. Dieses ist ein fester Körper, der in glänzenden schwarzen Krystallen auftritt und beim Erwärmen wundervoll violette Dämpfe liefert.

b) Chemische Wirkung des Lichts auf Silbersalze.

Iod und Brom verbinden sich ebenso wie Chlor mit Metallen zu Iod, Brom- und Chlormetallen. Eine der bekanntesten Verbindungen der Art ist das Kochsalz, welches aus Chlor und Natrium besteht. Natrium ist ein in der Industrie nicht gebräuchliches Metall, welches mit grosser Energie Sauerstoff aus der Luft anzieht (rostet), sodass es unter Steinöl aufbewahrt werden muss. Die sämmtlichen Chlor-, Brom- und Iodmetalle zeigen eine salzartige Natur. Von besonderm Interesse für uns sind Chlorsilber, Bromsilber und Iodsilber. Man erhält diese drei Salze, wenn man Chlor, Brom und Iod direct auf Silber wirken lässt, noch rascher aber, wenn man Chlornatrium und das ihm ähnliche Bromnatrium und Iodnatrium in Wasser auflöst und dazu eine Auflösung von Silbersalz setzt.

Silber bildet nämlich ebenfalls salzartige Verbindungen. Wirft man einen Silberthaler in Salpetersäure, so löst er sich auf, er bildet salpetersaures Silber und dieses erhält man beim Abdampfen der Flüssigkeit als ein weisses, im Wasser lösliches Salz, das geschmolzen den sogenannten Höllenstein bildet.

Versetzt man eine Auflösung desselben mit einer Auflösung von Chlornatrium, so bildet sich ein weisser käsiger Niederschlag von Chlorsilber, indem beide Salze ihre Bestandtheile austauschen. Chlornatrium und salpetersaures Silber liefern Chlorsilber und salpetersaures Natrium.

In ganz gleicher Weise entsteht Bromsilber, wenn man zu Silberauflösung Bromnatrium-, und Iodsilber, wenn man Iodnatriumlösung hinzusetzt.

Bromsilber und Iodsilber scheiden sich dabei ebenfalls als käsige Niederschläge aus, weil sie alle drei im Wasser unlöslich sind; wäscht man sie aus, indem man sie auf Filtrirpapier bringt und mit Wasser übergiesst, und trocknet sie, so bildet Chlorsilber ein weisses, Bromsilber ein gelblich-weisses und Iodsilber ein gelbes Pulver. Alle drei sind höchst beständige Körper, die sich selbst in der Hitze nicht zersetzen, weder in Wasser, noch in Alkohol oder Aether löslich sind, sich aber auflösen in einer Lösung von unterschwefligsaurem Natron und Cyankalium, indem sie mit diesen beiden Körpern neue chemische Verbindungen bilden welche in Wasser löslich sind.

Diese drei Verbindungen, Chlorsilber, Bromsilber und Iodsilber, welche so ausserordentlich beständige Körper sind, zeigen nun eine augenfällige Empfindlichkeit gegen das Licht, und diese Lichtempfindlichkeit ist die Basis der modernen Photographie.

Chlorsilber sieht im dunkeln Zimmer beim Lichte einer Gaslampe vollkommen weiss aus, aber am Tageslicht färbt es sich rasch violett. Man hört oft sagen, es schwärze sich, dieses ist jedoch nicht der Fall. Diese violette Färbung ist die Folge einer chemischen Zersetzung. Das Chlor wird nämlich frei und entweicht theilweise als grünliches Gas, welches man bei grossen Mengen Chlorsilber sogar durch den Geruch wahrnehmen kann. Das violette Pulver, welches zurückbleibt, wurde früher für metallisches Silber gehalten.

Metallisches Silber kann allerdings unter gewissen

Umständen in der Form eines grauen oder violetten Pulvers auftreten, der beim Belichten von Chlorsilber entstandene violette Körper ist jedoch kein metallisches Silber, sondern eine Verbindung desselben mit Chlor, die aber nur halb so viel Chlor enthält als das weisse Chlorsilber. Silber und Chlor bilden zwei Verbindungen, eine weisse chlorreichere und eine violette chlorärmere, **Silberchlorür** genannt. Ebenso bildet das Silber mit Brom je zwei Verbindungen, eine hellgelbe bromreichere: **Bromsilber**, und eine gelbgraue bromärmere: **Silberbromür**, und analog diesen beiden existirt ein gelbes Iodsilber und ein iodärmeres grünes Silberiodür. **Silberbromür** und **Silberiodür** (der Accent liegt auf der letzten Silbe) entstehen nun ganz ähnlich dem Silberchlorür durch Einwirkung des Lichts. Der Chemiker sagt daher, dass **Chlorsilber, Bromsilber** und **Iodsilber im Lichte zu Silberchlorür, Silberbromür** und **Silberiodür reducirt** werden.

Die Farbenveränderung, durch welche man diese chemische Veränderung wahrnimmt, ist beim Chlorsilber am auffälligsten, schwächer beim Bromsilber, noch schwächer beim Iodsilber.

Es scheint demnach das Chlorsilber das für die Photographie vortheilhafteste Material zu sein.

Die Sache verhält sich jedoch anders. Wir haben oben bei Besprechung der photographischen Praxis gesehen, dass es nicht Chlorsilber, sondern Iodsilberplatten sind, die man in der Camera-obscura dem Lichte aussetzt. Das Bild, welches hier entsteht, ist so gut wie unsichtbar, es wird aber sichtbar gemacht durch einen nachfolgenden Process, den sogenannten **Entwickelungsprocess**.

In der Daguerreotypie wurde z. B. die belichtete Iodsilberplatte in Quecksilberdämpfen geräuchert. Hierbei schlägt sich der Quecksilberdampf in feinen weissen Kügelchen an den belichteten Stellen nieder, und um so stärker, je kräftiger das Licht gewirkt hatte. Bei dem jetzt üblichen Collodionverfahren wird die

Platte mit einer Eisenvitriollösung übergossen, diese mischt sich mit der anhängenden Silberlösung und schlägt daraus feinzertheiltes schwarzes Silberpulver nieder, das sich an die belichteten Stellen der Platte hängt.

In beiden Fällen haben wir also einen feinzertheilten Körper, der von den belichteten Stellen angezogen und festgehalten wird, ein räthselhafter Process, der ebenso interessant als praktisch bedeutend ist.

Es ist demnach keineswegs die Färbung des Silbersalzes, welche das Bild zum Vorschein kommen lässt, sondern der nachfolgende Entwickelungsprocess.

Versucht man nun Chlorsilber, Bromsilber und Iodsilber nebeneinander, indem man sie belichtet und entwickelt, so findet man, dass Chlorsilber unter dem Entwickler das schwächste Bild liefert, Bromsilber ein stärkeres, das stärkste aber Iodsilber. Also gerade der Körper, der durch das Licht am tiefsten gefärbt wird, färbt sich unter dem Entwickler am geringsten, und derjenige Körper, welcher im Lichte am schwächsten gefärbt wird (nämlich Iodsilber), färbt sich unter dem Entwickler am stärksten.

Der Entwickelungsprocess ist von immenser Wichtigkeit. Wollte man ein Bild durch Belichtung in der Camera herstellen ohne Entwickelung, so würde man stundenlang belichten müssen, ehe ein sichtbarer Lichteindruck bemerkbar wäre. Der Entwickelungsprocess gestattet uns unter günstigen Umständen die Sichtbarmachung eines Lichteindrucks, der nur $1/100$ Secunde gedauert hat.

Ehedem benutzte man nur reines Iodsilber in der Photographie, jetzt aber nimmt man Iodsilber und Bromsilber gemischt. Man machte nämlich bald die Beobachtung, dass Iodsilber zwar sehr empfindlich ist für starke Lichter, keineswegs aber für schwache; z. B. bei Aufnahme eines Porträts gibt Iodsilber in einigen Secunden wol die hellen Theile: das Hemd, das Gesicht sehr kräftig wieder, dagegen sehr schwach die dunkeln, wie die Schatten, den dunkeln Rock u. s. w. Mischt man aber dem Iodsilber etwas Bromsilber bei, so gibt die Iodbromsilberschicht zwar ein schwächeres (aber dennoch hinreichend intensives) Bild der hellen Theile, dagegen ein viel besseres der dunkeln Partien als Iodsilber allein.

Die Mischung von Iod- und Bromsilber wird in der Praxis dadurch hergestellt, dass man zu dem Collodium neben Iodsalz auch noch ein Bromsalz setzt, z. B. Iodkalium und Bromkadmium. Beide setzen sich im Silberbade um. Iodkalium und salpetersaures Silber liefert Iodsilber und salpetersaures Kali, ebenso liefert Bromkadmium und salpetersaures Silber Bromsilber und salpetersaures Kadmium.

Ausserdem bleibt eine ziemlich grosse Menge von der Silberlösung mechanisch an der Collodionschicht hängen. Diese anhängende Silberauflösung ist keineswegs nebensächlicher Natur, sie liefert im Gegentheil bei dem Aufgiessen des Entwicklers das Material, aus welchem das feinpulverige Silber sich niederschlägt, das zur Entwickelung nothwendig ist.

Mischt man den Entwickler, d. i. eine Eisenvitriollösung, mit Silberlösung, so schlägt sich Silber in feinzertheilter Form nieder. Eisenvitriol hat nämlich grosse Neigung, noch mehr Sauerstoff aufzunehmen und in schwefelsaures Eisenoxyd überzugehen. Wenn man daher einen sauerstoffhaltigen Körper, z. B. salpetersaures Silber, mit Eisenvitriol mischt, so entzieht der Eisenvitriol dem Silbersalz sofort Sauerstoff, und das Silber scheidet sich aus. Ebenso wirken andere Körper, die leicht Sauerstoff aufnehmen, namentlich einige aus dem organischen Reich, z. B. Pyrogallussäure, Gallussäure u. s. w. Früher glaubte man, dass der Eisenvitriol das vom Licht getroffene Iodsilber reducire, und findet man sogar diese irrthümliche Ansicht in einigen neuesten Werken über Chemie. Dass diese Ansicht falsch ist, kann man leicht nachweisen. Wenn man nämlich eine Platte belichtet und das salpetersaure Silbersalz, welches daranhängt, herunterwäscht und dann dem Entwickler aufgiesst, so erscheint kein Bild, ein Beweis, dass Eisenvitriol allein auf belichtetes Iodsilber nicht zu wirken vermag. Setzt man aber Silberauflösung hinzu, so erscheint das Bild sofort.

Die an der Platte hängende Silberauflösung spielt jedoch noch eine andere Rolle. Wäscht man eine Platte, ehe man sie belichtet, d. h. entfernt man alles daranhaftende salpetersaure Silber, und belichtet sie, so wird man bemerken, dass sie erheblich unempfindlicher ist als bei Gegenwart von salpetersaurem Silbersalz. Woher kommt das?

Die Sache erklärt sich aus dem eigenthümlichen Verhalten vieler lichtempfindlichen Körper.

Es gibt nämlich Körper, die für sich allein gar nicht oder doch nur sehr schwach lichtempfindlich sind, wol aber dann, wenn sie mit einem Körper zusammen sind, der im Stande ist, sich mit einem der bei der Belichtung freiwerdenden Bestandtheile zu verbinden. So ist z. B. Eisenchlorid nicht lichtempfindlich, Eisenchlorid in Aether gelöst ist aber lichtempfindlich, indem das freiwerdende Chlor sich sofort mit dem Aether chemisch verbindet.

Aehnlich verhält sich nun das Iodsilber. Dieses ist für sich allein nur schwach lichtempfindlich, ist aber ein Körper gegenwärtig, der sich mit Iod verbinden kann, so wird er leicht im Licht zersetzt. Ein solcher Körper ist nun das salpetersaure Silber, welches mit grosser Leichtigkeit freies Iod absorbirt.

Daher erklärt sich die grössere Lichtempfindlichkeit des Iodsilbers bei Gegenwart von salpetersaurem Silber.

Es folgt aus dieser Thatsache, die zuerst vom Verfasser dieses Buchs genauer erklärt wurde, dass auch andere Körper, die sich mit Iod leicht verbinden, die Lichtempfindlichkeit des Iodsilbers erhöhen werden, und dies ist in der That der Fall. Man nennt diese Körper Sensibilisatoren.

Zu solchen Körpern gehört z. B. der Kaffeeextract, Theeextract, das Morphin, der Gerbstoff, und diese Körper geben daher dem Photographen ein Mittel an die Hand, sogenannte trockene Platten zu construiren. Die Platten, welche in einem Silberbade gefertigt werden, halten sich nämlich im nassen Zustande nur kurze Zeit, die daranhaftende Silberlösung trocknet ein und löst alsdann das Iodsilber auf, sodass die Platten förmlich zerfressen werden. Daher ist es nicht möglich, sich nasse Platten im Vorrath zu machen und solche lange aufzubewahren, was natürlich für Reisen sehr grosse Vortheile bieten würde.

Man hat aber haltbare trockene Platten hergestellt, indem man das salpetersaure Silber, welches einer nassen Platte anhaftet, durch Waschen mit Wasser entfernte und dann die Platte mit einer Auflösung eines Körpers überzog, der Verwandtschaft zu Iod hat, z. B. mit Gerbstoff oder Morphin. Solche Ueberzüge können ohne Nachtheil für die Iodsilberschicht eintrocknen, und so erhält man eine haltbare Trockenplatte. Die Empfindlichkeit solcher Platten ist freilich erheblich geringer als die nasser Platten, doch dieses schadet nicht, falls man mit lichtkräftigen Objecten zu thun hat. Die Entwickelung solcher Trockenplatten wird gewöhnlich mit Pyrogallussäure vorgenommen. Dieses ist eine Substanz, welche durch trockene Destillation des Galläpfelextracts erzeugt wird; sie wirkt sehr kräftig reducirend, d. h. sie schlägt aus Silberlösungen ebenso leicht metallisches Silber nieder wie Eisenvitriol.

Pyrogallussäure allein vermag aber nicht, ein Bild auf einer belichteten Trockenplatte hervorzurufen, weil hierzu noch eine Substanz nöthig ist, welche pulveriges Silber liefert. Bei „nassen" Platten befindet sich diese Substanz, nämlich Silberauflösung, an den Platten selbst, bei Trockenplatten ist aber das Silbersalz abgewaschen, daher muss man zur Entwickelung eine Mischung von Pyrogallussäure und Silberlösung anwenden. Aus dieser schlägt sich alsdann pulveriges Silber nieder, legt sich

Entstehung der Papierbilder.   111

an die belichteten Stellen, und dadurch kommt das Bild zum Vorschein. Trockenplatten geben jedoch nicht so schöne und sichere Resultate als nasse.

Wir haben somit eine Erklärung der photochemischen Erscheinungen bei Herstellung eines Camerabildes gegeben. Das Wesentliche dieses Processes, des Negativprocesses, besteht in dem Entwickeln eines unsichtbaren Lichteindrucks durch eine nachfolgende Operation.

Nun werden aber keineswegs alle Bilder in dieser Weise gefertigt. Wir haben im Gegentheil bereits gesehen, dass die Bilder auf Papier durch Erzeugung eines sichtbaren Lichteindrucks zu Stande kommen, indem ein Stück lichtempfindliches Papier so lange belichtet wird, bis es dunkel angelaufen ist. Eine Entwickelung ist hierbei gar nicht nöthig. Das Bild wird so lange dem Lichte ausgesetzt, bis es die hinreichende Kraft hat.

Der Process, der hierbei vor sich geht, ist einfach. Das Positivpapier enthält Chlorsilber und salpetersaures Silber. Das letztere wird langsam, das erstere rasch durch das Licht reducirt, d. h. zu metallischem Silber zurückgeführt, welches sich in brauner Farbe ausscheidet. Chlorsilber allein würde nur zu Silberchlorür reducirt werden. Durch die Gegenwart von Papierfaser aber setzt sich die Reduction noch weiter fort, es bildet sich metallisches Silber. Das durch das Licht freigewordene Chlor verbindet sich aber sofort mit dem Silber des salpetersauren Silbers und liefert frisches Chlorsilber. Dies wird sogleich durch das Licht zersetzt, es wird dadurch eine neue Portion metallischen braunen Silbers ausgeschieden, wiederum chlorfrei, dadurch von neuem Chlorsilber gebildet und dieses Spiel wiederholt sich, solange noch salpetersaures Silber vorhanden ist und solange noch das Licht wirkt.

Reines Chlorsilber allein liefert nur ein schwaches Bild, in Berührung mit salpetersaurem Silber aber ein äusserst kräftiges. Das Bild ist in dem Zustande, wie es durch das Licht erzeugt ist, aber nicht haltbar, es würde sich durch fernere Wirkung des Lichts auch in den weissen Stellen bräunen, und um dieses zu verhindern, müssen die lichtempfindlichen Silbersalze, die noch im Papier stecken, entfernt werden. Das salpetersaure Silber entfernt man leicht durch Waschen mit Wasser, denn es ist ja im Wasser löslich, das Chlorsilber dagegen nur durch Eintauchen in eine Lösung von unterschwefligsaurem Natron. Dieses Salz setzt sich mit dem Chlorsilber um, es bildet sich dabei Chlornatrium und unterschwefligsaures Silber, und letzteres verbindet sich mit einem Ueberschuss des unterschwefligsauren Natrons zu einem Doppelsalz, und dieses eigenthümlich süss schmeckende Doppelsalz ist im Wasser löslich und kann durch Waschen entfernt werden.

Taucht man eine frische Copie in unterschwefligsaures Natron ein, so ändert sie ihre schön violette Farbe plötzlich, sie wird gelbbraun, und diese Farbe ist nicht beliebt, sie stört bei technischen und wissenschaftlichen Bildern gar nicht, wol aber bei Porträts und Landschaften, daher werden die positiven Copien noch dem sogenannten Färbungsprocess unterworfen. Man taucht sie dazu in eine sehr verdünnte Goldauflösung. Diese Goldauflösung enthält Chlorgold. Das metallische Silber hat mehr Verwandtschaft zum Chlor als das Gold, es verbindet sich daher mit dem Chlor zu Chlorsilber und das Gold wird niedergeschlagen. Es scheidet sich in blauer Farbe an den Bildcontouren aus, und dieses dem braunen Bilde zugemischte Blau gibt einen angenehmen Ton, der auch im Fixirbade, d. h. im unterschwefligsauren Natron sich nicht ändert.

Jedes photographische Papierbild besteht demnach aus Silber und Gold, auf etwa vier Theile Silber kommt ein Theil Gold, die Quantität beider Substanzen ist aber ausserordentlich gering. In einem Bilde von 44×47 Centimeter oder 17 mal 22 Zoll Grösse sind

Silbergehalt der Photographien.

nicht mehr als $1/_{13}$ Gramm metallisches Silber enthalten, d. i. ungefähr = 1 Gran nach älterm Gewicht. Der Werth desselben ist circa 1 Pfennig, der Werth des Silbers in einer Visitenkarte circa $1/_{30}$ Pfennig. Das Publikum wird hierbei fragen, wie es kommt, dass die Photographen sich so hohe Preise für ihre Bilder bezahlen lassen. Darauf diene zur Antwort, dass der Materialienwerth den Preis nicht bestimmt, sondern die Arbeit, die zur Herstellung der Bilder nothwendig gewesen ist, und wenn man in Betracht zieht, dass ein Photograph zur Herstellung eines Negativs 28 Operationen durchmachen muss, zur Herstellung eines Positivs acht, dass bei dieser Operation oft ein Bild misglückt, dass endlich neben dem 1 Pfennig Werth an Silber bei Präparation eines Bogens für 3 Groschen Silbersalz in Arbeit genommen werden muss, und dass höchstens ein Drittel dieses Silbers aus dem Waschwascher der Bilder wiedergewonnen werden kann, dass der Papierbogen selbst einen Werth von $2½$ Groschen hat, dass ein ebenso theuerer Carton zum Aufkleben gehört, dass Localmiethe, Honorare an Retoucheure und Operateure herausgeschlagen werden müssen, so wird man die scheinbar hohen Preise wol gerechtfertigt finden.

Mit Rücksicht darauf, dass 33 mal soviel Silber in Arbeit genommen werden muss als in dem fertigen Bilde wirklich bleibt, ist die Menge des Silbers, die jährlich in der Photographie consumirt wird, eine enorme. Man berechnet sie auf etwa 9,000000 Thaler.

ZWÖLFTES KAPITEL.

Ueber die Correctheit photographischer Bilder.

Einfluss der Individualität des Photographen. — Verschiedene Branchen der Photographie. — Einfluss der Linsen, der Expositionszeit, der Farben, der Modelle. — Ueber das Charakteristische im Bilde. — Unwahrheit in der Photographie. — Unterschied zwischen Photographie und Kunst.

a) Einfluss der Individualität des Photographen.

Wir haben in den vorhergehenden Kapiteln die Entwickelung und die Theorie und Praxis der Photographie mit Silbersalzen kennen gelernt. Wir haben dabei flüchtig auch mancher praktischen Anwendung der Photographie gedacht, z. B. des Lichtpausprocesses. Es ist jetzt unsere Aufgabe, uns mit einem Punkt etwas genauer zu beschäftigen, der für die Beurtheilung des Werthes einer Photographie von grossem Belang ist.

Ein grosser Theil des Publikums lebt in dem Wahn, dass die Ausübung in der Photographie immer dieselbe sei, gleichviel welchen Gegenstand der Photograph aufzunehmen habe, dass daher ein Photograph, welcher ein Porträt aufnehmen kann, im Stande sein müsse, ebenso gut eine Maschine, eine Landschaft, ein Oelgemälde aufzunehmen. Man geht hierbei von dem Irrthum aus, das Bild mache sich selber, wenn der Photograph die „Klappe" auf- und zumache. Dass das Bild sich aber nicht selber macht, sondern erst entwickelt, verstärkt, fixirt, copirt werden muss, wissen unsere Leser bereits. Bei allen diesen Operationen aber gibt es kein bestimmtes Mass, keine Regel, wie lange der Photograph belichten, entwickeln, verstärken, copiren und tonen soll. Es hängt dieses von seinem Belieben, seinem Urtheil ab, und je nachdem er will, kann er das Bild mehr oder weniger detaillirt (indem er längere oder kürzere Zeit belichtet), mehr oder weniger brillant (je nach der Verstärkung), mehr oder weniger dunkel (je nach dem Copiren), mehr oder weniger blau (je nach dem Tonen) halten. Wonach richtet er sich nun bei seinem Urtheil, ob das Bild richtig ist oder nicht? Einzig und allein nach der Natur! Diese muss er kennen und mit seinem Bilde vergleichen. Solches ist freilich nicht leicht. Die Natur zeigt sich ihm positiv, im Bilde erscheint sie aber zuerst negativ, und vergleicht er beide, so muss er schon im Stande sein, im Geiste das Negativ umzukehren, d. h. sich die positive Copie vorzustellen, die es zu liefern im Stande ist. Es gehört zu solchem Vergleich mehr Studium und Erfahrung als das Publikum glaubt.

Wenn man jemand, der vom Buchdruck nichts versteht, zwei gedruckte Bogen vorlegt, von denen der eine gut, der andere mangelhaft gedruckt ist, so wird Betreffender, falls die Fehler nicht gar zu grob sind, zwischen beiden keinen Unterschied finden können, während das geübte Auge des Druckers sofort erkennt, dass in dem einen Druck die Buchstaben hier zu eng, dort zu weit, hier gerade, dort schief stehen, hier dick, dort zu blass gedruckt sind. So gehört auch zur Beurtheilung eines photographischen Bildes ein geübtes Auge, welches nicht nur für die feinsten Details des Bildes, sondern auch für die Eigenthümlichkeiten des Originals Beobachtungsgabe besitzen muss. **Ich habe kein Auge dafür**, sagt der Laie oft, d. h. ich bin solche Dinge zu sehen nicht gewöhnt, und hieran erkennt man erst, wie unvollkommen wir diesen vollkommensten aller Sinne zu gebrauchen wissen.

Der Blindgeborene und durch Operation sehend Gewordene kann anfangs einen Würfel nicht von einer

Kugel, die Katze nicht von einem Hunde unterscheiden. Er ist solche Dinge nicht zu sehen gewöhnt und muss sie erst sehen lernen.

So sind auch wir mit gesunden Augen Blinde allen Dingen gegenüber, die wir nicht zu sehen gewöhnt sind, und am augenfälligsten stellt sich solches in der Kunst heraus, sowie in der mit ihr eng verwandten Photographie.

Wenn Photographen, die als Porträtphotographen Vorzügliches leisten, nicht im Stande sind, ein gutes Landschaftsbild zu liefern, so liegt es daran, dass sie für Landschaft kein Auge haben, dass sie ein zu kurz belichtetes, fehlerhaft entwickeltes und verstärktes und noch fehlerhafter copirtes Bild für gut halten, dass sie den Einfluss, den die Stellung und die Intensität der Sonne, die Luftperspective, die Wolken ausüben, nicht kennen, vieler andern Kleinigkeiten nicht zu gedenken.

So erfordert jede Klasse von Gegenständen ein besonderes Studium, wenn auch das Handwerksmässige der Photographie überall dasselbe bleibt, und daher gibt es Porträtphotographen, Landschaftsphotographen, Reproductionsphotographen u. s. w.

b) Einfluss des Gegenstandes, der Apparate und des Processes.

Man hört so häufig von Bewunderern der Photographie betonen, dass diese junge Kunst die reine Wahrheit wiedergebe, unter Wahrheit die Uebereinstimmung mit der Wirklichkeit verstanden. Die Photographie kann in der That, richtig angewendet, wahrere Bilder liefern als alle andern Künste, aber absolut wahr ist sie nicht. Und eben weil sie es nicht ist, ist es von Wichtigkeit, die Quellen der Unwahrheit in der Photographie kennen zu lernen. Deren sind aber viele. Ich spreche hier zunächst von den optischen Fehlern.

Die Linsen, welche in der Photographie angewendet werden, liefern nicht immer absolut richtige Bilder. Nimmt man z. B. ein Quadrat mit einer einfachen Linse auf, so bildet sich dieses oft krummlinig ab, wie in beistehenden Figuren, wenn auch erheblich schwächer. Ein Bild mit einer solchen „verzeichnenden" Linse aufgenommen, in dem also gerade Linien am Rande krumm erscheinen, ist offenbar nicht wahr. Die Unwahrheit mag von vielen nicht empfunden werden, vorhanden ist sie aber. Nun wird man sagen, dass dieser Fehler bei sogenannten correct zeichnenden

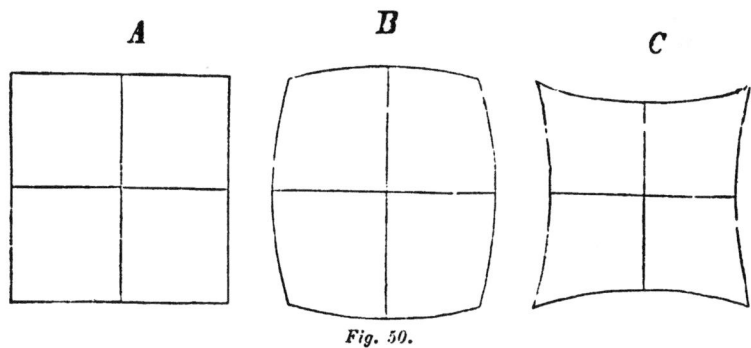

Fig. 50.

Linsen wegfällt, aber man sehe sich einmal die mit correct zeichnenden Linsen von niedrigen Standpunkten aufgenommenen Bilder hoher Gebäude an. Die Linien, die senkrecht stehen sollen, convergiren häufig nach oben. Die Ursache ist, dass der Photograph genöthigt war, dass Instrument schief nach oben zu richten, um das ganze Gebäude bis zum Dach überblicken zu können. Hierbei projiciren sich senkrechte Linien convergirend nach oben. Man hat, um diesen Fehler zu vermeiden, Linsen mit sehr grossem Gesichtsfeld construirt, die sogenannten Pantoskope. Diese geben aber wieder entfernte Gegenstände scheinbar sehr klein, nahe Gegenstände scheinbar sehr gross wieder, eine

118   Zwölftes Kapitel.

Abnormität, die der Laie nicht, wol aber der feine Beobachter der Natur bemerkt.

Ein merkwürdiges Phänomen, das die Verwunderung aller Uneingeweihten erregt, ist die sogenannte Verzerrung von Kugeln in der Photographie. Man denke sich eine Reihe Kanonenkugeln; diese werden uns stets als Kugeln erscheinen, und der Maler wird sie stets als Kreis zeichnen. Nimmt man dieselben mit einer Linse von grossem Gesichtsfeld auf, so erscheinen die am Rande liegenden nicht mehr kreisförmig, sondern elliptisch.

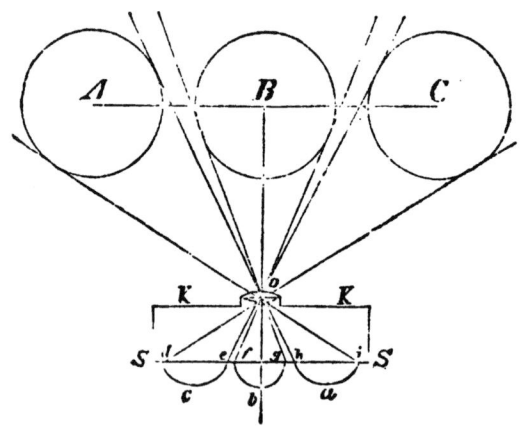

Fig. 51.

Um diese Erscheinung zu erklären, müssen wir uns mit der Entstehung des Bildes noch einmal beschäftigen. Man denke sich drei Kugeln ABC vor einer Camera K mit der Linse o. Jede Kugel (Fig. 51) sendet einen Strahlenkegel auf das optische Centrum der Linse, dieser setzt sich innerhalb der Camera fort und schneidet die Bildfläche, wenn seine Achse schief darauf steht, in einer Ellipse wie A und C. Nur wenn die Achse des Strahlenkegels senkrecht zur Bildfläche SS steht, wie bei B, erscheint das Bild als

Falsche Wirkung der Lichter und der Schatten.

Kreis. Dieser Fehler tritt freilich nur auf, wenn das Gesichtsfeld der Linse sehr gross ist und die Kugeln nahe am Rande desselben liegen.

Ein Photograph brachte dem Verfasser das mit einer Linse von grossem Gesichtsfeld aufgenommene Bild eines Schlosses, vor dem eine Reihe Statuen standen. Sonderbarerweise wurden die Köpfe derselben nach dem Bildrande hin immer breiter und breiter, ebenso die Bäuche, und der schlanke Appollo von Belvedere, der unglücklicherweise gerade am äussersten Rande des Bildes stand, hatte ein so bausbäckiges Gesicht und solchen Schmerbauch, dass er aussah wie Dr. Luther.

Aber ganz abgesehen von diesen Umständen gibt es noch einen andern Punkt, der die Wahrheit der Darstellung in Photographien sehr beeinflusst, die **Photographie gibt nämlich im allgemeinen die hellen Lichter zu hell, die dunkeln Schatten zu schwarz.** Das ist ein Grundfehler, der im Wesen derselben liegt und dessen Umgehung oft grosse Schwierigkeiten macht. Am deutlichsten offenbart er sich bei Aufnahme eines von greller Sonne beleuchteten Gegenstandes, z. B. einer Statue. Belichtet man kurze Zeit, so erhält man ein detaillirtes Bild der Lichtseite, aber die Schattenseite ist ein schwarzer Klecks. Exponirt man lange, so bekommt man Schattendetails, aber die Lichter sind „überexponirt" und so dick gedeckt, dass in diesen die Details fehlen. Daher sind Photographen oft zu Umwegen genöthigt, sie müssen, wenn sie ein richtiges Bild erzielen wollen, die Beleuchtungscontraste mildern, d. h. die Lichter tiefer, die Schatten aber viel heller halten als die Maler zu thun pflegen. Letztere schreien oft Zeter, wenn sie die photographische Beleuchtung an einem Modell sehen, und wundern sich, wenn das Bild dennoch ein richtiges wird. Bei Landschafts- und Architekturaufnahmen geht das freilich nicht so gut. Verfasser photographirte einmal das Innere eines Laboratoriums. Es stellte einen gewölbten Saal dar. Alles ganz trefflich. Man sah die Tische, die Oefen, die Retorten, die Lampen u. s. w., nur das Gewölbe sah man nicht, es war zu dunkel. Es wurden neue Aufnahmen mit 20, 30, 40 Minuten Exposition versucht. Endlich sah man eine Spur des Gewölbes, aber jetzt waren die Gegenstände in der Nähe der Fenster total „überexponirt", d. h. sie waren so weiss geworden, als seien sie beschneit. Dieser Umstand, dass Photographie die dunkeln Gegenstände zu dunkel wiedergibt, tritt aber schon bei ganz einfachen Arbeiten zu Tage, z. B. bei Reproduction von Kupferstichen. Ein Photograph reproducirte einmal Kaulbach's Hunnenschlacht. Er erhielt ein reizendes Bild, aber die Stadt im Hintergrunde erschien zu dick, zu schwarz, nicht duftig genug. Der Besteller verwarf das Blatt und verlangte ein anderes. Der Photograph machte ein zweites mit längerer Exposition, und jetzt erschien die Ferne duftig, aber leider waren die nahen Gegenstände, welche kräftig schwarz hervortreten sollten, grau. Schliesslich half der Photograph sich durch Negativretouche. Dieses sind ganz einfache Beispiele, um zu zeigen, wie schwierig es ist, einen Gegenstand naturtreu wiederzugeben. Nun aber kommt der böseste Punkt, die Farben. Die Photographie gibt die kalten Farben (Blau, Violett, Grün) zu hell, die warmen Farben (Roth, Gelb) zu dunkel. Man sehe die im Handel erschienene Photographie des Sonnenuntergangs am Ganges von Hildebrandt. Eine glühende rothe Sonne mit leuchtenden chromgelben Wolken auf Ultramarinhimmel. Was ist das in der Photographie geworden? Eine schwarze runde Scheibe zwischen schwarzen Wetterwolken. Es sieht aus wie die Sonnenfinsterniss von Aden. Noch crasser tritt aber die Schwierigkeit, die Natur treu wiederzugeben, zu Tage, wenn sich ein Photograph in der Lösung höherer künstlerischer Aufgaben versucht. Nehmen wir ein Beispiel. Es existirt ein hübsches Genrebildchen, Mutterliebe. Eine junge Mutter sitzt auf einem Fauteuil lesend, ihr kleiner Lümmel umarmt sie plötzlich von hinten, und freudig überrascht lässt sie die Hand mit dem Buche sinken, wendet den Blick nach dem kleinen Liebling und bietet dem Jungen die Wange zum Kuss dar.

Einen Photographen überkam die Idee, ein ähnliches Bild mit Hülfe lebender Modelle zu reproduciren. Er fand ein hübsches Mädchen, welches sich als Mutter gebrauchen liess, auch ein passender Junge wurde beschafft. Ein Fauteuil für die Mutter, Stuhl, Zimmerdecoration, ein paar Möbel zur Raumausfüllung waren leicht besorgt. Jetzt ging es an das Aufbauen. Die Pseudomutter fügte sich willig den Intentionen des Photographen, schnitt auch ein Gesicht, welches zur Noth als Ausdruck von Mutterliebe gelten konnte. Der Junge hatte jedoch andere Ideen. Er fühlte sich zu der Pseudomutter nichts weniger als hingezogen, er protestirte energisch gegen jede Annäherung, und es bedurfte einiger Hiebe, ihn zur Annahme der gewünschten Stellung zu bewegen. Darüber ist Zeit vergangen. Die Mutter fängt an, sich in der unbequemen Stellung mit gewendetem Hals unbehaglich zu fühlen. Endlich wird photographirt. Das Bild ist scharf, fleckenlos. Die Modelle werden zu ihrer nicht geringen Freude entlassen. Was ist das Resultat? Der Bengel umarmt die Mutter mit einem Gesicht, dem man die Hiebe noch ansieht, mit einem Blick, als wolle er sie erwürgen, und diese sieht ihn so ernst an, als wolle sie sagen: „Karl, du bist sehr ungezogen", und scheint sehr unwillig darüber zu sein, dass ihre angenehme Lektüre unterbrochen wurde. Kann man sagen, dass solch ein Bild die Intentionen des Künstlers richtig ausdrückt? Ist das so hergestellte Bild ein Ausdruck der Unterschrift „Mutterliebe"? Jedermann wird solchem Bilde die Unwahrheit ansehen.

Solche Bilder existiren zu Tausenden im Handel. Man hat dergleichen Sünden namentlich vor zehn Jahren im Stereoskopenfach massenhaft begangen, und wenn solche Bilder Beifall finden, so ist einzig und allein der schlechte Geschmack des Publikums daran schuld. Doch man wird sagen, hier ist der Photograph an der Unwahrheit des Bildes nicht schuld, sondern die unwilligen Modelle.

Gerade dieser Umstand setzt aber der Erzielung eines guten Porträts so enorme Schwierigkeiten entgegen. Vielen Leuten ist es gar nicht um die treue Wiedergabe ihres Charakters zu thun. Der Spitzbube will als ehrlicher Mann auf dem Bilde erscheinen, manche schlotternde Alte jung, kokett und elastisch; das Dienstmädchen spielt im Atelier das feine Fräulein, die Bürgerstochter möchte Hofdame, der Strassenkehrer Gentleman sein; so dient ihnen ihr Bild zur Schmeichelei ihrer persönlichen Eitelkeit, und damit die Leute ja recht fürnehm und ungewöhnlich erscheinen, stecken sie sich in ihren (oft auch in fremden) Sonntagsstaat, der ihnen oft so unbequem wie möglich sitzt, und üben sich am Spiegel zu Hause unter Zuziehung von Papa, Mama, Frau oder Liebsten eine künstlerisch unmögliche Pose ein. Selbst gebildete Leute haben solche Schrullen. Thorwaldsen erzählt von Byron, der ihn zu einer Sitzung besuchte: „Er setzte sich mir gegenüber, fing aber, als ich zu arbeiten begann, sogleich an, eine ganz andere fremdartige Miene anzunehmen. Ich machte ihn darauf aufmerksam. «Das ist der wahre Ausdruck meines Gesichts», entgegnete Byron. «So», sagte ich, und machte dann sein Porträt ganz wie ich wollte. Alle Menschen erklärten meine Büste für ausgezeichnet getroffen, Lord Byron aber rief aus: «Die Büste gleicht mir durchaus nicht; ich sehe viel unglücklicher aus.» Er wollte nämlich um jene Zeit mit Gewalt unglücklich aussehen", fügt Thorwaldsen hinzu. Schlimmer ist der Photograph daran. Wenn Byron zu einem Photographen gekommen wäre und er hätte seine unglückselige Miene vor der Camera aufgesteckt: was hätte der Photograph machen wollen? Er ist leider vom Modell abhängig, und viele Modelle lassen ihn im entscheidenden Moment im Stich, oft nicht aus bösem Willen, sondern aus Nervenschwäche oder aus Zerstreutheit oder Langeweile. Viel liegt hier freilich auch am Benehmen des Photographen, der es verstehen muss, sein Publikum in liebenswürdiger Weise zu beherrschen. Sehr viele Porträts verunglücken aber ohne seine Schuld. Schreiber dieses war oft genug Zeuge wie Personen, die er kannte, in dem Moment des Photographirens ein ganz fremdartiges Gesicht machten, ohne eine Ahnung davon zu haben.

Es gibt aber noch charakteristischere Fälle photographischer Unwahrheit, die man nicht den Modellen in die Schuhe schieben kann. Man nehme an, ein Photograph wollte, angeregt durch die schönen Bilder Claude's, Schirmer's, Hildebrandt's, einen Sonnenuntergang photographiren. Natürlich kann er auf die glühend helle Sonne nur momentan exponiren. Was erhält er für ein Bild? Einen runden weissen Fleck, einige leuchtende Wolken ringsum, das ist alles, was deutlich hervortritt. Alle Gegenstände in der Landschaft, Bäume, Häuser, Menschen, sind gänzlich unterexponirt, d. h. sie bilden eine schwarze Masse; dort, wo das Auge Weg, Steg, Dorf, Wald und Wiese deutlich unterscheidet, sieht man nichts als einen dunkeln Fleck ohne alle Contouren. Ist solch ein Bild wahr? Selbst der begeistertste Schwärmer für Photographie wird das nicht zu behaupten wagen.

Solche Fälle, wo grelle Contraste in Licht und Schatten die Erzielung eines wahren Bildes gänzlich unmöglich machen, liegen in Unzahl vor. Man sehe die Mehrzahl der Photographien des weissen Königsdenkmals im berliner Thiergarten an. Das Denkmal ist trefflich, der Baumhintergrund aber eine verschwommene schwarze Masse, ohne Details, ohne Halbtöne, alles, nur kein Bild des herrlichen Laubwerks, welches an jenem Plätzchen jedes Auge entzückt. Noch zahlloser sind die Photographien von Zimmern, in denen die dunkeln Ecken, die unserm Auge noch recht wohl erkennbar sind, nichts zeigen als pechschwarze Nacht. Es gibt aber noch andere Fälle photographischer Unwahrheit.

Wir erblicken eine Berglandschaft. Ein Dörfchen, auf beiden Seiten von bewaldeten Hügeln eingeschlossen, deckt den Mittelgrund, seine Häuser ziehen sich malerisch zwischen Bäumen die Abhänge hinan. Eine Kette schön geschwungener Berge in der Ferne, deren Gipfel in der Abendsonne glänzen, schliessen das wundervolle Bild ab; nur Eines stört, ein verfallener Schweinestall in unmittelbarer Nähe des Beschauers mit einem Strohhaufen daneben. Ein Maler, der dieses Bild malen wollte, würde sich kein Gewissen daraus machen, den Schweinestall entweder gänzlich hinwegzulassen oder ihn so dunkel und unbestimmt zu halten, dass er den Eindruck der Landschaft nicht stört. Wie steht es aber mit dem Photographen? Wegreissen kann er den störenden Gegenstand nicht. Er sucht einen andern Standpunkt; aber da verdecken Bäume einen grossen Theil der Landschaft. Jetzt nimmt er die Ansicht mit dem Stall auf, und was erhält er für ein Bild? Der im Vordergrunde stehende Stall ist wegen seiner Nähe riesengross im Bilde sichtbar. Die ferne Landschaft, die Hauptsache, erscheint dagegen klein und unbedeutend. Noch fataler wirkt aber der Strohhaufen vor dem Stalle, er nimmt beinahe den vierten Theil des Bildes ein. Als die am hellsten leuchtende Masse im Bilde zieht er sofort das Auge des Beschauers auf sich, er lenkt den Blick von andern viel wichtigern Dingen ab, er stört; die gewonnene Photographie erscheint nicht als Bild der Landschaft, was sie sein sollte, sondern als ein Bild des Schweinestalls. Die Nebensache ist zur Hauptsache geworden. Das Bild ist unwahr. Es ist unwahr, nicht etwa weil die Gegenstände, die es darstellt, in der Natur nicht vorhanden wären, sondern weil die Nebensachen zu grell, zu deutlich, zu gross hervortreten und die Hauptsache dagegen zu klein, undeutlich und unbedeutend erscheint.

Hier kommen wir an einen wunden Punkt der Photographie, sie zeichnet mit **gleicher Deutlichkeit** die Hauptsachen wie die Nebensachen. Der Platte ist alles gleichgültig, während der echte Künstler bei Wiedergabe eines Bildes der Natur das **Charakteristische** hervorhebt und die Nebensachen gänzlich unterdrückt oder dämpft. Er kann mit künstlerischer Freiheit darüber schalten und walten, und er thut es mit vollem Rechte. Denn eben weil er nur das Charakteristische hervorhebt und das Nebensächliche weglässt, erscheint er **wahrer** als die Photographie, welche die grössten Nebensachen mit gleicher Deutlichkeit wie die Hauptsachen wiedergibt, ja sogar oft deutlicher als diese. Reynolds sagt von einem Porträt einer Frau, in welchem ein sehr sorgfältig ausgeführter Apfelbaum im Hintergrunde sichtbar war: „Das ist das Bild eines Apfelbaums, und nicht das Bild einer Dame." Aehnliche Bemerkungen könnte man beim Anblick zahlloser Photographien machen. Es ist ein Cardinalfehler derselben, dass sie Nebensachen stärker betonen als die Hauptsachen. Man sieht ein Conglomerat heller Möbel, und merkt erst bei genauer Betrachtung, dass ein Mann dazwischen steckt, dessen Porträt das Bild sein soll. Man sieht eine gesteppte weisse Blouse, und bemerkt erst nach einiger Zeit, dass auch ein Mädchenkopf darauf sitzt. Man sieht einen Park mit Springbrunnen und andern Schnörkeln, erst hinterher bemerkt man einen Schwarzrock, der sich dunkel von einem ebenso dunkeln Strauch abhebt.

Man wird vielleicht staunen, dass Schreiber dieses der freien Kunst der Malerei grössere Wahrheit zuschreibt als der Photographie, die allgemein als die wahrste aller Bilderzeugungsmethoden gilt; **dass hier nur von den Werken der Maler ersten Ranges die Rede sein kann**, versteht sich von selbst. Das ist gerade eines der grössten Verdienste der Photographie, dass sie jene Sudeleien der Kunststümper, welche sonst in allen Gassen ausgeboten wurden, unmöglich gemacht hat. Aber das vollkommene Bild des Photographen entsteht nicht von selber. Er muss dabei prüfen, wägen, denken und die Schwierigkeiten hinwegräumen, welche sich der Erzielung eines wahren Bildes entgegenstellen. Soll sein Bild wahr sein, so muss er dafür sorgen, dass darin das Charakteristische hervortrete, das Nebensächliche sich unterordne. (Die gefühllose Iodsilberplatte kann das nicht, sie zeichnet alles, was sie vor sich hat, nach unveränderlichen Gesetzen.) Der Photograph erreicht dieses einerseits durch geeignete Vorbereitung des Originals, andererseits aber durch passende Bearbeitung des Negativs. Freilich gehört dazu, dass er das Charakteristische und Nebensächliche in seinem Original auch erkenne.

Wer demnach an irgendeine photographische Aufgabe gehen will, muss sich zuerst mit dem Gegenstande, den er aufnehmen will, vertraut machen, damit er wisse, worauf es ankommt. So frei wie der Künstler wird freilich der Photograph seinen Stoff nie beherrschen, denn die Unwilligkeit der Modelle und die optisch-chemischen Hindernisse vereiteln oft seine besten Absichten, und daher wird immer ein Unterschied zwischen Photographie und Kunstwerk bestehen bleiben, der sich kurz dahin präcisiren lässt, dass die Photographie ein treueres Bild der Form, die Kunst ein treueres Bild des Charakters gibt.

DREIZEHNTES KAPITEL.

Licht, Schatten und Perspective.

Unterschied zwischen Bild und Wirklichkeit. — Wirkung des Schattens. — Perspectivische Verkürzungen. — Wirkung des Standpunktes des Beschauers. — Einfluss der Entfernung. — Einfluss der Augenhöhe.

Im vorigen Kapitel haben wir bei Besprechung der Unwahrheiten in Photographien die stillschweigende Voraussetzung gemacht, dass es möglich sei, ein wahres Bild eines Gegenstandes zu liefern, wenn nicht mit Photographie, so durch die Hand eines geschickten Künstlers. Wir wollen jetzt einmal sehen, inwieweit diese Voraussetzung zulässig ist.

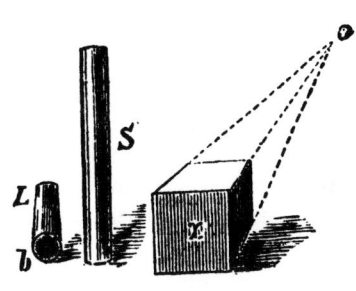

Fig. 52.

Man nehme den einfachsten Fall, einen Würfel oder einen Cylinder. Man bilde diesen ab, und man wird Figuren erhalten, die ungefähr den beistehenden X und S entsprechen. Diese Figuren sind nun flach, wie das Papier, während die Originale Körper sind. Kann man sagen, dass Bild und Körper übereinstimmt? Keinesfalls! Man frage einen Blinden, der beide anfühlt. Nun kann man den Würfel zwar auch körper-

Dreizehntes Kapitel.

lich nachbilden in Marmor oder in Gips. Hier kann die Täuschung (denn solche ist es) weit getrieben werden. Man kann das Holz des Würfels oder des Cylinders durch Anstrich nachahmen. Das Auge wird solche Nachahmung bereitwillig als Holz erklären. Der Blinde, der beides anfühlt, wird sagen: die Form stimmt überein, die Masse aber nicht, der eine Würfel von Holz fühlt sich warm, der steinerne kalt an.

Was für diese beiden Objecte gilt, gilt für alle Gegenstände und deren Bilder. Keins ist eine absolut getreue Copie des Gegenstandes. Wenn das unkörperliche Bild den Eindruck eines **körperlichen Gegenstandes** auf unser Auge macht, so ist das eine **Täuschung**, durch die sich unser Auge betrügen lässt.

Fig. 53.

Zeichnet man zwei Rechtecke, A und B auf Papier, beide erscheinen als flache Figuren. Sobald man aber das eine Rechteck B mit engern oder weitern Strichen anlegt oder entsprechend tuscht, so erscheint das Rechteck nicht mehr als Rechteck, sondern als runder Körper. Durch Nachahmungen der Abstufungen zwischen Licht und Schatten haben wir also hier für unser geübtes Auge eine Täuschung vollzogen, und dieses Hülfsmittel (Vertheilung von Licht und Schatten) ist eins der wichtigsten in der Kunst, um flachen Gegenständen das Ansehen von körperlichen zu geben.

Nun gibt es aber noch ein zweites, noch wichtigeres Täuschungsmittel, das ist die Perspective.

Betrachtet man einen Würfel (Fig. 52), dessen Kansen sämmtlich gleich lang sind, so beobachten wir, dass dessen Kanten uns **sehr verschieden lang** erscheinen. Die unserm Auge zugekehrte Fläche erscheint uns noch als Quadrat, die andern **verkürzen sich in auf-**

Perspectivische Verkürzungen.

fallender Weise, die Flächen erscheinen ganz unregelmässig, die parallelen Linien laufen zusammen und convergiren nach einem Punkt o, dem sogenannten Verschwindungspunkt (Fig. 52). Aehnliches geschieht mit allen andern Körpern: ein hängender Menschenarm, oder die stehende Säule S (Fig. 52) erscheinen uns in ihrer vollen Länge, der gegen uns ausgestreckte Arm, oder die liegende Säule (L) sehen wir in der „Verkürzung"; die Dimensionen schrumpfen zusammen, schliesslich sehen wir statt des Säulenschaftes nur noch die kreisförmige Säulenbasis b, und diese wieder erscheint uns bald rund, wenn sie uns ihre volle Fläche zukehrt, bald als Ellipse, was sie in der That gar nicht ist, und die parallelen Säulenkanten laufen zusammen. Dasselbe ist der Fall mit einem Eisenbahngleise, das wir nach der Längsrichtung betrachten. Dass wir diese Unwahrheit (denn eine solche ist es) nicht als solche empfinden, liegt einfach in unserer Gewöhnung.

Wir wissen aus Erfahrung, dass der gegen uns gestreckte verkürzt erscheinende Arm länger ist, als es unserm Auge bei dieser Stellung vorkommt, ebenso dass die scheinbar zusammenlaufenden Eisenbahnschienen parallel sind. Wir corrigiren unaufhörlich die Anschauungen unsers Gesichtssinnes. Das Auge allein gibt uns demnach eine falsche Vorstellung von den Gegenständen, und diesen Umstand benutzt der Maler. Er stellt die liegende Säule L b, die zurückliegenden Würfelkanten ebenso falsch dar, als wie wir sie sehen, d. h. „verkürzt" in ihren Dimensionen, zusammenlaufend in ihren parallelen Linien, und jedermann lässt sich dadurch irritiren.

Aufgabe des Malers wie des Photographen ist es nun, die Verkürzungen richtig darzustellen, d. h. so wie sie unserm Auge erscheinen. Geschieht dieses nicht, so erscheint sein Bild unwahr.

Diese Gesetze der Verkürzungen lehrt uns die Perspective.

130 Dreizehntes Kapitel.

Unser Auge ist eine Camera-obscura mit einfacher Landschaftslinse. Aus der Optik ist bekannt, dass das Bild eines Punktes auf dem geraden Strahl liegt, der vom Punkte durch den optischen Mittelpunkt des Objectivs gezogen wird. Wo diese Linie, der **Hauptstrahl** genannt, die Bildebene (die matte Tafel in der Camera oder die Netzhaut im Auge) schneidet, ist das Bild des betreffenden Punktes. Das Bild einer geraden Linie ist demnach da, wo die von den **einzelnen Punkten** der Linie durch den optischen Mittelpunkt gehenden Strahlen die matte Tafel schneiden. Nun bilden diese Strahlen eine **Ebene**, diese durchschneidet die **ebene Bildtafel** in einer geraden Linie, das Bild einer geraden Linie in unserm Auge ist demnach

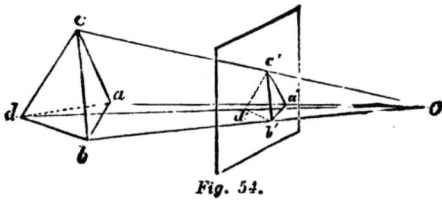

Fig. 54.

wieder eine gerade Linie, das Bild eines ebenen Dreiecks ist wieder ein ebenes Dreieck. Ist die ebene Figur der Netzhaut, d. h. der Bildtafel **parallel**, so ist nach bekannten stereometrischen Gesetzen die Bildfigur der Originalfigur ähnlich. Denkt man sich **vor das Auge senkrecht zur Achse** desselben eine Glastafel aufgestellt, so schneiden die von einem Gegenstande $a\,b\,c\,d$ ausgehenden Strahlen diese in einer Figur $a'\,b'\,c'\,d'$ (Fig. 54). Construirt man sich nun eine solche Figur für einen **gegebenen Kreuzungspunkt** und eine **gegebene Bildtafel**, so wird diese Zeichnung, **in richtiger Stellung und Entfernung vor das Auge gebracht, in demselben genau eben solches Bild erzeugen, wie die Gegenstände selbst.** Darauf beruht die Täuschung, dass ein ebenes Bild, richtig construirt, körperlich er-

Standpunkt des Beschauers.

scheinen kann. Ein solches in der vorerwähnten Weise entworfenes Bild nennen wir eine perspectivische Zeichnung. Es ist leicht einzusehen, dass dieselbe unter denselben Bedingungen betrachtet werden muss, für die sie entworfen worden ist.

Ist $ABCD$ (Fig. 55) der Grundriss eines Hauses, B die Bildtafel, O der Kreuzungspunkt der Strahlen, $abcd$ das Bild der Punkte $ABCD$, so muss man das Auge genau in den Kreuzungspunkt O bringen, wenn das perspective Bild $abcd$ genau denselben Eindruck machen soll wie der Gegenstand.

Rückt man die Bildtafel dem Auge näher, z. B. nach B, so ist leicht ersichtlich, dass die Strahlen sich im Auge unter ganz anderm Winkel kreuzen werden als die vom Gegenstand $ABCD$ ausgehenden, sie können dann auch keinen richtigen Eindruck machen. Dasselbe würde der Fall sein, wenn man die Bildtafel vom Auge entfernt (z. B. nach B'' hin).

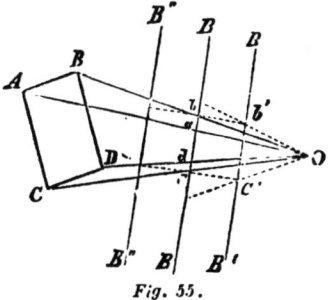

Fig. 55.

Daher muss jede perspectivische Zeichnung aus dem für ihre Construction zu Grunde gelegten Kreuzungspunkt der Strahlen betrachtet werden, falls sie einen wahren Eindruck machen soll.

Nun ist die Photographie eine perspectivische Zeichnung, deren Augenpunkt im Objectiv liegt, demnach muss das betrachtende Auge in dieselbe Entfernung wie das Objectiv gebracht werden (d. i. in die Entfernung des Brennpunktes). Geschieht das nicht, so ist der Eindruck ein unwahrer.

Nun hat man aber Linsen von 4 Zoll Brennweite und weniger; in solcher kurzen Distanz ist es unmöglich, eine Zeichnung mit unbewaffnetem Auge anzusehen. Man muss sie zu solchem Zwecke mindestens

9*

Dreizehntes Kapitel.

8 Zoll vom Auge abhalten, und daher kommt es, dass die Photographie dann einen unwahren Eindruck macht. Solchem Fall begegnet man sehr häufig bei Aufnahmen mit den Weitwinkellinsen.

Es gibt aber noch andere Abnormitäten, welche sich bei Porträtaufnahmen bemerklich machen. Derselbe Gegenstand bietet nämlich ein ganz verschiedenes Bild dar, je nachdem er aus naher oder kurzer Entfernung angesehen wird. Man denke sich einen Pfeiler mit dem Grundriss $ABCD$. Man betrachte denselben von P aus, und man wird alsdann die Seitenflächen AB und CD sehr gut sehen. Jetzt gehe man näher an den Gegenstand heran, z. B. nach O. Von diesem Standpunkt aus sieht man von den Seitenflächen gar nichts mehr. Der ganze Bildcharakter wird dadurch ein anderer.

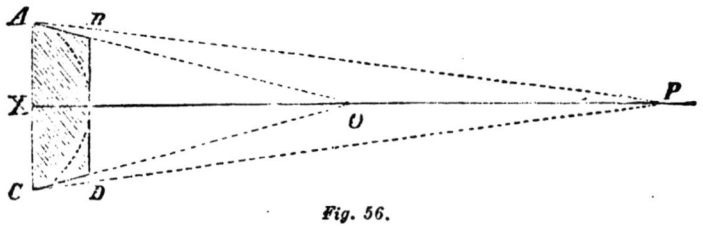

Fig. 56.

Denkt man sich statt des Pfeilers ein menschliches Gesicht, so ist es klar, dass die **Backen zusammenschrumpfen** werden, wenn man sich dem Object nähert, das Gesicht erscheint dann im Verhältniss zur Höhe zu schmal.

Die Richtigkeit dieser Folgerung beweisen beifolgende Illustrationen. Es sind zwei Aufnahmen eines Apollokopfes, gefertigt in 47 und 112 Zoll Entfernung.* Die Büste wurde **genau senkrecht** aufgestellt, der pho-

---

* Beide wurden, um der treuen Wiedergabe sicher zu sein, photoxylographisch auf Holz übertragen. Die Reproduction macht freilich nicht den effectvollen Eindruck des Originals. Sie ist jedoch dem aufmerksamen Beschauer genügend verständlich.

Distanzfehler.

tographische Apparat ebenfalls, und wurde die Richtungslinie auf das sorgfältigste abvisirt.

Der Unterschied springt in die Augen. Die ganze Gestalt erscheint in I. schmaler, schlanker, die Brust

beinahe schwächlich; dagegen erscheint dasselbe Modell in II. grosswangiger, untersetzter. Dass diese Schlankheit keineswegs Augentäuschung ist, geht am allerbessten aus Messungen hervor.*
Die Entfernungen zwischen dem Auge und dem durch Kreuz markirten Brustpunkte sind an beiden Köpfen genau gleich. Die grösste Brustbreite (mit Zurechnung der beiden Armstumpfe) beträgt aber bei I. 56 Millimeter, bei II. 59 Millimeter.

Ganz abgesehen von diesem handgreiflichen Unterschiede treten jedoch im Charakter der beiden Köpfe für den aufmerksamen Beobachter auffällige Differenzen auf. Man lege eine Linie aa an die Frisur der Figur. Diese steht bei II. horizontal, bei I. **fällt sie nach rechts.**

Man sehe ferner das **Postament** P an. Die Ringe desselben bilden bei I. stark geneigte, bei II. nur ganz flache Ellipsen.

Man betrachte ferner den Armstumpf AA. In I. sieht man von der Seitenfläche desselben fast gar nichts, in II. tritt diese sehr deutlich hervor. Ebenso sieht man deutlich, dass das Rückenpostament bei u in II. weiter hervortritt als in I. Der Kopf steht bei II. **mehr zwischen den Schultern** (man sehe den Halswinkel bei W), bei I. hebt er sich mehr heraus; die ganze Gestalt scheint daher in I. den Kopf mehr in die Höhe zu recken. Bei II. erscheint der Kopf beinahe etwas nach vorn geneigt. Und doch stand die Figur unbeweglich, die angewendeten Linsen waren frei von Verzeichnung, die Sehrichtung und Höhe war bei beiden genau dieselbe, nichts war verschieden als die **Distanz.**

Verfasser hat neben diesen beiden Köpfen noch zwei andere unter genau gleichen Verhältnissen in 60 bis

---

* In der **Originalphotographie**, wo die beiden Büsten sich von einem **schwarzen** Hintergrunde abheben, tritt diese Differenz noch viel **greller** hervor.

80 Zoll Entfernung gemacht, und legt man die so gewonnenen vier Köpfe nebeneinander, so sieht man, wie mit wachsender Entfernung die Gestalt dicker, voller, gedrungener wird, wie die Frisur sich mehr und mehr senkt, die Ellipsen des Postaments flacher und flacher werden, die Brust an Breite zunimmt und die Armstumpfe heraustreten.

So sehen wir also bei verschiedener Distanz merklich verschiedene Ansichten desselben Objects entstehen, gerade so wie ein verschiedener Lichteinfall einem und demselben Porträt einen ganz verschiedenen Charakter aufdrücken kann.

Viele werden einwenden, das seien alles nur Kleinigkeiten. Es sei gleichgültig, ob der Apollo ein wenig dicker aussehe oder schlanker. Für den Apollo mag es manchem gleichgültig erscheinen (die meisten Leute wissen gar nicht, wie er aussieht); ganz anders ist es aber in der Porträtphotographie, sobald es des Bestellers höchsteigene werthe Person gilt. Für diese ihre eigene Physiognomie haben selbst künstlerisch ungebildete Leute ein sehr scharfes Auge. Die grössten Kleinigkeiten, ein Zug, eine Falte, eine Contour, eine Haarlocke werden hier kritisirt; und solche Unterschiede, die sie an den Apollobildern gar nicht bemerken, fallen ihnen bei ihrem eigenen Conterfei nur zu sehr auf.

Es ist deshalb Sache des Photographen, auf die Wirkungen der Distanz genau zu achten.

Nun wird vielleicht mancher wissen wollen, welche Distanz ist die beste? welche gibt das richtigste Bild?

Das richtet sich nach der Individualität, könnten wir sagen. Im allgemeinen empfehlen die Maler für Zeichnung eines Objectes eine Distanz, die mindestens gleich ist der doppelten Länge desselben; für einen 5 Fuss hohen Menschen demnach circa 10 Fuss Abstand, für ein Brustbild (halbe Körperlänge) circa 5 Fuss.

Der Maler hat jedoch hier grössere Freiheit, er kann

zufügen, weglassen und ändern, was er will. In der Photographie ist das nur theilweise möglich.

Aehnlich wie erhabene Körper von verschiedener Entfernung verschieden aussehen, erscheinen auch Hohlräume in verschiedener Distanz verschieden.

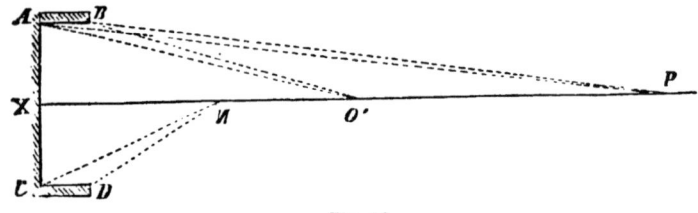

Fig. 58.

Ist $ABCD$ (Fig. 58) das Innere eines Kastens, so sehen wir die Seitenwand AB von P aus viel mehr

Fig. 59.   Fig. 60.

in der Verkürzung als von O' und N aus, sie wird demnach unter gleichen Verhältnissen von nah und fern aufgenommen, im ersten Falle im Verhältniss zur

Distanzfehler. 137

Höhe breiter erscheinen. Dieses Verhältniss tritt ein, wenn wir uns unter AC den Rumpf, unter CD den Schos oder die Füsse einer sitzenden Person denken. Der Schos erscheint alsdann im Verhältniss zum Rumpf viel breiter, die nach vorn gekehrten Füsse

Fig. 61.

einer stehenden Person länger von N aus. Man sehe z. B. den Fuss des Apollo in Fig. I, der viel weiter vortritt als in Fig. II. Man denke sich endlich unter CD den Teppich oder Fussboden, dieser wird breiter, d. h. höher ansteigend von N aus erscheinen. Nimmt man daher von zwei verschiedenen Standpunk-

138   Dreizehntes Kapitel.

ten P und O' dieselbe Person auf, sodass die Höhe
des Körpers in beiden Bildern dieselbe bleibt, so
werden bei Aufnahmen in kurzer Distanz vorsprin-
gende Theile (Schos, Hände, Füsse) breiter erscheinen,
der Fussboden oder Stuhlsessel stärker geneigt (Fig. 59)
als in dem von P aus aufgenommenen Bilde (Fig. 60).

Fig. 62.

Sehr wesentliche Unterschiede ergeben sich nun
noch bei wechselnder Augenhöhe des Beschauers.

Sieht man eine stehende Person von unten auf an,
sodass der Kopf des Beschauers tiefer ist als der
Kopf des Objects, so erscheint das Haupt des Objects

zurückgeworfen. Steht der Kopf des Beschauers mit dem Kopf des Objects auf gleicher Höhe, so erscheint letzterer senkrecht; steht der Beschauer höher, so erscheint der Kopf des Objects nach vorn geneigt.

Beifolgende drei Bilder nach Photographien werden dies versinnlichen. Die erste zeigt die Ansicht aus

Fig. 63.

gleicher Höhe, die zweite die Ansicht von oben, die dritte die Ansicht von unten.

Gleiche Unterschiede ergeben sich in der Ansicht einer Landschaft bei hohem und tiefem Standpunkt, wie man aus den drei beifolgenden Holzschnitten ersieht.

Fig. 64.

Fig. 65.

Fig. 66.

Einfluss der Augenhöhe.

Die punktirte Horizontallinie zeigt die Höhe des Auges des Beschauers (dessen „Horizont"). Das erste Bild gibt die Ansicht, wie sie ein am Boden Sitzender beobachtet. Der Meilenstein links erscheint hierbei ungewöhnlich hoch, er ragt in den Himmel, auch die Menschen erscheinen höher, der Boden aber erscheint zusammengeschrumpft („verkürzt"). Das zweite Bild gibt die Ansicht für einen stehenden Menschen. Hier erscheint der Boden bereits breiter, mehr ansteigend, der Meilenstein kleiner. Im dritten Bilde, eine Ansicht aus doppelter Mannshöhe, erscheinen die Figuren und der Meilenstein klein und gedrückt. Man sieht zu ihnen hinuter wie zu Personen, die kleiner als der Beschauer sind, der Boden dagegen ist breit und stark ansteigend. Diese Beispiele zeigen, wie wichtig die Wahl des Standpunktes in der Photographie und Malerei ist, und wie bei unrichtiger Wahl desselben ganz abnorme Ansichten der Sache sich ergeben. Häufig genug ist nun leider der Photograph zur Wahl eines Standpunktes genöthigt, der keine günstige Ansicht liefert, z. B. bei hohen Gebäuden, in engen Strassen (berliner Rathhaus, wiener Stephan), oder im Gebirge, wo oft ein Baumstamm im Vordergrunde, der den Beschauer nicht stört, dem Photographen sein Bild zerschneidet und ihn zur Wahl eines weniger günstigen, aber freien Platzes nöthigt.

VIERZEHNTES KAPITEL.
Anwendungen der Photographie.

Wir haben nunmehr die Schwierigkeiten kennen gelernt, welche sich der Erzielung eines wahren photographischen Bildes entgegenstellen, und jetzt wird uns der Leser leichter verstehen, wenn wir die verschiedenen Aufgaben, deren Lösung die Photographie bisjetzt versucht hat, genauer betrachten.

Wir werden bei dieser Betrachtung nur so lange verweilen, als nöthig ist zum Verständniss der Sache und als allgemein interessant ist für jedermann.

Abschnitt I. Porträtphotographie.

Popularität des Porträtfachs. — Aesthetische Fehler. — Abhängigkeit des Gelingens von der aufzunehmenden Person. — Wirkung der Kleidung. — Wirkung der Farben. — Kinder- und Gruppenbilder. — Wirkung der Bildgrösse. — Lebensgrosse Bilder. — Momentbilder. — Photographische Copien nach Photographien.

Kaum dürfte ein anderer Zweig der Photographie sich einer gleichen Popularität erfreuen, als das Porträtfach. Unter dem Worte Photograph denken sich die meisten Leute nichts anderes als einen Porträtisten mit der Camera, dass Photographie noch zu etwas anderm gut ist als zum Porträtiren, wissen nur wenige.

Das photographische Porträt verdankt seine grosse Popularität seinem ausserordentlich billigen Preise, seiner raschen Anfertigungsweise und seiner relativen Aehnlichkeit verglichen mit Zeichnungen nach der

Natur. Die unvollkommene Photographie kann dieser Umstände halber viel eher auf Beifall rechnen als die Zeichnung eines unbeholfenen Porträtmalers, und um so mehr, als der falsche Wahn existirt, dass Photographie unbedingt immer ähnlich sein müsse, was, wie wir gezeigt haben, keineswegs der Fall ist.

Die Photographie hat die handwerksmässige Porträtmalerei ganz aus dem Felde geschlagen, nur der wirkliche Künstler vermag sich mit seinen Porträts ihr gegenüber siegreich zu behaupten. Bei der Porträtphotographie kommt mehr als bei jeder andern der Geschmack des Photographen in Betracht, seine Fähigkeit, einer Person eine natürliche (oder wenigstens eine natürlich aussehende) und dabei malerische, aber ungesucht erscheinende Pose zu geben, die den Menschen von der besten Seite zeigt, seine etwaigen Körperfehler verdeckt, die Vorzüge hervorhebt und durch geschickte Beleuchtung die Hauptsachen, namentlich das Gesicht zur Geltung bringt und durch theilweise Absperrung des Lichts diejenigen Theile in das Halbdunkel zurücktreten lässt, die im Bilde störend wirken könnten. Der Photograph hat hierbei die Freiheit, die Umgebung der Person, sei dieselbe ein Zimmer oder eine Landschaft, mit aufzunehmen oder durch Verstellung mit Schirmen auszuschliessen.

In der ersten Zeit der Photographie überfüllte man gewöhnlich die Bilder mit Nebensachen und beging in Bezug auf Stellung und Beleuchtung unglaubliche Sünden. Jetzt haben die vorgeschrittenern Photographen von den Künstlern gelernt, und seit der Zeit sieht man Bilder, die trotz des Mechanischen, welches ihnen von ihrer Erzeugung her anklebt, einen vollkommen künstlerischen Eindruck machen.

Bei der Arbeit des Porträtphotographen hat das Modell, d. h. die aufzunehmende Person einen sehr wesentlichen Antheil. Nicht selten gehen Personen in verdriesslicher Laune zum Photographen, oder sie werden dort verdriesslich durch langes Warten, ebenso häufig sind Fälle, dass Leute mit einem mehr oder weniger leichten Unwohlsein behaftet — mit Kopfweh oder nach einer schlecht durchschlafenen Nacht zum Photographen gehen. Das sind sehr grosse Fehler. Die körperliche oder geistige Verstimmung prägt sich unbedingt im Bilde aus und gibt diesem oft einen erstaunlichen Grad von Unähnlichkeit, wenn auch der Photograph alle seine Kunst darangesetzt hat. Ebenso häufig passirt es, dass Leute im Moment des Photographirens eine gänzlich fremdartige Miene annehmen, forcirt lachen, oder starren, den Mund hängen lassen, oder sich von dem Kopfhalter stören lassen, der unbedingt nöthig ist, wenn man ein scharfes Bild erzielen will, der aber vom Publikum nur mit Protesten acceptirt wird, indem jeder sich einbildet, ruhig zu sitzen.

Alle diese Einflüsse kann der Photograph nicht paralysiren. Meistens sind ihm die Personen, welche sich bei ihm porträtiren lassen, völlig unbekannt. Er hat oft nur fünf Minuten Zeit, die Physiognomie der Person zu studiren, ihre beste Seite herauszufinden und sie zu „posiren" und mit der Umgebung in Einklang zu setzen. Er besorgt dieses vielleicht so gut als irgend angeht, aber dennoch hat er über die Gesichtszüge des Originals keine Gewalt. Er hat auch keine Ahnung, ob das Aussehen desselben sein gewöhnliches oder 'ein durch Laune oder Unwohlsein afficirtes ist. Im letztern Falle wird das Bild nimmermehr gefallen, und wenn es noch so meisterhaft gemacht ist, und doch trifft hier den Photographen nicht die Schuld, sondern das Original.

Ein anderer Grund des Mislingens ist die Neigung mancher Personen, sich selbst eine Stellung wählen zu wollen, sei es ganz allein oder mit Hülfe von Freunden. Diese Versuche fallen in der Regel unglücklich aus, weil die perspectivischen Fehler, die wir oben geschildert haben, nicht beachtet werden. Diese kennt das Publikum nicht, wol aber der Photograph. Andere

Gruppenbilder.

Uebelstände ergeben sich aus der Natur der Photographie. Blaue Augen werden leicht zu hell und matt, blonde Haare leicht zu dunkel, ebenso gelber und rother Teint. Geschickte Negativretouche hilft über viele dieser Schwierigkeiten hinweg, jedoch keineswegs über alle. Grösser sind noch die Hindernisse, welche die Toilette und die wechselnden Moden bereiten. Es offenbaren sich in der Photographie die Geschmacksfehler der Person viel ärger als in der Natur. Damen ohne Geschmack pflegen nicht selten ihren ohnehin zu kurzen Hals durch Halskrausen noch kürzer und dicker erscheinen zu machen, sie verunstalten ihre vielleicht treffliche Taille durch eine kolossale Schleife, ihren Hinterkopf durch einen schlecht gewählten Chignon, ihren Haarputz durch schreiend helle grosse Schleifen. Solche Abnormitäten nimmt man im Leben gern hin, unangenehm werden sie aber, wenn sie im Bilde verewigt sind. Hier kann der Photograph durch seinen guten Rath viel nützen. Die Schwierigkeiten werden noch gesteigert, wenn es sich nicht um einzelne Personen, sondern um Gruppen oder Kinder handelt.

Letztere müssen gleichsam überlistet werden. Der Photograph muss, wenn er mit Kinderporträts reussiren will, es verstehen, sich die Kinder zum Freunde zu machen. Das ist die Ursache, dass manche Photographen in dieser Sphäre Grosses leisten, andere gar nichts. Natürlich muss die Aufnahme, da das Kind nie lange ruhig ist, so rasch wie möglich geschehen. Daher sind dergleichen Aufnahmen nur bei gutem Wetter möglich.

Aehnliches gilt für Gruppen mit vielen Personen. Kein Atelier hat 20 oder 30 Kopfhalter zur Disposition. Der Photograph muss daher wohl oder übel sich auf den guten Willen der Personen verlassen, stillzuhalten. Hässlich sind die Gruppen, die eine Reihe von Personen zeigen, welche wie Pagoden auf einer Bank nebeneinandersitzen. Der gebildete Photograph wird die Personen gern durch eine Thätigkeit, sei es Album besehen, Essen, Trinken, Kartenspiel, verbinden. Hierbei werden verschiedene Stellungen, einige Personen Face, andere Profil nothwendig, und unter Umständen wird hierbei sich mancher nicht von der vortheilhaftesten Seite zeigen. Andererseits bereiten bei Gruppenbildern die Unterschiede der Teints, der Kleidung Schwierigkeiten. Manches Gesicht von dunkelm Teint ist noch zu kurz belichtet, wenn ein anderes schon die hinreichende Belichtung erfahren hat. Da aber alle gleich lange belichtet werden, so ist es kein Wunder, wenn manche Theile des Bildes über-, manche unterexponirt erscheinen.

Insofern kann niemand darauf rechnen, in einem Gruppenbild ebenso vortheilhaft auszusehen wie in einem Einzelporträt. Geschieht es, so ist es mehr dem Zufall zu danken.

Gewöhnlich macht das Publikum an Gruppenphotographien einerseits zu hohe, andererseits auch zu niedrige Anforderungen. Der Mitphotographirte ist meist zufrieden, wenn er sein eigenes Ich in der Gruppe seiner Idee entsprechend wiedergegeben findet, darüber vergisst er gern ein unschönes Arrangement oder einige unscharfe Gesichter seiner Nachbarn, die ihn vielleicht nicht so sehr interessiren.

Herren sollten dunkle Kleider vorziehen. Helle Hosen und weisse Westen markiren sich oft im Bilde als auffallend weisse Flecke, die die Harmonie des Ganzen stören, denn das Hauptlicht soll nicht auf solche Nebensachen, sondern auf den Kopf concentrirt sein. Damen übersehen bei der Wahl ihrer Toilette gewöhnlich die abnorme Wirkung der Farben. Die berliner Ehrenjungfrauen des Jahres 1871 liessen sich in weissen, blau (also dunkel) garnirten Kleidern photographiren und staunten nicht wenig, dass die Garnitur im Bilde ebenso weiss wurde wie das Kleid. Blau wird in der Photographie oft weiss, eine Ausnahme macht nur das Blau des preussischen Infanterierocks. Gelb dagegen, namentlich Chamois Seide, wird in der Photographie oft schwarz, ebenso Roth. Bei einfarbigen Kleidern kann der Photograph durch geschickte Behandlung des Negativs den Fehler etwas ausgleichen. Bei den jetzt üblichen vielfarbigen Toiletten wirken aber solche Differenzen oft störend. Stoffe, deren Reiz in der Farbe liegt, z. B. türkische Muster, können natürlich in der schwarzen Photographie nicht den Eindruck machen, als wie in der Natur.

Personen von dunkelm Teint, ebenso auffallend starke Personen sollten dunkle Kleider vorziehen. Es ist eine bekannte Erfahrung, dass weisse Kleider die Figur stärker erscheinen lassen. Schlanken und blassen Personen sind dagegen helle Kleider anzurathen, da ein blasser Teint neben Schwarz noch bleicher erscheinen würde. Bei Kindern sind helle Kleider stets vorzuziehen. Unter den Stoffen wähle man solche, welche durch ihren Lustre einen reichen und malerischen Eindruck machen, z. B. Sammt, seidenen Rips, Taffet, auch halbseidene Stoffe. Wollkleider erscheinen meist stumpf und glanzlos, geben aber sehr schönen Faltenwurf. Personen von kurzem und dickem Hals werden gut thun, hochstehende Kragen, welche den Hals noch kürzer erscheinen lassen, zu vermeiden. Damen von gleicher Eigenschaft werden lieber aus gleichen Gründen Sammtbänder und ähnliche um den Hals getragene Kleinigkeiten ablegen, während Personen von langem Hals gerade aus solchem Putz Vortheil ziehen können.

Nicht zu unterschätzende Schwierigkeiten bereitet in der Photographie das Wetter und die Tages- und Jahreszeit. Die Tage des Winters sind beträchtlich kürzer und lichtschwächer als die Tage des Sommers, ein grosser Uebelstand für Weihnachtsbestellungen. Regentage im Winter sind meist unbrauchbar zum Photographiren, im Sommer sind solche hell genug. Von den Tagesstunden sind die Mittagsstunden am günstigsten, wie wir dieses bereits in dem Kapitel Optik erörterten.

Ausser der Helligkeit des Wetters spielt noch die Lichtstärke des photographischen Instruments eine Rolle. Je heller das Bild erscheint, welches eine Linse liefert, desto rascher kann die Aufnahme erfolgen, d. h. desto kürzer ist die nöthige Sitzungszeit. Eine Linse ist um so lichtstärker, je grösser ihr Durchmesser und je kleiner ihre Brennweite ist. Es ist jedoch keineswegs möglich, den Durchmesser bis ins Beliebige zu steigern, die Brennweite bis ins Beliebige zu vermindern, indem hierbei Linsenfehler zum Vorschein kommen, die bisjetzt noch nicht überwunden worden sind. Die bisjetzt construirten lichtstärksten Instrumente (Porträtlinsen) liefern nur kleine Bilder von Visitenkarten- oder höchstens Cabinetgrösse. Grössere Bilder können nur mit lichtschwächern Instrumenten hergestellt werden, sie erfordern daher eine längere Sitzungszeit, ein Umstand, der ihre Anfertigung bei trübem Wetter oder bei einem unruhigen Modell (Kinder) schwieriger macht als die Anfertigung kleinerer Bilder.

Letztere zeigen daher im Durchschnitt eine grössere technische Vollendung, und da auch ihr Preis ein billigerer ist, so ist es natürlich, dass das kleine Visitenkartenformat, welches zuerst durch Disderi in Paris eingeführt wurde (weniger das etwa dreimal so grosse Cabinetformat) sich eines allgemeinen Beifalls erfreut und eine ganz neue Art Albums, die photographischen Albums, ins Leben gerufen hat, die statt des Albumverses die Porträts der Freunde und Freundinnen enthalten und die das alte Stammbuch fast ganz verdrängt haben. Wir können das moderne Album mit den vom Licht gezeichneten Contouren derer, die wir lieben oder verehren, nur gutheissen. Weniger können wir uns mit dem Aufhängen von Visitenkartenbildern befreunden, sie sind zu klein, um an der Wand wirkungsvoll zu sein, und die Rahmen meistens zu dürftig.

Photographie ist wie der Kupferstich eine Kunst, die in kleinern Formaten ihr Bestes leistet. Mehr als viertellebensgrosse Bilder lassen sich nicht leicht direct nach der Natur aufnehmen. Nun werden aber auch lebensgrosse Bilder vom Publikum verlangt. Diese fertigt der Photograph nach einem kleinen Negativ mit Hülfe des **Vergrösserungsapparats**, den wir in dem Kapitel über Optik besprochen haben.

Fig. 67.

Für Anfertigung dieser Bilder bedarf er der Sonne, die ihn leider in unserm Klima oft genug im Stich lässt. Das kleine Negativ wird in den Apparat (Fig. 67) bei *N* eingesetzt und auf der Tafel bei *R* ein Bogen lichtempfindlichen Papieres aufgespannt, die Linse bei *O* entwirft alsdann ein vergrössertes Bild des kleinen Negativs auf dem Schirme *R*, und sobald man den Apparat den Sonnenstrahlen zukehrt, concentrirt das grosse Brennglas *B* Licht genug auf das Bild, um eine rasche Bräunung des Papieres zu veranlassen, und unter glücklichen Umständen erhält man bereits in 15 Minuten eine Copie in Lebensgrösse.

Man hat viel von Momentbildern gesprochen. Der Abgeordnete Faucher sagte einst im preussischen Abgeordnetenhause: „Es gibt jetzt Momentbilder. Durch dieses Verfahren können die Porträts gestohlen werden, und man wird sich vielleicht dagegen verwahren müssen durch die ausserordentlichsten Vorsichtsmassregeln, vielleicht wird man noch eine Maske anlegen müssen." Diese Darstellung beruht auf einer Mystification. Faucher ist das Opfer eines jener Photographen geworden, die durch unglaubliche Aufschneiderei und Renommage zu imponiren suchen. Momentbilder sind herstellbar, wenn der Gegenstand hell von der Sonne beleuchtet ist. Daher ist es ein Leichtes, nach einer hellen Landschaft ein Momentbild zu fertigen. Anders ist es aber im Atelier gegenüber einem Porträt. Directes Sonnenlicht würde bei einem solchen unschöne Glanzlichter und scharfe Schlagschatten erzeugen, die Augen würden sich zusammenziehen und das Resultat würde ein hässliches Bild sein. Man hat, wie wir oben bemerkten, zwar sehr lichtstarke Linsen construirt, die eine Abkürzung der Aufnahmezeit zulassen. Diese liefern jedoch nur sehr kleine Bilder und werden daher nur angewendet kleinen unruhigen Gegenständen gegenüber, z. B. bei Kinderaufnahmen, bei denen man zufrieden ist, den Haupttheil, d. h. den Kopf, scharf im Bilde zu erhalten.

Oft genug wünscht das Publikum von einem ältern photographischen Bilde eine erneute Aufnahme. Hierzu bemerken wir, dass solche Aufnahme wol möglich ist, dass aber die Photographie nach einer Photographie niemals so schön wird wie das Originalbild. Die Ursache liegt einerseits in dem braunen Ton der Photographie, welcher photographisch sehr geringe Wirksamkeit besitzt, andererseits aber in der Mitwirkung der Papierunterlage. Diese ist entweder glänzend, und dann erzeugt sie falsche Lichter in dem zu reproducirenden Bilde, oder rauh, und dann werfen die Fasern des Papiers leicht Schatten, diese bilden sich mit ab und geben dem Bilde ein hässliches körniges Ansehen. Daher sind selbst für ungeübte Augen die Copien nach Photographien leicht von Originalphotographien zu unterscheiden. Man hat Gelegenheit genug, derartige Copien, die für einen wahren Spottpreis ausgeboten werden, in Marktbuden und Buchbinderläden zu sehen. In den meisten Staaten ist jedoch das Copiren von Originalphotographien als Nachdruck verboten, und dürfte auch in Deutschland dieses Verbot bald eintreten.

Man hat zwar bemerkt, der Nachdruck bringe dem Publikum Vortheil, indem er beliebte Bilder für einen billigen Preis zugänglich macht.* Dieser Vortheil wiegt aber den Nachtheil nicht auf, der dem Urheber der Originalphotographie zutheil wird. Solcher hat oft beträchtliche Kosten aufgewendet, um z. B. Photographien des Harzes, des Thüringer Waldes aufnehmen zu lassen, oder viele vergebliche Versuche machen müssen, um ein wahrhaft würdiges Bild einer hervorragenden Persönlichkeit zu erhalten — denn selten glückt eine grosse Aufgabe auf den ersten Wurf —, und wenn seinem Producte nicht der Schutz der Gesetze zutheil wird, so wird er die Herstellung von solchen Originalbildern lieber aufgeben.

Abschnitt II. Landschaftsphotographie.

Aufgabe derselben. — Schwierigkeiten bei Landschaftsaufnahmen. — Das photographische Zelt. — Bedeutung der Landschaftsphotographie für Geographie. — Die Trockenplatten. — Stereoskopische Landschaften. — Transparentstereoskopen. — Panoramenbilder.

Die Landschaftsphotographie ist ein viel weniger gepflegtes Feld als die Porträtphotographie. Während Porträtphotographie meistens auf directe Bestellung

---

* Mit genau demselben Grunde kann man auch den Nachdruck von Büchern, der bekanntlich verboten ist, vertheidigen.

ausgeführt wird, gehört die Aufnahme einer Landschaft auf Bestellung zu den Seltenheiten. Man überlässt solche Aufnahmen dem Speculanten, der die Photographie als Mittel verwendet, beliebte Partien besuchter Gegenden bildlich darzustellen und damit bei den Touristen sein Geschäft zu machen. So durchschweifen denn die Photographen die Sehenswürdigkeiten unserer Hauptstädte und Gebirge, und da die Originale jedermann zugänglich sind, so sucht jeder seinen Concurrenten durch Billigkeit der Preise oder Güte seines Products auszustechen. Zu diesen Originalphotographen gesellt sich noch der Nachdrucker, der keine kostspieligen Reisen unternimmt, sondern die Herausgabe von Originalphotographien abwartet, um diese sofort zu copiren und für einen billigen Preis auf den Markt zu werfen. Die Neigung des Publikums kommt dem billigen Lieferanten hier entgegen. Selten wird ein Landschaftsbild seines Kunstwerths halber gekauft, sondern mehr als ein Souvenir an eine froh verlebte Stunde, oder als ein Erinnerungsblatt, welches noch nach Jahren uns irgendeinen interessanten Gegenstand, sei es eine Statue, eine Burg, in das Gedächtniss zurückrufen soll. Daher macht man an Landschafts- und Architekturbilder nur mässige Anforderungen, und das ist denn der Grund, dass sich jetzt die Landschaftsphotographie keineswegs auf einer sehr hohen Stufe der Vollkommenheit befindet. Das relativ Beste in dieser Branche leisten die Engländer, die für ihre Bilder gute Preise erzielen und gegen Nachdruck geschützt sind. Die Schweizerbilder von Mr. England besitzen einen Weltruf, in Deutschland sind ähnliche Blätter nur von Baldi und Würthle in Salzburg erzielt worden. Neben ihnen ist ehrenvoll Braun in Dornach zu nennen, der im Landschaftsgebiete Ausgezeichnetes geleistet hat und dessen Schweizerbilder allenthalben bekannt sind.

Oberflächliche Beobachter huldigen freilich dem Glauben, dass eine Landschaftsphotographie so gut wie die andere sein müsse, da der Gegenstand ja immer derselbe sei und alle mit demselben Verfahren gefertigt würden.

Beide Annahmen sind aber irrthümlich. Der Gegenstand ist nicht immer derselbe, eine Landschaft sieht ganz anders im Morgenlicht als im Abendlicht, ganz anders bei schönem als bei trübem Wetter aus. Wer diese Lichteffecte studirt, wird bald herausfinden, in welcher Stunde eine Landschaft am schönsten erscheint, und wählt er diese zur Aufnahme, so wird sein Bild weit das Bild eines flüchtig und eilig arbeitenden Photographen übertreffen, der die Landschaft aufnimmt, wie er sie eben findet. Ebenso wichtig ist die Wahl des Standpunktes. Einige Fuss höher oder tiefer, einige Schritte mehr rechts oder links ändern bei vielen Landschaften die ganze Scenerie (man vergleiche nur die in verschiedenen Höhen aufgenommenen Bilder S. 140), und wer hier mit Künstlerauge den besten Standpunkt aufzusuchen versteht, der wird unter allen Umständen auch das beste Bild liefern können.

Gleiches gilt für Architektur- und Sculpturaufnahmen. Natürlich muss ein Photograph, der solches unternimmt, einigermassen von Wind und Wetter begünstigt sein. Oft genug stört ein Windstoss, der die Bäume bewegt, seine Aufnahme, oft genug verderben ihm Nebel und Regen tagelang die Aussicht, oft genug gesellt sich zu diesen Feinden noch ein unliebenswürdiges Publikum, welches partout darauf besteht, mit aufgenommen zu sein, sich mitten in das Gesichtsfeld des photographischen Apparats stellt und manche Aufnahme dadurch geradezu unmöglich macht, eine Schwäche, die sich in Deutschland viel öfters findet als irgendwo anders, und um so unerklärlicher ist, als in den meisten Fällen das Publikum das betreffende Bild gar nicht zu sehen bekommt.

Besonders unangenehm für die Landschaftsphotographie ist der Umstand, dass sämmtliche Chemikalien, Schalen, Flaschen, Gläser, welche zur Ausübung des

154 Vierzehntes Kapitel.

Processes nöthig sind, mit auf die Reise genommen werden müssen, ja noch mehr, der Photograph bedarf eines transportabeln dunkeln Raumes, worin er seine lichtempfindlichen Platten präpariren kann.

Fig. 68.

Beifolgende Figur stellt einen solchen transportabeln dunkeln Raum mit dem darin arbeitenden Photographen dar. Der Arbeiter befindet sich nur mit seinem Oberkörper im Zelt, der Raum zwischen ihm und dem Zelt ist aber durch die Draperie lichtdicht verhüllt. Der Transportabilität wegen ist alles in solchem „Dunkelzelt" auf den kleinsten Raum concentrirt. Ein gelbes Fenster q erleuchtet das Innere, das Silberbad steckt in einem Kasten bei y, das nöthige Wasser befindet sich in der Cisterne x, von welcher ein Röhrchen nach dem Innern geht. Das ganze Zelt lässt sich zusammenklappen und bildet dann ein Kästchen von der Grösse der Figur z.

So klein und compendiös diese Einrichtungen auch sein mögen, sie repräsentiren in ihrer Gesammtheit doch ein beträchtliches Gewicht, welches schwierige Partien, z. B. Aufstieg auf das Finsteraarhorn, das Wetterhorn, die Jungfrau,· ganz unmöglich machen kann.

Für Aufgaben solcher Art ist daher die Herstellung von Trockenplatten von Wichtigkeit, welche zu Hause präparirt und dann mit auf Reisen genommen werden können. Man hat dann kein Dunkelzelt, kein Collodion, kein Silberbad, kein Spülwasser u. s. w. mitzunehmen nöthig. Die Trockenplatte und der photographische Apparat genügt. Wir haben die Herstellung dieser Trockenplatten schon früher besprochen und bemerkt, dass sie hergestellt werden durch Abwaschen einer gewöhnlichen sensibilisirten Collodionplatte, Uebergiessen derselben mit irgendeiner iodabsorbirenden Substanz, z. B. Tannin, und Trocknenlassen. Leider sind die nach solchem Verfahren präparirten Platten wesentlich unempfindlicher als frische „nasse" Platten, und die Bilder, welche sie liefern, erscheinen weniger fein als die mit frischen Platten aufgenommenen. Dazu kommt, dass man seines Resultats nicht ganz gewiss ist. Viele Platten verderben nach längerer Zeit; ferner ist das gewonnene Bild nicht eher zu beurtheilen, als bis man es zu Hause „hervorgerufen" hat, und hierbei ergibt sich dann oft ein unvollkommenes Resultat, welches sich —·weit vom Ort der Aufnahme entfernt — nicht so leicht durch eine zweite Aufnahme ersetzen lässt. Insofern hat vorläufig der nasse Process sich trotz seiner Unbequemlichkeit im Landschaftsfache behauptet, und nur einzelne Photographen arbeiten mit Trockenplatten.

Einer ganz besondern Beliebtheit unter den Landschaftsbildern erfreuen sich die Stereoskopenbilder. Sie zeigen trotz des kleinen Formats die Gegenstände mit einer so plastischen Täuschung, dass sie selbst die Wirkung grösserer Bilder hinter sich lassen. Wir haben schon früher die Aufnahme dieser Bilder beschrieben. Ist das Licht hell, die Linse gross, so können mit Hülfe des Stereoskopenapparats auch Augenblicksbilder gefertigt werden, und solche sind denn auch vielfach im Handel zu sehen.

Von wunderbarer Schönheit sind die transparenten Stereoskopenbilder auf Glas, welche Ferrier & Soulier geliefert haben. Diese sind auf einer Collodionschicht erzeugt, indem das nach der Natur aufgenommene Glasnegativ auf eine Trockenplatte gelegt und so belichtet wird. Es copirt dann das Negativ auf die lichtempfindliche Trockenplatte gerade in derselben Weise, wie auf lichtempfindliches Papier. Nur muss der unsichtbare Lichteindruck mit Anwendung von Pyrogallussäure erst entwickelt werden. Insofern ist die Herstellung solcher Glaspositivbilder umständlicher und zeitraubender als die der Papierbilder, ihr Preis ein hoher.

Neuerdings ist es jedoch gelungen, diese transparenten Glasbilder mit Hülfe eines Druckverfahrens, des Woodburydrucks, herzustellen, das eine erheblich billigere Lieferung dieser schönen Bilder ermöglicht. Wir besprechen dieses Verfahren weiter unten.

So unwesentlich die Landschaftsphotographie auf den ersten Blick erscheinen mag, von so enormem Nutzen ist sie für den geographischen Unterricht. Kein Hülfsmittel ist im Stande, dem Schüler ein so treues Bild fremder Länder, Fels-, Pflanzen- und Thierformen zu liefern, als die Photographie. Für einen Forschungsreisenden ist sie geradezu ein unentbehrliches Hülfsmittel geworden, welches allein im Stande ist, das, was er gesehen hat, wahrheitsgetreu zu erzählen. Die Unbequemlichkeit des Transports des photographischen Gepäcks und die leichte Zersetzbarkeit der Chemikalien setzen freilich der Anwendung der

Photographie auf Entdeckungsreisen noch Schranken entgegen und setzen einen sehr geübten Photographen voraus. Dass aber diese Hindernisse sich überwinden lassen, zeigen die vortrefflichen Aufnahmen, die unter andern Graf Wilzek und Burger in Nowaja-Semlja, Baron Stillfried in Japan, Burger und Lyons in Indien und Dr. G. Fritsch in Südafrika gefertigt hat. Welche Wichtigkeit für Messzwecke Landschaftsaufnahmen haben, wird im nächsten Kapitel auseinandergesetzt werden.

Eine ganz besondere Art Landschaftsbilder sind die Panoramenbilder. Der bekannte Photograph Braun in Dornach (Elsass) brachte vor mehrern Jahren Bilder in den Handel, die fast den halben Umkreis des Panorama des Rigi, des Faulhorn, des Pilatus und anderer bekannten Spitzen enthielten. Ein solches Panorama auf einmal zu übersehen, ist für eine feststehende Camera natürlich unmöglich. Auch das menschliche Auge kann solches nicht, denn wir übersehen auf einmal höchstens 90^0, und das ist nur ein Viertel des ganzen Umkreises. Wollen wir den ganzen Umkreis sehen, so müssen wir uns drehen. Martens, ein in Paris lebender deutscher Kupferstecher, kam auf die Idee, Panoramenbilder mit Hülfe einer sich drehenden Camera oder einer sich in der Camera drehenden Linse aufzunehmen. Man denke sich eine Camera mit cylindrischer Hinterfläche (Fig. 69) pp im Grundriss dargestellt, ferner eine Linse bei o. Das Bild irgendeines Punktes a liegt dann auf der Linie aob, welche von a durch den Mittelpunkt des Objectivs gezogen wird. Dreht sich die Linse um ihren Mittelpunkt, so bleibt das Bild unverändert an seinem Ort b. Würde sie sich um einen andern Punkt drehen als ihren Mittelpunkt, so würde sich das Bild verrücken. Es ist daher ersichtlich, dass die Linse, wenn sie sich um ihren Mittelpunkt dreht, auf der cylindrischen Fläche den halben Horizont nach und nach abbilden kann. Es kommt also nur darauf an, eine lichtempfind-

158   Vierzehntes Kapitel.

liche cylindrische Fläche herzustellen. Mit lichtempfindlichem Papier ist solches nicht schwer, viel schwerer aber mit Glas, das in dieser Form äusserst zerbrechlich sein würde. Brandon führte daher eine ebene Platte ein, die sich auf dem Cylinder *pp* gleichsam abwälzt, d. h.

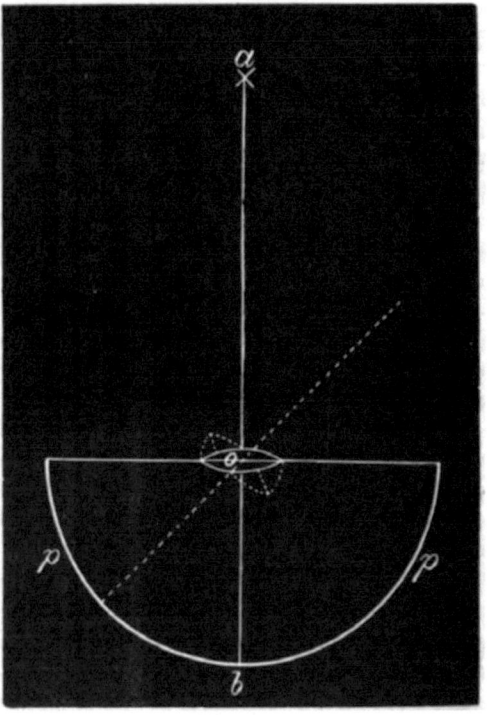

Fig. 69.

die während der Drehung der Linse durch ein Uhrwerk in der Art bewegt wird, dass sie immer senkrecht zur Achse *o b* der Linse bleibt. Der Mechanismus solcher Camera ist ein wenig complicirt; dennoch hat sie sich in der Praxis bewährt und sind damit zahlreiche Panoramenbilder aufgenommen worden.

Wir können uns hier nur auf Andeutungen beschränken, wer sich für Details interessirt, den verweisen wir auf Vogel's Lehrbuch der Photographie.

Abschnitt III. Die Photogrammetrie oder photographische Feldmesskunst.
Verwendung der Photographie zu Messungen. — Princip der trigonometrischen Messung. — Entwerfen von Karten. — Photographische Höhenmessungen.

Ein photographisches Bild unterscheidet sich dadurch wesentlich von dem Bilde eines Malers, dass es nicht ein Product der Willkür des Herstellers ist, sondern dass es in seinen Umrissen und Linien festbestimmten Gesetzen gehorcht. Alle photographischen Bilder sind mittels Linsen erzeugt. Ein solches Linsenbild ist stets eine genaue „Centralperspective", d. h. jeder Bildpunkt liegt auf der geraden Linie, welche vom Gegenstand durch den optischen Mittelpunkt der Linse gezogen werden kann. Sind $a\,b\,c$ (Fig. 70) drei Gegenstände in der Natur, K ein Camera (die wir hier des leichtern Verständnisses halber im Grundriss abbilden), l die Linse derselben, so liegen die Bilder der betreffenden Gegenstände auf den verlängerten geraden Linien $a\,o$, $b\,o$, $c\,o$, d. h. in $a'\,b'\,c'$, sie haben daher im Bilde genau dieselbe Lage zueinander wie in der Natur. Ein gutes photographisches Bild kann daher dazu dienen, die Lage der Gegenstände in der Natur genau zu bestimmen, d. h. Karten des betreffenden aufgenommenen Terrains zu construiren.

Denkt man sich beispielsweise das Bild, welches in der im Grundriss sichtbaren Camera senkrecht steht, flach auf das Papier heruntergeklappt, construirt man ferner im Mittelpunkte des Bildfeldes (hier bei dem Baume in b') eine senkrechte Linie, die man gleich der Brennweite $o\,b'$ macht, so braucht man nur, der Figur folgend, die Linien $c'\,o$ und $a'\,o\,F'\,o$ zu construiren, um sofort die Richtungen zu finden, in wel-

160 Vierzehntes Kapitel.

chen der Thurm, die Fahne und die Bäume von dem Platze P aus gesehen werden. Macht man nun eine zweite Aufnahme von einem Punkte P', der in der Richtung der Fahne F liegt, so bekommt man ein zweites Bild $c'' b'' a''$, welches natürlich wegen Ver-

Fig. 70.

änderung des Standpunktes ganz anders aussieht wie das erste. Klappt man dieses Bild an dem betreffenden Standpunkte ebenfalls herunter und trägt eine Linie $b'' o'$, deren Länge gleich der Brennweite ist, auf, so geben die Linien $c'' o$ und $a'' o$ wieder die Richtungslinien von $a\, b\, c$ an. Wenn diese Linien auf dem Papier hinreichend verlängert werden, so schneiden sie sich in Punkten, deren Lage genau der Lage der Gegenstände entspricht, und somit hat man in zwei Aufnahmen von zwei Punkten ein Mittel, eine Karte zu construiren, in welcher die Lage aller Punkte, die in beiden Bildern enthalten sind, genau angegeben ist.

In der gewöhnlichen trigonometrischen Messmethode verfährt man anders. Hier misst man zuerst die Entfernung PP', dann stellt man in P ein Winkelmessinstrument auf und bestimmt den Winkel, welchen die Linien ao, bo, co mit der Linie PP' machen, dasselbe wiederholt man am andern Ende der sogenannten Standlinie PP'. Natürlich muss man an beiden Punkten so viele Messungen machen, als Gegenstände von Interesse vorhanden sind, während ein photographisches Bild mit einer einzigen Aufnahme alle Gegenstände in ihrer richtigen Lage zueinander fixirt. Wir haben demnach bei Anwendung der Photographie eine sehr erhebliche Zeitersparniss, die von hoher Bedeutung ist im Kriege, wo oft infolge der Beunruhigungen von Feindesseite nicht die nöthige Musse vorhanden ist, um Winkelmessungen auszuführen, oder auf Reisen, wo die Dauer des Aufenthalts an jedem einzelnen Punkte viel zu kurz ist, um lange dauernde Messungen zu machen.

Das Verfahren hat demnach nicht geringe Vortheile für den Forschungsreisenden, und dessen photographisch aufgenommene Landschaften haben einen doppelten Werth: sie geben nicht nur eine Ansicht der Gegend, sondern sie geben auch Grundlagen zur Entwerfung von Karten derselben. Freilich ist es hierbei nothwendig, zwei Aufnahmen zu haben, die vom Endpunkte einer gemessenen Standlinie PP' aus gefertigt sind. Ferner muss bei Herstellung dieser Aufnahmen mit mathematischer Sorgfalt zu Werke gegangen werden. Die Camera muss völlig horizonal stehen, die Linse derselben muss ein vollkommen correctes Bild geben, die Platten genau eben sein u. s. w. Alle diese Bedingungen sind aber nicht leicht einzuhalten. Dazu kommen noch einige Schwierigkeiten, die in der Natur der Photographie liegen. Letztere verlangt heiteres, klares Wetter, bei trübem Himmel oder wenn die Luft etwas verschleiert ist (Luftperspective der Landschaftsmaler) gibt sie oft die fernern Gegenstände so undeutlich im Bilde, dass sich damit keine genaue Messung machen lässt, obgleich der Feldmesser in der Natur bei solchem Wetter noch alles deutlich erkennen und messen kann. Dann bereitet die directe Sonne der Photographie oft Hindernisse. Wenn diese vor der Camera steht, d. h. wenn sie ins Objectiv hineinscheint, so bringt sie oft Trübungen (Schleier) auf der Platte hervor, die die Brauchbarkeit des gewonnenen Bildes zu Messzwecken erheblich beeinflussen. Alle diese Umstände erschweren die Anwendung der Photogrammetrie, wie diese photographische Feldmessmethode von seiten Meydenbauer's, der sie längere Zeit gepflegt hat, genannt worden ist. Meydenbauer fertigte eine gute Karte des Unstrutthales nach dieser Methode. Die Erfahrungen im Feldzuge 1870 ergaben jedoch weniger gute Resultate. Der königlich preussische Generalstab versuchte unter anderm das Verfahren vor Strassburg. Vielleicht war die Unvollkommenheit der Apparate an den mangelhaften Resultaten schuld. Es steht zu hoffen, dass es fortgesetzten Versuchen gelingen wird, diese wichtige Methode im Interesse der Geographie noch praktisch zu machen.

Ebenso wie die Lage des Gegenstandes in der Ebene, so kann man auch die Höhe von Bergen und Gebäuden aus der Photographie bestimmen. Man nehme an, dass ab ein Thurm sei, der sich in einem gegenübergestellten photographischen Apparat abbildet und das Bild $a'b'$ liefert. Das Bild wird natürlich viel kleiner als der Gegenstand. Nach einem bekannten mathematischen Lehrsatz verhält sich die Grösse des Bildes $a'b'$ zu der Grösse des Thurmes ab, wie die Entfer-

Höhenmessung mittels Photographie.

nung des Bildes vom Objectiv $(o\,r)$ zu der Entfernung des Thurmes vom Objectiv, das gibt die Proportion:
$$o\,r : E = a'\,b : x,$$

Fig. 71.

wo unter E die Entfernung des Thurmes von der Camera verstanden wird, die sich messen lässt. Aus der gedachten Proportion lässt sich die Höhe des Thurmes leicht berechnen.

Vierzehntes Kapitel.

Meydenbauer hat aus der Photographie eines Hauses sogar die Dimensionen desselben nach Grundriss und Aufriss abgeleitet.

Abschnitt IV. Die astronomische Photographie.

Anwendung derselben. — Das photographische Teleskop. — Aufnahmen der Sonnenfinsternisse. — Protuberanzen. — Corona. — Sonnenflecke. — Vergrösserte Sonnenbilder. — Rutherford's Arbeiten. — Sternphotographie. — Mondbilder. — Spectralphotographie. — Photographie und Venusdurchgang.

Die Aufgaben der astronomischen Photographie können zweierlei Art sein: sie soll entweder nur eine treue Skizze gewisser Himmelserscheinungen geben, die so rasch vorübergehen, dass der Zeichner ihnen nicht folgen kann, z. B. das Phänomen der Sonnenfinsternisse, oder die unbequem nachzuzeichnen sind, z. B. die Sonnenflecke, oder sie soll Bilder von Himmelskörpern und Sternbildern liefern, die zu Messungen benutzt werden können. In beiden Aufgaben hat sich die Photographie bereits mit Erfolg versucht, und auf mehrern Sternwarten wird sie bereits als tägliches Beobachtungshülfsmittel (Herstellung von Bildern der Sonnenflecke) angewendet, in Deutschland z. B. auf der Sternwarte des Kammerherrn von Bülow zu Bothkamp bei Kiel.

Die Art und Weise der Anfertigung astronomischer Bilder ist von der gewöhnlicher photographischer Bilder nur wenig verschieden. Man würde einen gewöhnlichen photographischen Kasten dazu nehmen können, wenn dieser nicht von sehr weit entfernten Gegenständen, wie die Gestirne, zu kleine Bilder lieferte. Die Grösse der Bilder steht im directen Verhältniss zur Brennweite der Linse. Man nimmt daher zu astronomischen Aufnahmen astronomische Linsen, deren Brennweite sehr lang ist, indem man ein astronomisches Rohr in ein photographisches Instrument umwandelt.

Beifolgende Figur zeigt ein solches zu photographischen Zwecken hergerichtetes Fernrohr. Das Objectiv O bleibt an seinem Ort, das Ocular (Augenglas), welches am andern Ende des Rohres sitzt, wird weggenommen und dafür eine Vorrichtung V (Fig. 72) angebracht, die vollständig mit dem Rückentheil einer photographischen Camera identisch ist, d. h. die eine matte Scheibe S enthält, welche sich nach der scharfen Einstellung wegnehmen und mit einer lichtempfindlichen Platte vertauschen lässt. Die scharfe Einstellung geschieht durch Bewegung des Triebes T.

Nun kommt freilich hier noch ein wichtiger Umstand in Betracht: die Gestirne bewegen sich, daher muss das Rohr der Bewegung derselben folgen, falls die

Fig. 72.

Bilder scharf werden sollen. Zu dem Zwecke ist das Lager des Rohrs dd mit einem Uhrwerk versehen, welches dasselbe dem Laufe der Gestirne entsprechend dreht, das Fernrohr ist, wie man zu sagen pflegt, parallaktisch aufgestellt. Fig. 73 zeigt solche Aufstellung.*

Das auf dem Fusse a ruhende schiefe Hauptlager des Fernrohrs ist parallel der Erdachse. In diesem Lager dreht sich die „Polarachse" des Fernrohrs mit dem „Stundenkreis" fi durch das Uhrwerk in 24 Stunden einmal herum.

---

* Wir verdanken diese Figur sowie zahlreiche andere dem vortrefflichen „Bilder-Atlas, Ikonographische Encyklopädie der Wissenschaften und Künste" (Leipzig, Brockhaus).

166 Vierzehntes Kapitel.

Das Fernrohr dd sitzt nicht unmittelbar auf der Polarachse, sondern an einer dazu senkrecht stehenden Achse c, um diese (die Declinationsachse) kann es

Fig. 73.

nach allen Richtungen senkrech zur Achse ci gedreht werden. Erst die Bewegung beider Achsen gestattet, jeden beliebigen Stern in das Gesichtsfeld des Rohrs zu bringen.

Astronomisch-photographische Expeditionen. 167

Den ersten Versuch, die Photographie zu astronomischen Aufnahmen zu benutzen, machte Berkowsky auf der königsberger Sternwarte im Jahre 1851 mit Hülfe des berühmten Bessel'schen Heliometers während einer totalen Sonnenfinsterniss. Er erhielt ein Daguerreotyp, dessen Schönheit sehr gerühmt wird und welches die merkwürdigen Phänomene, die bei totalen Sonnenfinsternissen hervortreten — flammenartige Gebilde, die über den verfinsterten Sonnenkörper hervortreten (die sogenannten Protuberanzen) — sehr gut zeigte. Im Jahre 1860 unternahmen Warren de la Rue aus England und Secchi aus Rom eine Expedition zur photographischen Beobachtung der Sonnenfinsterniss zu Rivabellosa in Spanien, und beide gewannen interessante Bilder auf Collodionplatten. 1868 rüstete die norddeutsche Regierung eine Expedition zur Beobachtung der Sonnenfinsterniss vom 18. August aus und sendete behufs der photographischen Aufnahme die Herren Dr. Fritsch, Zencker, Tiele und den Verfasser dieses Buches nach Aden. Ferner wurde eine zweite photographische Expedition von der englischen Regierung nach Indien entsendet. Neben diesen waren noch eine deutsche, englische, österreichische und französische astronomische Expedition mit der Ocularbeobachtung des Phänomens beschäftigt.

Diese Expeditionen wurden zwar unter vielen Schwierigkeiten unternommen, aber sie lieferten dennoch Ergebnisse, welche die Frage über die Natur der Protuberanzen endgültig lösten und zu gleicher Zeit Erfahrungen, die spätern photographischen Beobachtern ihre Aufgabe wesentlich erleichterten.

Wir lassen hiermit den Bericht der adener Expedition folgen; er gibt ein treues Bild der Hindernisse, welche mit einer scheinbar so einfachen Aufgabe verknüpft sind. Verfasser schrieb über die Ankunft in Aden und den Aufenthalt daselbst:

„Der Anblick von Aden ist keineswegs sehr erfreulich. Eine völlig kahle, wilde, zerrissene Felsenmasse, Reste eines ausgebrannten Vulkans, dawischen einige Festungswerke, Lagerhäuser, Läden, Kohlenschuppen, Flaggenstangen; so ungefähr stellte sich uns der Ort dar, der 14 Tage unsern Aufenthalt bilden sollte. Die Farbe Grün fehlte gänzlich in der Natur.

„Unter Schreien, Zanken und Toben des arabischen Gesindels wurden unsere Gepäckstücke und wir selbst ans Land gebracht. Hier erfuhren wir, dass unsere vorausgegangenen Collegen von dem englischen Gouvernement in der zuvorkommendsten Weise aufgenommen worden und ihnen als Stationsort zwei indische Hütten — sogenannte Bungalos, wie sie in diesem Klima üblich sind — auf der Ostseite der Halbinsel eingeräumt worden seien.

„Nach längerm Suchen fanden wir sie daselbst in Gemeinschaft mit den Mitgliedern der österreichischen Expedition, den Herren Dr. Weiss, Oppolzer und Riha, und zwar so vortrefflich einquartiert, als man es auf dieser öden Küste nur wünschen konnte. Das englische Gouvernement spielte seine Rolle als unser Wirth in der generösesten Weise. Eine ganze Dienerschaft, ein Koch u. s. w. warteten uns auf, Wagen, Kamele, Esel standen zu unserer Disposition, und jeder unserer Wünsche wurde im Umsehen erfüllt. Insofern liess unser leibliches Wohlbefinden wenig zu wünschen übrig; die Temperatur (26º R.) war gegen die Hitze im Rothen Meere niedrig zu nennen, ein frischer Wind strich fortwährend über die Höhe des Marshagill, auf welcher unser Bungalo stand, und trug wesentlich zur Kühlung bei.

„Zehn Tage verblieben uns noch zu Vorbereitungen für die Sonnenfinsterniss-Aufnahmen. Sie wurden verwendet zum Fundamentiren unserer photographischen Fernröhre, Aufstellen der letztern und genauern Orientirung. Als Observatorium diente uns ein Bungalo, dessen Dach wir theilweise abdeckten, um mit dem Fernrohr hindurchschauen zu können, und dessen übrigen Raum wir nothdürftig als Laboratorium, Putzraum und Lager herrichteten. In diesem Rohrkäfig (denn weiter war das Gebäude nichts) waren wir nothdürftig gegen den Wind, weniger gegen den Staub geschützt. Wasser wurde uns in Bocklederschläuchen auf Eseln heraufgeschafft. Zwei Zelte, welche wir von Europa mitgenommen hatten, vertraten die Stelle der Dunkelkammern. Extra mitgenommene Landschafts- und Porträtapparate gaben uns Stoff zu landschaftlichen und anthropologischen Aufnahmen und zu gleicher Zeit ein bequemes Hülfsmittel zur Prüfung unserer Chemikalien.

„Einige kleine Fehler der letztern wurden bald überwunden, schwieriger waren die Einflüsse des Staubes und der körperlichen Ausdünstungen hinwegzuschaffen. Bei der leichtesten Arbeit lief der Schweiss bei der feuchten Luft stromweise vom Leibe, er rann aus den Fingerspitzen, tropfte vom Gesicht, und oft genug wurde eine frischgeputzte oder präparirte Platte beim Hantiren durch einen auffallenden Schweisstropfen verdorben. Uebung verschaffte uns jedoch bald Vorsicht diesem Hinderniss gegenüber; einige Probeaufnahmen der Sonne u. s. w. gelangen glücklich; mit Ruhe konnten wir dem Finsternisstage entgegensehen. Nur eins stimmte uns bedenklich, und zwar das Wetter. Alle Berichte über Aden hatten uns früher übereinstimmend einen völlig heitern Himmel in Aussicht gestellt; es sollte nach Aussagen competenter Reisenden jährlich dort höchstens dreimal regnen, Wolken sollten zu den Ausnahmen gehören.

„Wir waren daher nicht wenig überrascht, als wir bei unserer Ankunft die vulkanischen Höhen Adens in Wolken gehüllt erblickten und am nächsten Morgen von einem Regenschauer begrüsst wurden. Noch bedenklicher aber wurden wir, als Tag für Tag die Sonne hinter Wolken gehüllt aufging und dieser Witterungszustand im Laufe der Zeit sich eher verschlechterte als verbesserte. Insofern waren für unsern Hauptzweck die Aussichten schlecht genug, und bald schwand uns alle Hoffnung.

Vierzehntes Kapitel.

"Am Finsternisstage verliessen wir früh um vier Uhr unser Lager. Neun Zehntel des Himmels waren bewölkt. Resignirt machten wir uns an die Arbeit. Aufgabe der Norddeutschen Expedition war die photographische Aufnahme der Finsterniss während ihrer Totalität. Hierzu diente ein langes Fernrohr mit einer sechszölligen Linse ohne Focusdifferenz von 6 Fuss Brennweite. Diese von Steinheil construirte Linse lieferte ein Sonnenbild von $3/4$ Zoll Durchmesser, welches auf einer photographischen Platte mit Hülfe einer gewöhnlichen Schiebekassette zu zwei Bildern aufgenommen werden konnte. Da Sonne und Mond sich bewegen, würde natürlich solch ein Instrument, wenn es stillstände, nur unscharfe Bilder liefern. Deshalb war das Rohr mit einem Uhrwerk in Verbindung gesetzt, welches demselben eine dem Laufe der Gestirne genau entsprechende Bewegung ertheilte. Um jede Erschütterung des Rohres zu vermeiden, war der Klappenschluss des Objectivs nicht unmittelbar am Fernrohr angebracht, sondern an einem separaten Stativ, und stand mit dem Fernrohr durch eine elastische Hülle in Verbindung.

"Die Dauer der totalen Finsterniss betrug in Aden nur drei Minuten (in Indien fünf Minuten). Dennoch hatten wir Aden als Stationsort gewählt, weil in Indien bereits photographische Beobachter vorhanden waren und weil in Aden die Finsterniss zuerst und ungefähr eine Stunde früher als in Indien eintrat. Es konnte so durch Vergleichung unserer Beobachtungen mit den indischen ein Kriterium gewonnen werden, ob jene wunderbaren, bei der totalen Finsterniss hervortretenden Lichterscheinungen der Protuberanzen im Laufe der Zeit sich änderten oder nicht.

"Unsere Aufgabe war es nun, innerhalb der drei Minuten eine möglichst grosse Zahl von Bildern des Phänomens zu erhalten. Für diesen Zweck hatten wir uns förmlich an dem photographischen Fernrohr einexercirt, gerade wie die Artilleristen an ihren Kanonen.

Sonnenfinsterniss in Aden.

„Dr. Fritzsch machte die Platten in dem ersten Zelt, Dr. Zenker schob die Kassetten in das Fernrohr, Dr. Tiele exponirte und ich entwickelte in dem zweiten Zelt.

„Wir hatten festgestellt, dass es in dieser Weise möglich sei, in drei Minuten sechs Bilder zu machen.

„Der entscheidende Moment kam immer näher; der mit banger Sorge von uns betrachtete Wolkenhimmel zeigte zu unserer Freude jetzt einige Lücken, durch welche die bereits theilweise vom Monde bedeckte, als Sichel erscheinende Sonnenscheibe sichtbar wurde. Die Landschaft erschien in dem seltsamsten Lichte, beinahe ein Mittelding zwischen Sonnen- und Mondlicht. Die chemische Lichtstärke erwies sich auffallend schwach. Eine Probeplatte gab mit Steinheil-Aplanat, Mittelblende, erst in 15 Secunden ein ausexponirtes Bild der Wolken. Immer kleiner wurde die Sonnensichel, die Wolkenlücke schien sich noch mehr zu öffnen, wir schöpften Hoffnung.

„Die letzten Minuten vor der Totalität (welche um 6 Uhr 20 Minuten eintrat) vergingen im Fluge. Dr. Fritzsch und ich krochen eiligst in unsere Zelte und blieben daselbst, Platten präparirend und entwickelnd. Von der Totalität haben wir beide unter diesen Umständen nichts gesehen. Unsere Arbeit begann. Die erste Platte wurde probeweise 5 und 10 Secunden exponirt, um zu sehen, welche Zeit ungefähr die richtige sei.

„Mohammed, unser schwarzer Diener, brachte mir die erste Kassette ins Zelt. Ich goss den Eisenentwickeler über die Platte, gespannt der Dinge harrend, die da kommen sollten. — Da erlosch meine Lampe — Licht! Licht! rief ich — Licht! aber niemand hörte, alle hatten vollauf zu thun. Da griff ich selbst zum Zelt mit der rechten Hand hinaus — in der linken die Platte haltend — fasste glücklich eine kleine Oellampe, die ich mir für alle Fälle brennend bereit gestellt hatte, und jetzt sah ich das Sonnenbildchen auf meiner Platte erscheinen. Der dunkle Sonnenrand war umgeben mit einer Reihe eigenthümlicher Erhebungen auf der einen Seite, auf der andern zeigte sich ein seltsames Horn — beide Erscheinungen vollkommen analog in beiden Bildern. Meine Freude war nicht gering, doch es war keine Zeit zum Freuen; bald war die zweite und eine Minute später auch die dritte Platte in meinem Zelte. „Die Sonne kommt", rief Zenker, die Totalität war vorüber. Alles dieses erschien aber als das Werk eines Augenblicks, so rasch war uns die Zeit verflossen.

„Die zweite Platte zeigte bei der Entwickelung sonderbarerweise nur ganz schwache Spuren eines Bildes. Vorüberziehende Wolkenschleier hatten im Augenblicke der Exposition die photographische Wirkung fast gänzlich verhindert. Die dritte Platte zeigte wieder zwei gelungene Bilder mit Protuberanzen am untern Rande.

„Froh des Erreichten wurden die Platten gewaschen, fixirt, lackirt und sofort — freilich mit sehr unvollkommenen Hülfsmitteln — einige Copien auf Glas genommen, die, um Verlusten zu begegnen, separat nach Europa geschickt wurden.

„Wie wir bei unsern Arbeiten vom Glücke begünstigt worden waren, geht am besten aus dem Umstande hervor, dass auf einem andern, nur eine halbe Stunde von unserer Station entfernten Punkte wegen des Wolkenschleiers von der Totalität nichts gesehen werden konnte.

„Nachdem wir diese unsere Hauptaufgabe glücklich vollbracht, war unsers Bleibens in Aden nicht länger; in drei Tagen ging der Dampfer nach Suez. Rasch wurde das Fernrohr, das Uhrwerk und die Unzahl von Instrumenten und Chemikalien verpackt, auf Kamele verladen und nach dem Hafen transportirt. Am 21. August sagten wir der öden Felseninsel Lebewohl und steuerten nach Suez."

Aden war einer der Punkte, an welchem die Finsterniss am frühesten sichtbar war. Wie oben erwähnt, hatten die Engländer ebenfalls eine photographische Expedition ausgerüstet, die in Guntoor in Indien Posto fasste. Diese beobachtete die Finsterniss etwa eine Stunde später als die Adenexpedition. In den in Indien gefertigten Photographien erscheinen dieselben Protuberanzen als in den adener Bildern, aber sie zeigen wesentlich andere Gestalten, die darauf hindeuten, dass die Protuberanzen keine festen Körper, sondern veränderliche wolkenartige Gebilde sind, und diese Vermuthung wurde zur Gewissheit erhoben durch die gleichzeitig angestellten Spectralbeobachtungen Jansen's. Dieser erkannte bei der totalen Finsterniss, dass die Protuberanzen im Spectroskop helle Linien zeigen, solches thun aber nur gasförmige Körper, und so war die Frage über die Natur der Protuberanzen gelöst. Gleichzeitig aber bestimmte Jansen genau die Lage der hellen Linien im Spectrum und erkannte daraus die Natur der gasförmigen Substanz als glühendes Wasserstoffgas. Später machte er die Entdeckung, dass zur Erkennung dieser hellen Linien der Protuberanzen gar keine Sonnenfinsterniss nöthig ist. Man sieht dieselben bei hellem Tage, wenn man den Spalt eines Spectroskops auf den Sonnenrand einstellt, und an dem Erscheinen und Verschwinden dieser hellen Linien kann man die veränderliche Natur der Protuberanzen täglich beobachten. Zöllner in Leipzig erkannte sogar durch das Spectroskop das plötzliche Auflodern derselben, das Losreissen einzelner Gaswolken von ihrer Unterlage und das Zusammenbrechen derselben, alles in einem Zeitraume von nur wenigen Minuten.

Wir geben beifolgend eine treue Copie der Aden-Photographien, die wir Herrn Schellen's trefflichem Werke über Spectralanalyse (Braunschweig bei Westermann) entnommen haben. Das erste Bild gibt uns den östlichen Sonnenrand (der westliche war durch Wolken verdeckt). Man erkennt die gewaltige hornförmige Protuberanz, die eine Höhe von 18000 deutschen Meilen hat und ein Bild gibt, mit welcher ungeheuern

174   Vierzehntes Kapitel.

Gewalt Gasmassen auf der Sonnenoberfläche hinausgeschleudert werden, ferner die merkwürdige feuersbrunstartige Protuberanz zur Linken, in der die Gasmassen wie mächtige, vom Sturmwind seitwärts getriebene Flammen erscheinen; ein die Protuberanzen

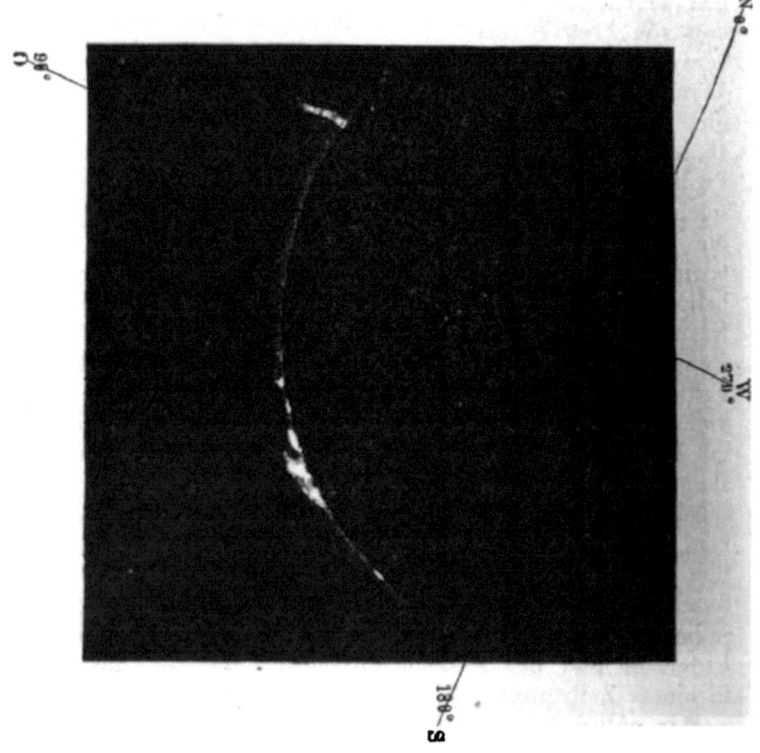

Fig. 74.

umgebender Lichthof bildet die permanent die Sonne umgebende glühende Dampfschicht, Chromosphäre genannt.

Das zweite Bild zeigt nur eine Reihe punktartiger Protuberanzen am westlichen Sonnenrand, Punkte freilich von einer Grösse, dass unsere Erde fast darin Platz finden könnte. Der östliche Sonnentheil war bei Aufnahme dieses Bildes hinter den Wolken.

Das dritte Bild gibt endlich eine vollständige Darstellung der verfinsterten Sonne, wie sie in Indien beobachtet wurde. Es kommt ausser den in Aden gesehenen Protuberanzen noch eine am westlichen Sonnenrand vor, die in Aden ganz durch Wolken verdeckt war.

Fig. 75.

In viel grossartigerm Massstabe ist später die Photographie zur Beobachtung totaler Sonnenfinsternisse angewendet worden. So wurden am 7. August 1869 wol Hunderte von Photographen zur Beobachtung der totalen Sonnenfinsterniss in Jowa in Nordamerika in Thätigkeit gesetzt, und mehr als 30 Fernröhre waren

176 Vierzehntes Kapitel.

an verschiedenen Punkten zur Fixirung des Phänomens aufgestellt. Durch diese Beobachtungen wurde die Frage über die Natur der Protuberanzen endgültig erledigt und es blieb nur noch die Frage über die Na-

Fig. 76.

tur der Corona übrig. Unter Corona versteht man eine Art Glorie von weisslichem Licht, welche viel weniger hell als die Protuberanzen ist und die total verfinsterte Sonne rings umgibt. Zu deren Lösung sind wiederum zahlreiche Beobachtungen von totalen Finsternissen unternommen worden.

Sonnenfleckenaufnahmen.

Ein sehr schönes Bild der Corona wurde von Whipple in Shelbyville in Kentucky am 7. August 1869 gewonnen. Es gehört zur Erzielung eines solchen Bildes wegen der Lichtschwäche des Phänomens eine viel längere Expositionszeit als zur Aufnahme der Protuberanzen. In Shelbyville exponirte man für die Corona 42 Secunden, während zur Aufnahme der Protuberan-

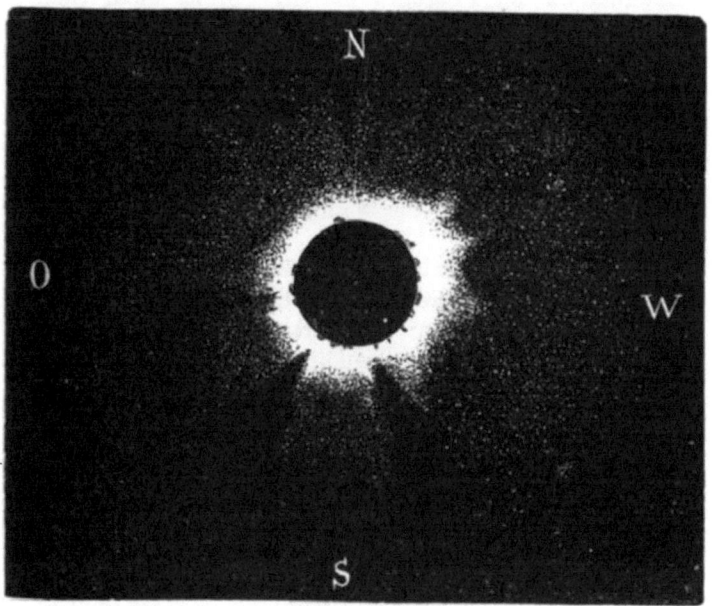

Fig. 77.

zen 5 Secunden hinreichten. Die Natur der Corona wurde dadurch freilich noch nicht aufgeklärt.

Im Jahre 1870 sandten die Engländer eine Expedition zur Coronabeobachtung unter Lockyer's Führung nach Catania, bei welcher der Verfasser dieses Werkes ebenfalls betheiligt war. Leider glückten die Beobachtungen infolge der Ungunst des Wetters nur theilweise. Doch gelang es der in Syrakus aufgestellten

Abtheilung der Expedition unter Brother's Leitung ein
gelungenes Bild der Corona zu gewinnen, und geben wir
dieses nach der Photographie in treuem Holzschnitt in
Fig. 77.

Die schwarzen Höcker rings um die Sonnenscheibe
geben zugleich die Lage der Protuberanzen, die am
Finsternisstage sichtbar waren. Wir betonen aber, dass
dieselben in der Photographie der Corona nicht sichtbar sind. Um ein Bild der Corona zu gewinnen,
braucht man eine achtmal so lange Belichtungszeit als
für Aufnahme der Protuberanzen. In dieser langen
Belichtungszeit findet aber eine „Ueberwirkung" der im
Bilde vorhandenen Protuberanzen statt, und diese werden dann nicht heller, sondern blässer, sodass ihre
Contouren mit denen der weniger hellen Theile zusammenlaufen.

Ausser zu Finsternissaufnahmen wird aber die Photographie noch zu andern wichtigen Zwecken in der
Astronomie verwendet. Man fertigt nämlich damit tägliche Aufnahmen des Sonnenkörpers. Jahrhundertlange
Beobachtungen haben ergeben, dass dieser sich in einer
ununterbrochenen Wandlung befindet, Flecke erscheinen,
vergrössern sich, verschwinden. Alle diese Erscheinungen wurden früher als Löcher in der wolkenartigen,
leuchtenden Sonnenatmosphäre, die einen dunkeln Kern
umgeben sollte, gedeutet. Jetzt sieht man sie als ungeheure Wirbelstürme an, die in der Sonnenatmosphäre
toben (vgl. Schellen, „Spectralanalyse", S. 200), oder für
wolkenartige Condensationen. Vollkommen ist ihre Natur
noch nicht ergründet. Diese Sonnenflecke folgen der
Umdrehung des Sonnenkörpers um seine Achse und erleiden während dieser Zeit mannichfache Veränderungen.
Nur durch Hülfe dieser Flecke ist es möglich geworden, die Umdrehungszeit der Sonne festzustellen.
Neuere Beobachtungen haben ergeben, dass die Grösse
der Flecke, ihre grössere oder geringere Häufigkeit bestimmten Perioden unterliegt und dass diese im Zusammenhange stehen mit den magnetischen Erschei-

Aufnahmen von Sternbildern.

nungen auf unserer Erde. Diese Umstände haben zu einem immer eifrigern Studium der Fleckenbildungen geführt, und ein schätzbares Hülfsmittel dazu liefert die Photographie. Sie gibt im Moment das treue Bild der Sonnenoberfläche, und täglich aufgenommene Photographien geben uns auf das genaueste die Gestalt ihrer Flecke, ihre Grösse, Zahl, und die Vergleichung der Bilder eines Monats liefert eine lehrreiche Uebersicht über die Veränderungen auf der Sonnenoberfläche, sie erzählen treuer als Worte die Geschichte des Centralkörpers unsers Planetensystems. Eine grosse Anzahl solcher Aufnahmen hat der um die astronomische Photographie hochverdiente Amateur Lewis Rutherford in Neuyork, der auf seine Kosten ein eigenes photographisches Observatorium gebaut hat, gefertigt.

Fig. 78.

Man sieht in diesen an aufeinanderfolgenden Tagen aufgenommenen Bildern vielfache interessante Fleckengruppen, oft von bedeutender Grösse, und man erkennt genau die Aenderung ihrer Gestalt und ihrer Lage (letztere infolge der Umdrehung des Sonnenkörpers). Diese Aufnahmen werden nicht wie die Finsternissbilder im Hauptfocus des Fernrohrs gefertigt, sondern in einem Ansatz *A* (Fig. 78), der gleichsam ein Vergrösserungsapparat ist. Dieser enthält eine kleine Linse *L*, die von dem kleinen Sonnenbildchen *S*, welches die grosse Linse *O* entwirft, ein vergrössertes Bild auf dem matten Glase *G* erzeugt.

In dieser Weise erhält Rutherford sofort ein Sonnenbild von etwa 2 Zoll Durchmesser. Für Aufnahmen von Sonnenfinsternissen ist dieser Vergrösserungsapparat nicht zu empfehlen. Die Helligkeit des optischen Bildes, welches die grosse Fernrohrlinse entwirft, wird nämlich durch die Vergrösserung erheblich geschwächt, bei doppelter Vergrösserung auf das Vierfache, bei dreifacher auf das Neunfache u. s. w. Bei Aufnahmen der hellen Sonne hat das nichts auf sich, denn deren Licht ist so intensiv, dass es eine vielfache Vergrösserung erträgt und doch hell genug bleibt, um selbst bei momentaner Exposition ein Bild zu liefern. Anders ist es aber mit den Protuberanzen, die viel lichtschwächer sind und die bei Anwendung eines Vergrösserungssystems so lichtschwache Bilder liefern würden, dass man länger exponiren müsste, als eine Finsterniss dauert.

Man hat aber noch andere wichtige astronomische Aufgaben mit Hülfe der Photographie zu lösen versucht, nämlich die Herstellung von Bildern des gestirnten Himmels.

Der Zweck dieser Sternaufnahmen ist die Wiedergabe der Constellationen oder der relativen Stellungen der Sterne. Die Bestimmung der Stellungen der Fixsterne war stets einer der Hauptgegenstände der Astronomie. Man glaubt vielleicht, die Sternkataloge seien bereits complet und man sei mit dieser Sache im Reinen, aber das ist nicht der Fall. Die Kataloge der Sterne, soweit die Photographie zur Zeit darauf angewendet werden kann, das ist bis zur neunten Grösse, sind nicht complet; ausserdem können die bereits geschehenen Messungen infolge verbesserter und verfeinerter Methoden noch Correctionen erfahren. Der photographische Process hat für diesen Zweck eine wissenschaftliche Wichtigkeit, weil er Vortheile hinsichtlich der Leichtigkeit und der Correctheit seiner Resultate bietet. Mancher Leser wird fragen, weshalb wir uns so grosse Mühe geben, mit der denkbar grössten Genauigkeit die Stellungen von Tausenden und Millionen von Fixsternen zu erforschen. Die Antwort

Aufnahmen von Sternbildern.

ist, dass die Fixsterne nicht wie ihr Name anzeigt, feststehend sind. In der Natur gibt es keine Ruhe und keinen Stillstand, und so kommt man mit dem Studium derselben nie zu Ende. Allerdings verändern die Fixsterne ihre Stellung so langsam, dass die Erbauer der Pyramiden vor viertausend Jahren die Constellationen ziemlich ebenso erblickten wie wir jetzt. Nur die allerfeinsten astronomischen Messungen zeigen eine solche Veränderung innerhalb einer kurzen Reihe von Jahren. Das Studium der eigenen Bewegungen der Fixsterne hat aber jetzt begonnen und erfordert höchst genaue, ganze Lebensalter fortgesetzte Messungen.

Es kommt bei dieser Sache noch ein anderer interessanter Punkt in Betracht. Die Fixsterne sind einerseits nicht ohne Bewegung, andererseits sind ihre Entfernungen von der Erde sehr verschieden, und selbst die der nächsten sind erstaunlich gross. Der Photograph, welcher ein anschauliches Bild von einem Gegenstand haben will, wird immer suchen, den Gegenstand von verschiedenen Punkten aus aufzunehmen. Zwei Bilder eines mässig entfernten Gegenstandes von zwei Punkten aus aufgenommen, die nur ein paar Zoll weit auseinander sind, erscheinen dem Auge verschieden und erzeugen, in bekannter Weise betrachtet, den stereoskopischen Effect. Keine Entfernung auf der Erde ist gross genug, um verschiedene Bilder derselben Fixsternconstellation zu liefern. Jedoch innerhalb eines Jahres beschreiben wir um die Sonne herum einen Kreis von 40 Millionen Meilen Durchmesser, sodass wir nach einem halben Jahre 40 Millionen Meilen von unserm jetzigen Standpunkte aus entfernt sind. Diese enorme Entfernung ist in einigen Fällen gerade hinreichend (nicht etwa für das unbewaffnete Auge oder für das Stereoskop, sondern für die allerfeinsten astronomischen Messungen), um eine Veränderung in der Stellung einiger Sterne zueinander zu zeigen. Nach diesem Principe hat man die Entfernungen der nächsten Fixsterne herausgefunden: es sind Billionen von Meilen.

Durch vergleichende genaue Messungen der Stellungen **benachbarter Sterne**, nachdem dieselben jahre- und jahrhundertelang fortgesetzt worden sind, lässt sich eine Veränderung nachweisen und die **eigene Bewegung** der Sterne berechnen; durch eine genaue Controle der periodischen **alljährlich wiederkehrenden** Veränderungen der Stellungen der Sterne lässt sich die Entfernung der Sterne ableiten. Es ist wol einleuchtend, dass die Fixirung der betreffenden Stellungen durch die Photographie, welche die Vornahme von Messungen zu jeder gelegenen Zeit gestattet, von dem grössten Werthe für diese beiden astronomischen Probleme sein muss.

Das Photographiren der Sterne wurde zuerst vor einigen zwanzig Jahren durch Professor Bond aus Cambridge, Massachusetts, in die Wissenschaft eingeführt, doch Mr. Lewis Rutherford in Newyork war es, der diese Methode vervollkommnete. Er construirte ein photographisches Objectiv von 11 Zoll Durchmesser und etwa 13 Fuss Focus. Dasselbe zeigt eine ziemlich bedeutende Focusdifferenz, d. h. die violetten und blauen Strahlen haben einen andern Focus als die gelben und rothen. Stellt man auf das helle Sternbildchen ein, so steht die empfindliche Platte im Focus der gelben Strahlen, und die chemisch wirksamen blauen liegen dann ausserhalb der empfindlichen Platte und erzeugen „Unschärfe". Man muss daher die Platte in den Focus der blauen Strahlen stellen. Dieser ist aber nicht so leicht zu finden. Nachdem man denselben annähernd bestimmt hat, corrigirt man ihn, indem man einen Stern bei verschiedenen Stellungen der Platte photographirt. Der Punkt, bei welchem man das beste und schärfste Bild erhält, wird festgestellt, und indem man die Versuche immer und immer wiederholt, kann man den chemisch wirksamen Focus der Linse von 13 Fuss Brennweite bis auf $1/150$ Zoll genau bestimmen. Die

Spectralaufnahmen.

Himmelskörper haben bekanntlich wegen ihrer grossen Entfernung alle denselben Focus. Kein photographisches Objectiv gibt eine grosse Bildfläche mit vollständiger Correctheit. Bei einer Correctheit, wie sie die astronomische Photographie erfordert, kann daher die zu verwendende Bildfläche nur sehr klein sein, etwa $1\frac{1}{2}$ Grad im Durchmesser. Verzeichnungen, welche hierbei noch vorkommen sollten, controlirt und corrigirt man, indem man eine sehr genaue Scala photographirt und das Bild mit dem Originale vergleicht. Ein Feld von $1\frac{1}{2}$ Grad oder dreimal den Monddurchmesser umfasst das bekannte Sternbild der Plejaden.

Das Rutherford'sche photographische Fernrohr ist ebenso eingerichtet wie die Fig. 73, S. 166, anzeigt, es wird durch ein Uhrwerk getrieben, um dem Laufe der Sterne genau folgen zu können.

Die damit aufgenommenen Bilder grosser Sterne erscheinen bei kurzer Exposition als kleine runde Punkte, die nur mittels einer Lupe zu sehen sind. Bei längerer Exposition hängt ihre Grösse schliesslich von den mehr oder minder starken Vibrationen der Atmosphäre ab, welche das Flimmern der Sterne veranlasst. Mit acht Minuten Exposition photographiren sich die Sterne der neunten Grösse; diese sind zehnmal schwächer als die schwächsten, die man in einer klaren Nacht mit dem blossen Auge erblicken kann; ihre Bilder sind sehr kleine Punkte. Es würde sehr schwer sein, diese kleinen Punkte von Schmuzflecken auf der Platte zu unterscheiden. Um dieses zu bewerkstelligen, bedient sich Rutherford eines genialen Kunstgriffs. Er bringt das Teleskop nach der ersten Exposition von acht Minuten in eine etwas andere Richtung und macht eine zweite Exposition, wieder von acht Minuten, während das Uhrwerk im Gange bleibt und das Teleskop in dieser zweiten Richtung richtig leitet. Dadurch entstehen auf der Platte von jedem Stern zwei Bilder dicht nebeneinander; Entfernung und relative Stellung ist bei allen dieselbe. Diese Doppelbilder sind dann leicht auf der Platte herauszufinden und als solche von Flecken leicht zu unterscheiden.

Wenn das Teleskop stillsteht, so machen natürlich die Bilder der Sterne auf der Platte eine Bewegung; helle Sterne bringen dadurch einen Streifen hervor. Dieser Streif ist von grosser Wichtigkeit, um die Richtung von Ost nach West auf der Platte festzustellen. Für schwache Sterne, welche keinen Streifen hinterlassen, ist eine dritte Exposition erforderlich, um diese Richtung zu bestimmen. Dieselbe geschieht, nachdem man das Teleskop einige Minuten angehalten hat.

Rutherford hat zahlreiche Sternbilder der Art bereits aufgenommen und seine Bilder werden nach Hunderten von Jahren als wichtige Vergleichsobjecte dienen, um zu erkennen, inwieweit die Sterne des Himmels, die wir als Fixsterne (feste Sterne) bezeichnen, ihren Platz gewechselt haben.*

Noch ein Himmelskörper ladet aber speciell zum Studium mit Hülfe der Photographie ein; es ist der nächste Nachbar unserer Erde, der Mond. Mit blossem Auge schon erkennt man die Unebenheiten seiner Oberfläche (Mondberge), die ungleiche Färbung seines Bodens (Mondflecke). Tausend Räthsel birgt seine Oberfläche, die als eine starre, fast glasig erscheinende, wasser- und luftleere Oede erscheint.

Schon Warren de la Rue versuchte eine Aufnahme dieses seltsamen Weltkörpers, der unserer Erde so nahe und doch so sehr von ihr verschieden ist. Er fertigte mit Hülfe eines Fernrohrs in der That ein kleines Mondbild, das er mit Hülfe eines Vergrösserungsapparats (s. S. 91) auf 24 Zoll vergrösserte.

Der Mond ist lichtschwächer als die Sonne, er wird

---

* Details über Rutherford's Observatorium enthalten die „Photographischen Mittheilungen", Jahrg. 1870 (Berlin, Oppenheim).

deshalb am besten im Hauptfocus des Fernrohrs aufgenommen (s. die Figur S. 165). Im günstigsten Falle genügen $^3/_4$ Secunden Expositionszeit, selten aber erhält man scharfe Negative infolge der Unruhe der Atmosphäre. Die Erzielung eines scharfen Mondbildes ist daher eine Geduldsprobe. Nach Warren de la Rue hat sich Rutherford in Neuyork durch Aufnahme von Mondbildern hervorgethan; sein vervollkommnetes, für photographische Zwecke speciell hergerichtetes Fernrohr lieferte ein noch schärferes Mondbild als De la Rue's, und wir geben in unserm Titelbilde eine verkleinerte Copie des vergrösserten Mondbildes nach einem Original, das wir Rutherford selbst verdanken, eine wahre Mondkarte, die von nicht geringer Wichtigkeit für die Astronomie ist.

Vor einigen Jahren behauptete Schmidt in Athen, dass ein von Mädler angegebener erloschener Mondvulkan nicht mehr aufzufinden sei, er constatirte dadurch die Möglichkeit von Veränderungen auf der scheinbar gänzlich starren Mondoberfläche. Hätte vor 40 Jahren, als Mädler den bewussten Vulkan beobachtete, eine Photographie der Mondoberfläche genommen werden können, so würden wir jetzt Gewissheit haben über diesen Punkt, der jetzt noch hypothetischer Natur ist.

Sonne und Sonnenfinsternisse, Mond und Sterne sind aber nicht die einzigen Objecte der astronomischen Photographie, ihre Aufgaben haben sich noch erweitert seit Entdeckung der Spectralanalyse.

Als man erkannte, dass jene wunderbaren Linien, welche das Sonnenspectrum durchziehen (s. das siebente Kapitel, S. 59), durch glühende Stoffe verschiedener Natur veranlasst werden und jedes Element unveränderlich dieselben Linien zeigt, sodass man aus der Gegenwart gewisser Spectrallinien unzweifelhaft die Gegenwart eines Stoffes erkennt, wurde es nothwendig, eine genaue Zeichnung des Sonnenspectrums mit all den zahllosen darin befindlichen Linien zu besitzen, um aus der Vergleichung dieser Zeichnung mit dem Spectrum einer Flamme oder eines Fixsterns sofort ersehen zu können, welche Stoffe diese Linien liefern. Kirchhoff, der Mitentdecker der Spectralanalyse, und Angström haben mit unendlicher Mühe eine solche detaillirte Zeichnung des Sonnenspectrums angefertigt. Ihre Arbeit wäre wesentlich vereinfacht worden, hätte Rutherford ein Jahr früher seine Photographie des Spectrums herausgegeben.

Dieses photographische Spectrum von Rutherford zeigt zwar nur die Linien des photographisch wirksamen Theils des Spectrums von Grün bis Violett, diese aber in wunderbarer Deutlichkeit. Viele Linien, die dem blossen Auge nur schwach erscheinen, zeigen sich hier kräftig und scharf, ja man erkennt in dem photographirten Spectrum Linien, die Kirchhoff im Sonnenspectrum gar nicht gesehen hat.

Die Ursache dieser Erscheinung können zweierlei Art sein, entweder ist das Auge für gewisse Lichtstrahlen, welche betreffende Linien liefern, unempfindlich, wie es ja auch unempfindlich ist für die photographisch stark wirksamen ultravioletten Strahlen (s. S. 60), oder aber es liegt die Möglichkeit vor, dass auf der Sonne selbst Veränderungen stattfinden, dass zu gewissen Zeiten daselbst neue Stoffe an die Oberfläche treten und dadurch neue Linien sichtbar werden.

Die Aufnahme eines Spectrums erfolgt mit Hülfe eines gewöhnlichen Spectralapparats, welcher in beifolgender Figur 79 abgebildet ist. Solcher besteht aus dem Rohr A, welches bei F den feinen Spalt trägt, durch welchen das Licht dringt. Am Ende des Rohrs ist eine Linse, welche alle vom Spalt ausgehenden Strahlen parallel macht und auf das Prisma P leitet. Dieses bricht die Strahlen so, dass sie auf das Sehrohr B fallen und durch das dünne Ende desselben beobachtet werden können. Will man das gesehene Spectrum photographiren, so setzt man eine photographische Camera lichtdicht an das Sehrohr und zieht das Ocular desselben ein wenig aus, alsdann erscheint das Bild des Spectrums auf der matten Scheibe.

Man hat noch andere wichtige Probleme mit Hülfe der Photographie zu lösen versucht. So hoffte Dr. Zencker dadurch die Bahnen der Sternschnuppen fixiren zu können. Leider erwiesen sich diese als zu lichtschwach, um während ihrer kurzen Dauer einen Eindruck auf die photographische Platte zu machen.

Eine neue und grossartige Aufgabe auf astronomi-

Fig. 79.

schem Gebiete steht der Photographie noch bevor, das ist die Beobachtung des Venusdurchgangs.

Bei Bestimmung der Entfernungen der Himmelskörper wird der Durchmesser der Erdbahn als Grundlinie angenommen. Die Kenntniss des genauen Masses dieser Grundlinie ist dabei vorausgesetzt. Nun ist dieses Mass bisher nur annähernd bestimmt worden, es beträgt in runder Zahl 40 Millionen Meilen.

Schon seit langer Zeit hat man sich bemüht, diese

Vierzehntes Kapitel.

Zahl genauer zu bestimmen, doch hat diese Bestimmung grosse Schwierigkeiten. Denkt man sich an zwei entgegengesetzten Punkten der Erde a und b (Fig. 80) zwei Beobachter, die mit Fernröhren nach einem Stern x sehen und die Winkel messen, die die Sehrichtung mit der Linie ab bildet, so kann man aus den beiden Winkeln und der Linie ab (die sich leicht ihrer Grösse und Lage nach bestimmen lässt) die Entfernung des Sterns von a oder b berechnen. Es ist dieses die trigonometrische (Dreiecks-) Messmethode. Diese gibt sichere Resultate, sobald die Entfernung des Sterns nicht zu gross ist. So ist z. B. die Entfernung des Mondes, der nur circa zehn Erddurchmesser von uns entfernt ist, leicht zu bestimmen. Ist der zu messende Stern sehr weit entfernt, so werden die Sehrichtungen nahezu parallel, zwischen den beiden Winkeln bei a und b existirt dann kein Unterschied mehr und die trigonometrische Messmethode ist dann unbrauchbar. Solches ist der Fall bei der 20 Millionen Meilen weit entfernten Sonne. Wir können daher nur auf einem Umweg zur Kenntniss der Entfernung derselben gelangen.

Fig. 80.

Nach einem Gesetze, das der berühmte Astronom Kepler entdeckt hat, verhalten sich die Quadrate der Umlaufszeiten der Planeten wie die Kuben der Entfernungen von der Sonne. Ist die Umlaufszeit der Erde U, die der Venus u, die Entfernung der Erde E, die der Venus e, so ist nach diesem Gesetze

$$U^2 : u^2 = E^3 : e^3.$$

Zieht man aus beiden die Kubikwurzel, so erhält man

$$\sqrt[3]{U^2} : \sqrt[3]{u^2} = E : e, \text{ daraus folgt}$$

$$\sqrt[3]{U^2} - \sqrt[3]{u^2} : \sqrt[3]{u^2} = E - e : e.$$

$E - e$ ist aber die Entfernung zwischen Erde und Venus. Wenn man diese durch Messung bestimmt hat, so sind drei Glieder der Proportion bekannt (denn die Umlaufszeiten von Venus und Erde sind schon auf das genaueste bestimmt), dann kann man mit einfacher Regeldetri das vierte unbekannte Glied e berechnen, d. h. die Entfernung der Venus von der Sonne; addirt man dazu die Entfernung der Erde von der Venus, so erhält man die Entfernung der Erde von der Sonne, welche man wünscht.

So kommt demnach die Bestimmung der Sonnenentfernung auf eine Bestimmung der Venusentfernung hinaus, die in dem Moment vorgenommen werden muss, wo Venus zwischen Erde und Sonne steht. In solchem Moment ist aber die Venus nur sichtbar, wenn sie gerade vor der Sonnenscheibe steht. Dieses ist nur ausnahmsweise (in jedem Jahrhundert zweimal) der Fall, und alsdann erscheint sie auf der Sonnenscheibe als kleiner schwarzer Punkt, der jedoch wegen der Bewegung der Erde und der Eigenbewegung fortwährend seinen Platz ändert. Dieser Umstand erschwert die Anstellung gleichzeitiger Messungen an zwei verschiedenen weit voneinander entfernten Punkten der Erde, und daher ist man auf den Gedanken gekommen, die Photographie als Beobachtungshülfsmittel anzuwenden. Nimmt man mit Hülfe derselben nach der Weise wie oben beschrieben wurde ein Sonnenbild während des Venusdurchgangs auf, so kann man auf demselben leicht den Abstand der Venus vom Sonnenmittelpunkt messen. Dieser Sonnenmittelpunkt ist ein fester Punkt, der als unverrückt angenommen werden kann.

Denkt man sich die Erde bei E (Fig. 81), die Venus bei V und die Sonne in S, so wird ein Beobachter in a die Venus unterhalb des Mittelpunktes der dahinterliegenden Sonne erblicken, ein Beobachter in b oberhalb desselben. Die Venus wird demnach auf Photographien, die auf verschiedenen Punkten der Erde aufgenommen sind, eine verschiedene Lage zu dem Sonnenmittelpunkt zeigen.

Nun kennt man die Lage der Richtungslinie des Sonnenmittelpunktes genau. Der Durchmesser der Sonne entspricht einem Winkelwerth von etwa 30 Minuten. Denkt man sich den Sonnendurchmesser in 60 Theile getheilt, so entspricht jeder Theil einer Bogenminute. Man braucht demnach nur zu messen, um wie viel solcher Theile die Venus vom Sonnenmittelpunkt absteht, und man erfährt sofort den Winkel, den die Richtung der Sehlinie der Venus, z. B. av, mit der Richtung der Sehlinie des Sonnenmittelpunkts (am) macht. Zieht man diesen Winkel von dem Winkel ab, den die Sehlinie des Sonnenmittelpunktes mit ab macht, so erhält man den Winkel, den die Sehrichtung der Ve-

Fig. 81.

nus mit der Linie ab macht, und das gibt alle Momente in die Hand, um den Abstand der Venus zu berechnen und daraus wiederum den Abstand des Centralkörpers, der das Fundament, die Standlinie aller astronomischen Messungen bildet.*

Die Bestimmung des Winkels aus der Photographie hat einen um so höhern Werth, als diese Messung mit

---

* Wir können uns hier aus Mangel an Raum nicht auf die genauen Details der Bestimmung der Sonnenparallachse einlassen. Es ist nur unsere Aufgabe, dem Leser eine allgemein verständliche Darstellung des Princips der Sache zu geben. Wer sich specieller für den Gegenstand interessirt, den verweisen wir auf Dr. Schorr's Werk: „Vorübergang der Venus vor der Sonne" (Braunschweig, Vieweg, 1873.)

Photographisch-meteorologische Beobachtungen. 191

he und zu jeder beliebigen Zeit angestellt werden
in, während Messungen am Gestirn selbst nur im
ment der Sichtbarkeit des Phänomens gemacht wer-
ı können und dabei in der Aufregung des Augen-
:ks manche Beobachtungsfehler unterlaufen. Natür-
ı gehören zu Messungen so feiner Natur auch vor-
;sweise genau construirte Apparate und die Beach-
ıg vieler Vorsichtsmassregeln. Daher hat man jetzt
·eits mit den Vorversuchen begonnen, um den Grad
· Genauigkeit festzustellen, den eine Messung an der
otographie zulässt. Geben diese Vorversuche ein
ıstiges Resultat, so steht die Entsendung zahlreicher
)tographischer Expeditionen zur Beobachtung des
ıusdurchgangs bevor. Deutschland projectirt die
ᴅᴄᴊetzung von fünf Stationen: Tschifu in China, Mas-
kat am Persischen Meerbusen, Kerguelens-Land und
Aucklands-Inseln. Ausser diesem rüsten England, Frankreich, Russland, Amerika photographische Expeditionen
aus, die an verschiedenen Punkten Aufstellung nehmen,
und so können wir, selbst für den Fall, dass eine oder
die andere Station durch Ungunst des Wetters leiden
sollte, hoffen, zahlreiche Platten zu gewinnen, mit deren
Hülfe die grosse astronomische Aufgabe definitiv gelöst werden kann.

Abschnitt V. Die photographische Beobachtung wissenschaftlicher Instrumente.

Thermometer- und Barometerbeobachtungen. — Neumeyer's
Apparat zur Bestimmung der Meerestiefen.

Die meteorologischen Beobachtungen erfordern ein
täglich wiederholtes Ablesen des Barometers und Thermometers. Um dieses Ablesen zu ersparen und um
dennoch eine ganz sichere Auskunft über den Stand
von Thermometer und Barometer in jeder Minute zu erhalten, hat man die Photographie angewendet. Man denke
sich hinter einem Thermometerrohr R (Fig. 82) oder Ba-

rometerrohr eine Trommel, welche sich durch ein Uhrwerk um die Achse a' dreht. Um diese Trommel sei lichtempfindliches Papier gewickelt und das Ganze sei mit Ausnahme des Thermometers in einen Cylinder S eingeschlossen, der nur hinter dem Thermometer einen schmalen Spalt hat, durch welchen das Licht dringen kann. Der obere Theil des Thermometers wird das Licht hindurchlassen, dagegen wird der Quecksilberfaden das Licht zurückhalten. Daher schwärzt sich der Papierstreifen oberhalb des Quecksilbers, und mit diesem steigt und fällt die Grenze der Schwärzung auf dem Papier. Nun kann man auf dem Papier schon im voraus die Zeit markiren. Da die Trommel sich in 24 Stunden einmal herumdreht, braucht man nämlich den Streifen nur in 24 Theile senkrecht abzutheilen und den ersten Strich vor das Thermometer zu rücken, sobald die Uhr 12 schlägt, dann das Ganze laufen zu lassen. Nachher ergibt der gefärbte Streifen für jede Zeit die Höhe des Thermometers.

Fig. 82.

Ebenso kann man die Höhe des Barometers photographisch registriren.

Neuerdings hat Professor Neumeyer ein ähnliches Instrument sogar zu Bestimmungen der Temperatur in der Tiefe des Meeres benutzt. Dort unten ist nun freilich kein chemisch wirksames Licht, und um dieses zu gewinnen, sendet Dr. Neumeyer eine lichterzeugende Vorrichtung mit hinunter. Diese besteht aus einer galvanischen Batterie und einer Geisler'schen Röhre, d. i. eine Röhre, in welcher sehr verdünntes Stickgas eingeschlossen ist und durch welche der elektrische Strom geleitet wird. Die Röhre leuchtet alsdann in schwachem Licht. Dieses schwache Licht wirkt chemisch aber sehr kräftig, weil es viele von den unsichtbaren ultravioletten

Strahlen enthält (s. S. 60), und bewirkt schon in drei Minuten eine Schwärzung des Papiers. Auch die Richtung der unterirdischen Meeresströmungen sucht Neumeyer mit seinem Apparate festzustellen. Der Apparat hat zu diesem Zwecke einen Ansatz nicht unähnlich einer Wetterfahne, und da er sich, an einem Kabel hängend, bequem nach allen Richtungen drehen kann, so wird er sich in der Tiefe, falls Meeresströmungen vorhanden sind, so stellen, dass die Fahne der Stromrichtung parallel ist. Im Apparate selbst ist nun eine Magnetnadel wasserdicht eingeschlossen, die sich über eine Scheibe lichtempfindlichen Papiers bewegt. Diese Magnetnadel zeigt natürlich immer nach Norden und die darüber befindliche leuchtende Röhre markirt ihre Lage genau auf dem lichtempfindlichen, fest mit der Büchse verbundenen Papier. Man kann daher leicht erkennen, welche Lage der Apparat in der Tiefe gegen die Magnetnadel, d. h. gegen die Nordrichtung eingenommen hat.

Abschnitt VI. Photographie und medicinische Forschung.

Photographien des Innern des Auges, des Ohrs u. s. w. — Stein's Heliopictor.

Die Anwendung der Photographie auf medicinischem Gebiete beginnt bereits in umfangreichem Massstabe platzzugreifen, nicht allein zur Aufnahme interessanter anatomischer Präparate und von solchen Krankheitserscheinungen, die von kurzer Dauer sind, sondern auch zur Herstellung genauer anatomischer Abbildungen der verschiedenen Organe. Wie man mit dem Augenspiegel, dem Ohrenspiegel, Kehlkopfspiegel in das scheinbar unzugängliche Innere der lebenden Organe eingedrungen ist, sodass dasselbe klar vor dem Auge des Beobachters liegt, so hat man auch mit Erfolg das dem Auge sichtbare Bild photographisch gefesselt. Dr. Stein in Frankfurt a. M. hat in diesem Felde Be-

Vierzehntes Kapitel.

deutendes geleistet, nicht allein als praktischer Photograph, sondern auch durch Construction zweckmässiger Apparate. Es würde den Raum dieses Buchs überschreiten, wollten wir die hierzu nöthigen Apparate im Detail schildern. Wir begnügen uns, einen davon zu erläutern, den Apparat zur Aufnahme des Ohrs.

Der Apparat besteht aus drei Theilen: 1) dem Ohrentrichter A, 2) dem Beleuchtungsapparate B (Fig. 83), 3) dem photographischen Apparate D mit den Linsen C. Diese Theile sind, wie solches aus beifolgender Zeichnung ersichtlich ist, aneinandergefügt. Der Apparat ist mittels Kugelgelenk an ein entsprechendes Stativ befestigt, um ihm je nach dem Stande der Sonne die geeignete

Fig. 83.

Richtung geben zu können. Der Ohrentrichter A ist ein circa $1\frac{1}{2}$ Zoll langes konisches Röhrchen, welches in das Ohr eingeschoben wird, um die das Bild störenden, den Gehörgang bedeckenden kleinen Härchen beiseite zu schieben. Er ist von Hartkautschuk angefertigt. Der Beleuchtungsapparat B, welcher durch einen Deckel bei $a\,d$ leicht verschliessbar ist, besteht aus zwei im rechten Winkel bei $b\,c$ aufeinandergelötheten Metallröhren, deren eine mit parallelen Wänden, deren andere mit geschweiften Wänden versehen ist; an der Vereinigungstelle beider Röhren befindet sich ein durchbohrter, im Winkel von 45^0 geneigter Planmetallspiegel ($e\,g\,f$).

Der Apparat zur Aufnahme des Trommelfells.

Der photographische Apparat c besteht aus einem zwölflinigen Doppelobjectiv (C) nebst kleiner Camera von 2 Zoll Tiefe. Matte Scheibe (X) und Kassette (Y) sind in einem leicht verschiebbaren Rechtecke (D) angebracht. Zwischen Objectiv und Beleuchtungsapparat, bei h, befindet sich eine vergrössernde planconvexe Linse. Je nach dem Stand der Sonne, einer hellen Wolke oder irgendeines andern Lichtpunktes, kann der Beleuchtungsapparat B durch Drehung um seine Achse verschoben werden, sodass im Verein mit dem kleinen Kugelgelenk des Stativs eine sehr leichte und dabei festzuhaltende Verschiebbarkeit des Apparats nach allen Richtungen gestattet ist.

Die Strahlen, welche in die Röhre B eindringen, werden durch den durchbohrten Planspiegel ef in der Richtung nach A auf das Trommelfell geworfen. Von hier reflectirt, passiren dieselben bei g den durchbohrten Planspiegel, und wird das Bild des Trommelfells durch die Linsencombination des Objectivs $h\,i\,k\,l\,m$ auf die matte Scheibe bei $n\,o$ geworfen. Die scharfe Einstellung geschieht theils durch die Stellschraube des Objectivs bei p, theils durch Verschiebung der Linse bei h, je nachdem man ein etwas vergrössertes oder der natürlichen Grösse entsprechendes Bild zu erhalten wünscht. Während der photographischen Procedur muss ein Assistent die Ohrmuschel etwas nach hinten und oben ziehen, um dem schwach gebogenen knorpeligen Gehörgang für das Einschieben des Ohrentrichterchens die nöthige gerade Richtung zu geben. Die Expositionszeit ist bei Sonnenlicht unter Anwendung eines guten Iodbromcollodions $1/2$ Secunde, bei hellem Tageslicht, resp. dem Lichte einer hellen Wolke circa 5—10 Secunden, je nach der Beleuchtungsintensität. Die Oeffnung und Schliessung des Apparats zum Behufe des Wirkens der Lichtstrahlen wird bei $a\,d$ vorgenommen.

Um Naturforschern und Aerzten die Ausübung der Photographie zu erleichtern, hat Dr. Stein ein sehr hübsches Instrument, den sogenannten Heliopictor,

Vierzehntes Kapitel.

construirt, der ohne Dunkelkammer Aufnahmen mit nassen Platten gestattet. Der Heliopictor ist eine besondere Art Kassette, die an das Hintertheil jeder Camera angesetzt werden kann. Dubroni in Paris construirte zuerst solche „Entwickelungskassette". Diese Kassette, die in beifolgender Figur im Durchschnitt dargestellt ist, enthält einen Glaskasten K, in welchen Silberlösung durch einen seitlich angebrachten, in der Figur nicht sichtbaren Hahn gegossen werden kann. Die zu fertigende Glasplatte wird mit Collodion überzogen, dann durch die Thür T in die Kassette gebracht, an die Oeffnung O des Glaskastens gelegt und die Thür geschlossen.

Fig. 84.

Die Feder a drückt alsdann die Platte p wasserdicht gegen den Glaskasten. Man kippt alsdann die Kassette nach rechts um, die Silberlösung fliesst über die Platte und sensibilisirt sie. Das Fortschreiten der Wirkung beobachtet man durch einen gelben Glasschieber S, der kein chemisches Licht durchlässt. Nachdem die Platte fertig sensibilisirt ist, stellt man die Kassette wieder senkrecht, bringt sie in die Camera-obscura an Stelle der matten Scheibe, zieht den Schieber S auf und belichtet. Die Silberlösung wird dann durch einen Hahn abgezogen und dafür Eisenvitriollösung eingefüllt. Durch Kippen der Kassette fliesst diese über die Platte und „entwickelt" das Bild. Durch die gelbe Scheibe S beobachtet man das „Kommen" desselben. Das Bild wird nach der Entwickelung herausgenommen und fixirt.

Stein verbesserte die Entwickelungskassette insofern, als er an Stelle des Glaskastens einen herausnehmbaren und leicht zu reinigenden Hartgummikasten brachte. Auch die Methode des Ein- und Ausfüllens von Flüssigkeit mittels Hahn rührt von Stein her, Du-

Das Sonnenmikroskop. 197

broni wandte statt dessen Pipetten an. Details über beide Apparate findet man in den "Photographischen Mittheilungen", Jahrgang X, Nr. 117, 118.

Abschnitt VII. Die Photographie und das Mikroskop.

Ueber Mikroskope. — Herstellung mikroskopischer Aufnahmen. — Anwendungen derselben.

Nirgends hat sich die Photographie als Ersatzmittel oder als Hülfmittel der Zeichenkunst glänzender be-

Fig. 85.

währt als in der Wiedergabe mikroskopischer Objecte. Schon in den frühesten Zeiten der Kunst wurde gerade dieses Feld bearbeitet, denn Wedgewood und Davy suchten mit Hülfe lichtempfindlichen Silberpapiers die Bilder des Sonnenmikroskops zu fesseln. Dieses Sonnenmikroskop war in der That für photographische Zwecke wie geschaffen. Dasselbe besteht der Hauptsache nach aus einem mikroskopischen Objecte, welches bei *m* eingeschaltet wird und entweder ein Flüssigkeitstropfen ist, den man auf eine Glasplatte bringt, oder ein fester kleiner Körper, der zwischen zwei feine Glasplatten geklemmt wird. (Vgl. Fig. 85.)

Vierzehntes Kapitel.

Von diesem kleinen Object entwirft nun die kleine Linse L ein vergrössertes Bild auf einen gegenüberliegenden Schirm oder eine weisse Wand genau in der Weise, wie es nachfolgende Figur schematisch zeigt. Die Schraube bei D (Fig. 85) dient dazu, die Linse dem Object m zu nähern oder zu entfernen und dadurch das Bild auf dem Schirme scharf einzustellen. E ist eine Blende, durch die man die Ränder des runden Bildes abschneiden kann. Der Hauptkörper BC des Instruments enthält die Erleuchtungslinsen. Jede starke Vergrösserung schwächt nämlich das Licht des Bildes sehr erheblich, bei dreifacher Vergrösserung vermindert sich die Helligkeit bis auf $1/9$, bei vierfacher bis auf $1/16$, bei fünffacher bis auf $1/25$, bei hundertfacher bis

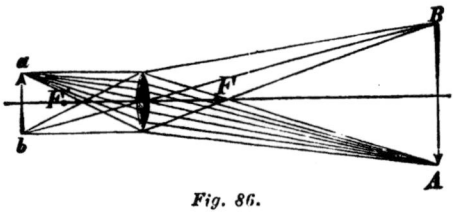

Fig. 86.

auf $1/10000$. Bei solcher verminderten Helligkeit würde das Auge aber nichts mehr erkennen, wenn man nicht dafür sorgt, dass das Object sehr intensiv erleuchtet ist. Dazu dient eben das Linsensystem, welches im Rohr BC eingeschlossen ist. Dieses concentrirt die Sonnenstrahlen, welche durch den Spiegel M in die Röhre B reflectirt werden, auf das mikroskopische Object, und dieses wird dadurch so hell, dass es die stärkste Vergrösserung erträgt. Das Zimmer, in welchem sich das Instrument befindet, ist dunkel, demnach sind alle Bedingungen vorhanden, um sofort photographiren zu können. Man braucht nur eine lichtempfindliche Platte an die Stelle des Bildes zu bringen.

Ein Sonnenmikroskop ist jedoch nur in den Händen weniger Beobachter. Zu gewöhnlichen Ocularunter-

Das Mikroskop. 199

suchungen verwendet man ein Mikroskop wie es beifolgende Figur zeigt. Dasselbe enthält bei o ein Vergrösserungslinsensystem, welches von dem kleinen Object rs in der Weise, wie es nachfolgende schematische Figur 88 darstellt, ein vergrössertes Bild SR entwirft. Dieses wird durch das Ocular CD betrachtet, welches bei n (Fig. 87) sitzt und das bereits vergrösserte Bild SR wiederum vergrössert, sodass ein noch grösseres Bild $S'R'$ (Fig. 88) entsteht.

Dieses wird unmittelbar vom Auge des Beobachters wahrgenommen. Das nöthige Licht wird auf das Object mit Hülfe eines Hohlspiegels $s's'$ (Fig. 87) geworfen.

Um mit Hülfe eines solchen Mikroskops Photographien zu entwerfen, kann man direct eine photographische Camera an das Ocular n (Fig. 87) setzen, indem man solche mit einem Dreifuss unterstützt. Diese photographische Camera braucht keine Linse zu besitzen, wie die Camera S. 85, sondern nur eine Oeffnung, durch welche das Rohr n lichtdicht geht. Das Ocular n (Fig. 87) wird dazu in einen ärmelartigen Ansatz gesteckt, der die Oeffnung umgibt, und dann das Rohr h ein wenig gehoben.

Dadurch wird das vergrösserte Bild des Objects, welches bei SR liegt, auf der matten Scheibe der Camera sichtbar und kann dann leicht photographirt werden.

Fig. 87.

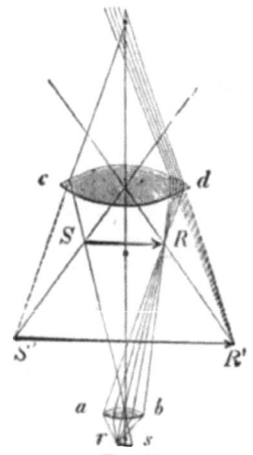

Fig. 88.

Nothwendig ist es hierbei, alles nicht vom Object ausstrahlende Licht auszuschliessen. Wenn der Spiegel $s'\,s'$ (Fig. 87) das Object beleuchtet, so gehen neben dem Gegenstand noch eine Menge Lichtstrahlen vorbei, die auf die Linsen fallen und Reflexe veranlassen, welche die Reinheit des Bildes erheblich stören. Hier ist von Vortheil, ein Linsensystem zwischen Spiegel s' und Object einzuschalten, welches alle Lichtstrahlen auf das Object concentrirt.

Statt des Sonnenlichts nimmt man auch seine Zuflucht zu künstlichem Licht, z. B. elektrischem und Magnesiumlicht, welches den Beobachter unabhängig vom Wetter macht. Die Schönheit der erhaltenen Mikrophotographie ist wesentlich abhängig von der Schönheit des zu photographirenden Präparats. Dieses muss so hergerichtet sein, dass es alle charakteristischen Theile vollkommen klar zeigt, alle störenden Nebensachen, Staub u. s. w. müssen entfernt sein, denn sie werden ebenso gut mit vergrössert, als das Object. Ein geschickter Präparator ist daher nothwendig, um mikrophotographisch etwas zu leisten, dann aber ist die Güte der Mikrophotographie auch abhängig von der Güte des Instruments, der richtigen Einstellung und der richtigen Expositionszeit. Wichtig ist beim Instrument die Correctur der Linsen auf chemisch wirksame Strahlen. (Vgl. S. 182.)

Vortreffliches in Mikrophotographie haben Neyt in Gent, Girard und Lackerbauer in Paris, Fritzsch und Kellner in Berlin und Woodward in Amerika geleistet.*

Von ausserordentlichem Nutzen ist die mikroskopische Photographie bei anatomischen Präparaten, welche sich rasch verändern und bei chemischen Verbindungen, welche sich rasch zersetzen. Doch auch bei stabilen Körpern ist sie unschätzbar; so für die Kunde der mi-

---

* Sehr detaillirte Auskunft gibt „Die Photographie, als Hülfsmittel mikroskopischer Forschung" von Moitessier und Bennecke. (Braunschweig, Vieweg.)

kroskopischen Krystalle, welche in vielen Gesteinen eingeschlossen sind und sich bei dünngeschliffenen Platten deutlich zeigen. An den Bildern dieser Krystalle kann man die Winkel leicht mit Hülfe eines Transporteurs messen und daraus einen Schluss auf die Natur der Krystalle selbst machen. Professor Gustav Rose hat in seiner Abhandlung über Meteoriten zahlreiche vom Verfasser aufgenommene Mikrophotographien der Art in Stahlstich reproducirt.

Abschnitt VIII. Die mikroskopischen Photographien und die photographische Taubenpost.

Wesen der mikroskopischen Photographien. — Wichtigkeit derselben für Bibliotheken. — Anwendung der Taubenpost.

Vor mehrern Jahren kamen von Paris aus Bijouterien und Nippsachen in den Handel, die kleine Vergrösserungsgläser statt der Edelsteine gefasst enthielten. Hielt man diese vor das Auge, so sah man ein transparentes kleines Bild, theils Porträts, theils Schriften u. dgl. Dieses kleine Bild war eine sogenannte mikroskopische Photographie auf Glas. Eine solche ist keineswegs die Aufnahme eines mikroskopischen Gegenstandes, sondern eines grossen Objects. Nur das Bild ist von einer Kleinheit des Formats, dass zu seiner Betrachtung eben eine Mikroskoplinse gehört. Die Herstellung solcher Bilder ist nicht abweichend von der Herstellung anderer, sie erfordert nur ein Instrument, welches mikroskopisch kleine Bilder auf optischem Wege entwirft, und dieses geschieht mit Anwendung kleiner Linsen von sehr kurzer Brennweite. Man nimmt mit Hülfe derselben nicht die Natur direct auf, sondern man fertigt erst mit einer gewöhnlichen Camera nach dem erwählten Gegenstande ein photographisches Negativ. Nach diesem erhält man mit Hülfe der kleinen Linsen mikroskopisch kleine positive Bildchen auf Glas mit Hülfe des gewöhnlichen Collodionprocesses. Diese Glasbildchen werden zugeschnitten oder geschliffen, eine kleine Linse darauf befestigt, und dann in Metall gefasst. An sich sind solche Bildchen nicht viel mehr als eine Spielerei, die sogar ausarten kann, wenn, wie es geschehen ist, obscöne Sujets in solcher Art gefasst unbefangenen Personen in die Hände gegeben werden, ein Factum, welches diese Branche der Photographie rasch in Miscredit gebracht hat. Es gibt aber Umstände, unter welchen solche mikroskopische Photographie von ausserordentlichem Nutzen werden kann. Simpson in England macht darauf aufmerksam, dass man mit Hülfe der Photographie den Inhalt ganzer Folianten auf wenige Quadratzoll concentriren könne, und dass der Inhalt von Büchern, die ganze Säle füllen, mikroskopisch photographisch reducirt, sich dann in einem einzigen Schubkasten unterbringen lassen, sicher ein Umstand, der bei dem ungeheuern, stetig wachsenden Material, welches unsere Bibliotheken aufspeichern müssen, noch von Wichtigkeit werden kann. Freilich bedarf man zum Lesen eines solchen mikroskopischen Werkes entweder eines Mikroskops oder aber einer vergrössernden Laternamagica.

Vorläufig hat man davon noch keine Anwendung gemacht, obgleich Scamoni's heliographisches Verfahren, das weiter unten beschrieben ist, die Herstellung solcher mikroskopischen Bibliotheken bedeutend erleichtern würde. Dagegen haben solche mikroskopische Photographien grosse Wichtigkeit erlangt bei Beförderung von Taubenpostdepeschen. Bei der Belagerung von Paris im Jahre 1870 communicirte die eingeschlossene Stadt mit der Aussenwelt nur durch Luftballons und Brieftauben. Das erste Beförderungsmittel war fast ausschliesslich für politische Zwecke in Anspruch genommen, das zweite erlaubte nur den Transport einer ganz leichten Schriftsendung. Geschriebene Briefe hätte man, selbst auf das engste zusammengefaltet, schwerlich mehr als zwei oder drei durch eine Taube befördern können. Hier bot die mikroskopische Photographie ein unschätzbares Hülfsmittel dar, viele Seiten Geschriebenes auf ein nur quadratzollgrosses Collodionhäutchen zu concentriren und von solchen fast gewichtslosen Häutchen der Taube mehr als ein Dutzend zusammengerollt und in einem Federkiel verpackt mitzugeben. Dagron in Paris, der zuerst die mikroskopischen Photographien fertigte, hat die Anfertigung auch dieser Taubenpostdepeschen ins Werk gesetzt. Sämmtliche Depeschen, welche verkleinert werden sollten, wurden zunächst gesetzt und auf eine Folioseite gemeinschaftlich abgedruckt. Diese Folioseite wurde in der oben beschriebenen Weise mikroskopisch photographirt, sodass man ein Bildchen von etwa $1^1/_2$ Zoll Grösse erhielt. Die Collodionschicht mit dem Bilde wurde alsdann vom Glase abgezogen, indem sogenanntes Ledercollodion, d. h. ricinusölhaltiges Collodion aufgegossen wurde. Dieses Ledercollodion trocknet bald, löst sich dann leicht mit dem Bilde ab und bildet mit diesem ein durchsichtiges Häutchen. Ein solches Häutchen enthielt unter Umständen bis 1500 Depeschen. Am Orte der Ankunft wurden diese Häutchen aufgerollt und dann mit Hülfe einer Laternamagica vergrössert. Eine Anzahl Schreiber machten sich sofort daran, die vergrösserten Depeschen abzuschreiben und ihren Adressaten zuzustellen. So correspondirte Paris mit Hülfe der Photographie sechs Monate lang mit der Aussenwelt, und selbst Unbemittelten war es ermöglicht, draussen lebenden Verwandten eine kurze Notiz über ihre Existenz zukommen zu lassen.

Abschnitt IX. Pyrophotographie.

Ueber feuerfeste Bilder. — Herstellung derselben durch Photographie. — Grüne's Methode. — Anwendung derselben zur Decoration an Glas und Porzellan.

Das gewöhnliche photographische Bild ist als Papier leicht entzündlich und durch ätzende Substanzen verletzbar. Die im Feuer eingebrannten Bilder auf Porzellan und Glas theilen diese Vergänglichkeit nicht, und daher hat man sich bemüht, auch feuerfeste Photographien zu fertigen, namentlich zur Decoration von Glas und Porzellan. Dieses ist in mehr als einer Weise gelungen. Eine der einfachsten Processe der Art rührt von W. Grüne in Berlin her.

Grüne fand, dass das Collodionbild, welches, wie wir S. 107 gesehen haben, aus Silbertheilchen besteht, mannichfacher Umwandlungen fähig ist, dass dasselbe ferner mit der elastischen Collodionhaut leicht auf andere Körper übertragen werden kann. Man kann die Häute mit dem Bilde vom Glase herunterziehen, sie in verschiedene Lösungen bringen, dann auf krumme Flächen übertragen u. s. w. Legt man das Collodionbildchen in Metalllösungen, so geht eine chemische Veränderung damit vor. Angenommen die Metalllösung enthalte Chlorgold, so geht das Chlor an das Silber, aus welchem das Bild besteht. Es bildet sich Chlorsilber, und Gold schlägt sich als feines blaues Pulver metallisch an den Bildcontouren nieder; so erhält man ein Goldbild.

Dieses kann man vorsichtig auf Porzellan übertragen und einbrennen. Man erhält dadurch ein mattes Goldbild, welches aber durch Drücken mit dem Polirstahl metallglänzend wird. Grüne hat dieses benutzt zur Anbringung von Goldornamenten auf Glas und Porzellan. Zeichnungen und Muster verschiedener Art werden photographirt, das gewonnene Bild in ein Goldbild verwandelt und eingebrannt, so kann man die schönsten und complicirtesten Decorationen ohne Hülfe des Porzellanmalers herstellen.

Taucht man ein Silberbild statt in Goldlösung in Platinalösung ein, so erhält man ein Platinabild. Dieses brennt sich mit schwarzer Farbe in Porzellan ein. In dieser Manier hat man schwarze Porträtbilder, Landschaften u. dgl. auf Porzellan gebracht.

Man kann dergleichen Bilder auch in andern Tönen

als Schwarz herstellen. Taucht man z. B. das Bild in eine Lösung von Platina und Gold zugleich, so schlägt sich Gold und Platina im Bilde nieder. Das so erhaltene Bild brennt sich mit einer violett tingirten sehr angenehmen Farbe ein.

Auch Uranlösungen, Eisenlösungen, Manganlösungen bewirken Niederschläge in einem Collodionbilde, die auf die Farbe desselben modificirend wirken und beim Einbrennen verschiedene bräunliche oder schwärzliche Töne ergeben. Wir werden später sehen, dass es noch ganz andere Mittel gibt, solche „Pyrophotographien" herzustellen. Specielleres darüber in dem Kapitel über Photochemie der Chromverbindungen.

Abschnitt X. Die Zauberphotographie.

Unsichtbare Photographien. — Entwickelung derselben. — Zauberbilder und Zaubercigarrenspitzen.

Nahe verwandt mit Grüne's Processen zur Herstellung der Porzellanbilder ist die sogenannte Zauberphotographie. Vor einigen Jahren kamen unter diesem Titel weisse Blättchen Papier in den Handel, die mit beigelegtem Löschpapier bedeckt und mit Wasser besprengt ein Bild wie durch Zauber zum Vorschein kommen liessen. Die weissen Blättchen Papier, welche anscheinend kein Bild enthielten, waren Photographien, welche durch Eintauchen in Quecksilberchlorid gebleicht worden waren. Taucht man eine nicht goldhaltige Photographie (die gewöhnlichen Papierphotographien enthalten alle Gold) in Quecksilberchloridlösung, so geht ein Theil des Chlors des Chlorquecksilbers an das Silber im Bilde und verwandelt diese braune Masse in weisses Chlorsilber, welches natürlich auf dem weissen Papiere unsichtbar ist. Zugleich schlägt sich ein chlorärmeres Chlorquecksilber (Quecksilberchlorür), welches ebenfalls weiss, also auf dem weissen Papiere nicht sichtbar ist, nieder. Nun gibt es verschiedene Substanzen, welche dieses weisse Quecksilberchlorür schwarz färben, dahin gehört unter andern das unterschwefligsaure Natron, ferner Ammoniak. Befeuchtet man daher das unsichtbare Bild mit einer dieser Substanzen, so färbt es sich schwarz und wird dadurch sichtbar. Bei den ehemaligen Zauberphotographien des Handels befand sich unterschwefligsaures Natron in dem beigegebenen Löschpapier, dieses löste sich beim Befeuchten des Papiers mit Wasser auf, drang in das unterliegende Zauberbild und machte es sichtbar.

Eine ganz andere Art Zauberbilder kamen einige Jahre nach den Zauberphotographien in Handel: die Zauber-Cigarrenspitzen. Diese enthielten ein kleines Blättchen Papier zwischen Cigarre und Mundstück, an welchem der Tabacksrauch vorbeistrich. Bei fortgesetztem Rauchen wurde auf dem Papierblättchen ein Bild sichtbar. Dieses Papierblättchen enthielt ebenfalls eine Zauberphotographie von ganz derselben Art wie oben beschrieben ist. Das Sichtbarmachen des Bildes erfolgte aber durch den Ammoniakdampf, der sich im Cigarrenrauch vorfindet und der ebenfalls die Eigenschaft hat, die Zauberphotographien schwarz zu färben.

Die Zauberphotographien der Neuzeit wurden durch Grüne in Berlin eingeführt, sie waren im Princip jedoch schon bekannt, indem J. Herschel dergleichen bereits 1840 dargestellt hatte.

Abschnitt XI. Scamoni's heliographisches Verfahren.

Fehler des Silberpositivprocesses. — Vortheile des Pressendrucks. — Relief des photographischen Negativs. — Abklatsch desselben in Kupfer.

Bereits früher wurde auseinandergesetzt, dass der photographische Positivprocess den Fehler habe, sehr langsam zu arbeiten. Jedes Bild, welches nach einem Negativ copirt werden soll, muss mehr oder weniger lange dem Lichte ausgesetzt werden. Dazu gehört um so mehr Zeit, je schlechter das Licht ist. Für Lieferung von einem Dutzend Porträts spielt dieser Zeitaufwand keine Rolle, wenn es aber gilt Hunderte, ja Tausende von Copien zu fertigen, so kommt der Zeitaufwand sehr in Betracht.

Ein anderer Uebelstand der Silbercopie ist ihr hoher Preis und ihre zweifelhafte Haltbarkeit. Man hat daher seit der Erfindung der Photographie danach gestrebt, diese beiden Uebelstände dadurch zu umgehen, dass man Photographie mit reinem Pressendruckverfahren —. mit Steindruck oder Metalldruck — combinirte. Zur Ausübung des Metalldrucks benutzt man eine gravirte Platte, d. h. eine Metallplatte, in der die Zeichnung vertieft eingegraben ist. Diese wird mit Schwärze überfahren; die Schwärze dringt in die Tiefen der Striche und geht bei sehr starker Pressung unter einer Walze an Papier über. So entsteht ein Stahldruck oder Kupferdruck. Natürlich können derartige Drucke ohne Hülfe des Lichtes und ohne Anwendung kostbarer Silbersalze in kurzer Zeit in grosser Quantität geliefert werden. Bereits im ersten Kapitel (S. 9) deuteten wir an, dass eine vertiefte Zeichnung auf einer Metallplatte auch mit Hülfe der Photographie herstellbar ist. Dort erwähnten wir den Asphalt als eines Hülfsmittels zu gedachtem Zwecke. Man kann dieses Ziel jedoch noch auf ganz andern Wege erreichen, und eine der originellsten Verfahrungsweisen ist die von dem trefflichen Heliographen der kaiserlich russischen Expedition zur Anfertigung der Staatspapiere, Herrn G. Scamoni in Petersburg.

Derselbe beobachtete, dass ein gewöhnliches photographisches Negativ keine ebene Fläche bildet, sondern reliefartig erscheint, die durchsichtigen Stellen (Schatten) sind tief, die Lichter hoch. Dieses Relief ist aber sehr schwach. Scamoni versuchte nun, dasselbe zu erhöhen, indem er das frisch aufgenommene und entwickelte Bild mit Pyrogalluslösung und Silberlösung behandelte. Es schlug sich dadurch neues

Silberpulver auf die Bildstellen nieder, indem diese die Eigenschaft besitzen, chemisch ausgeschiedenes Silber anzuziehen und festzuhalten. Durch diese Verstärkung wurde das Relief bedeutend höher. Die Erhöhung kann noch weiter getrieben werden durch Behandlung mit Quecksilberchloridlösung und Iodkaliumlösung, welche das metallische Silber der Bilder in voluminöse Verbindungen überführen. Schliesslich gelangt man zu einem Relief, welches nahezu so hoch ist wie die Vertiefungen einer gravirten Kupferplatte. Hat man z. B. in dieser Weise eine lineare Zeichnung aufgenommen und nach dem erhaltenen Negativ durch Wiederholung des Collodionprocesses in der Cameraobscura ein Positiv gefertigt und dieses durch Verstärken hinreichend erhöht, so hat man alle Mittel an der Hand, nach dem so erhaltenen Bilde eine gravirte Kupferplatte zu gewinnen. Man bringt nämlich die reliefartige photographische Platte in einen galvanoplastischen Apparat, über den wir weiter unten reden werden. Dieser bewirkt auf der Platte einen zusammenhängenden Kupferniederschlag, der natürlich dort vertieft ist, wo die Platte Erhabenheit zeigt, d. h. dort wo Striche oder Bildcontouren sind; so entsteht eine Kupferplatte, die ebenso gut wie eine gravirte abgedruckt werden kann.

Dieses Verfahren wird nur benutzt, um Zeichnungen per Kupferdruck zu reproduciren. Man fertigt in dieser Weise Karten (wobei die Zeichnung photographisch vergrössert oder verkleinert werden kann), ferner Schriften in vergrössertem und verkleinertem Massstabe. Scamoni hat in dieser Weise eine Seite der illustrirten Zeitung „Ueber Land und Meer" auf ein kleines Blättchen von 1 Zoll Breite reducirt, auf welchem unter dem Mikroskop die Schrift noch vollkommen lesbar ist. Dergleichen Leistungen sind keine Spielereien, sondern sie haben grosse Bedeutung für Anfertigung von Werthpapieren und für Bibliotheken, wie wir schon S. 11 und S. 202 andeuteten.

Abschnitt XII. Photographie und Gerichtswesen.

Photographische Legitimationskarten. — Photographie von Verbrechern, von Eisenbahnunfällen, Brandruinen, Documenten u. s. w.

Von besonderm Interesse ist die Anwendung der Photographie im gerichtlichen Verfahren. Die treue Abbildung eines Menschen oder eines Gegenstandes macht das Wiedererkennen desselben sicherer als die umständlichste Beschreibung in Worten; eine solche treue Abbildung liefert uns die Photographie. Man hat daher zu wiederholten malen dieselbe mit Erfolg im Passwesen und bei Anfertigung von Legitimationskarten benutzt. Zuerst geschah dies im Jahre 1865, wo die für die photographische Ausstellung in Berlin ausgegebenen Saisonkarten, damit sie nicht von einem Unberufenen benutzt werden konnten, das Porträt des Inhabers trugen. Jetzt wird dasselbe Verfahren bei den Saisonkarten des zoologischen Gartens von Berlin benutzt. Noch wichtiger aber ist sie zur Wiedererkennung von Verbrechern. Vielfach bestrafte Persönlichkeiten werden jetzt in Zuchthäusern photographirt, theils um ihrer leichter wieder habhaft zu werden im Entweichungsfalle, theils um sie zu recognosciren, falls sie unter falschem Namen wieder eingebracht werden.

Der Justizrath Odebrecht empfiehlt in einer juridischen Abhandlung das photographische Aufnehmen aufgefundener Leichen, bei einem Mord die Aufnahme des Getödteten sowie der Umgebung, zur Information der Richter. Dieses ist bereits wiederholt geschehen. Ferner wurden verunglückte Eisenbahnzüge, durch Feuer, Naturgewalten zertrümmerte Baulichkeiten photographirt zur Information der Eisenbahn oder Versicherungsgesellschaften oder des Richters, der darüber befinden soll. Grossen Vortheil gewährt hierbei die Photographie durch die Raschheit ihrer Arbeit, sie vollendet das Werk in wenigen Minuten und kann dann unmittelbar mit Wiederherstellung des Bahnkörpers oder Gebäudes vorgegangen werden. Ferner ist sie im Gerichtswesen von Bedeutung zur Feststellung von Urkundenfälschungen. Sehr häufig werden gefälschte Wechsel photographirt, um die Copie zur Information an einen Interessenten zu senden. Gestohlene und wieder aufgefundene Sachen werden ebenfalls häufig photographirt, um ihren Eigenthümer zu ermitteln. In verschiedenen grossen Städten lässt die Polizei die als Taschendiebe und Bauernfänger bekannten Personen aufnehmen und pflegt dann das so zusammengestellte Album den Personen vorzulegen, die von solchen Leuten bestohlen sind.

Abschnitt XIII. Photographie, Industrie und Kunst.

Photographie als Kunstbildungsmittel. — Photographie als Erweiterung der Zeichenkunst. — Musterkarten. — Anwendung zur Controle von Bauten. — Entnehmung von Massen aus Photographien.

Der Bedeutung der Photographie für Reproductionen von Kunstwerken haben wir schon früher hervorgehoben, sie macht in der That jedes Kunstwerk für einen billigen Preis dem Unbemittelten zugänglich, und dadurch ist sie ein ebenso wichtiges Hülfsmittel zur Bildung des Volks im Bereich der Kunst, wie es die Buchdruckerkunst ist für die Wissenschaft.

Ebenso wichtig ist aber die Photographie für diejenigen Zweige der Industrie, denen bildliche Darstellungen unentbehrlich sind, z. B. Baukunst und Maschinenbau. Für diese bildet die Photographie eine wichtige Erweiterung der Zeichenkunst, die das in wenigen Minuten verrichtet, was der Zeichner nur in mehrern Stunden oder Tagen ausführen könnte, und welche dabei so treu reproducirt, wie es kein Zeichner vermag. Wir haben bereits den technisch wichtigen

Lichtpausprocess in unserm zweiten Kapitel beschrieben. Er ist die leichteste Art der Photographie, er liefert aber nur Copien in Originalgrösse. Der Negativprocess gestattet aber, von jeder Zeichnung nach Belieben eine vergrösserte oder verkleinerte Copie zu nehmen. Zu diesen Reproductionen wird Photographie bereits sehr allgemein verwendet. Ebenso wichtig ist sie auch für Aufnahmen direct nach der Natur, seien es Maschinen oder Maschinentheile, Gebäude oder Gebäudetheile. Dergleichen Bilder gewähren nicht nur ein anschauliches Bild, sondern sie dienen auch zur Instruction und zur Demonstration in Vorlesungen. Ja man kann sogar, wenn an einem zu photographirenden Hause nach Längen-, Breiten- und Tiefenrichtung Massstäbe aufgestellt sind, unter Beachtung der perspectivischen Verkürzungen Dimensionen der einzelnen Theile aus der Photographie entnehmen. Sehr allgemein werden Bilder in kleinem Format als Musterkarten versendet. Eisengiessereien, Bronzewaarenfabriken, Porzellanfabriken haben zum Theil sogar schon photographisch illustrirte Preiscourante, deren Bilder nach Originalnegativen durch Lichtdruck (s. das folgende Kapitel) vervielfältigt werden.

Eine originelle Anwendung der Photographie ist ferner die zur Controlirung von Bauten. Baumeister lassen von einem ihnen untergebenen Bau, der weit von ihnen entfernt ist, allwöchentlich Photographien aufnehmen, welche ihnen ein übersichtliches Bild des Fortschreitens des Baues liefern. Was Photographie in der Porzellanfabrikation, ferner in der Combination mit vervielfältigenden Künsten zu leisten vermag, das haben wir bereits angedeutet. Im folgenden Kapitel werden wir noch mehr darüber erfahren.

FUNFZEHNTES KAPITEL.
Die Chromphotographie.

Wir haben in dem vorliegenden ersten Theile unsers Buches die chemischen und physikalischen Principien der Photographie mit Silbersalzen und ihre Anwendung in Kunst und Wissenschaft, Leben und Industrie ausführlich erörtert.

Man hat nun zahlreiche Versuche gemacht, das theuere Silbersalz durch andere lichtempfindliche Materialien zu ersetzen, und diese Versuche sind zum Theil von Erfolg gekrönt worden. Freilich gelang es bisher nicht, einen Stoff zu finden, der mit der gleichen Leichtigkeit wie Iodsilber ein negatives Bild in der Camera-obscura anzufertigen erlaubt. In Bezug auf Herstellung von Camerabildern nach der Natur sind wir bisher einzig und allein auf Iodsilber und Bromsilber angewiesen. Anders ist es aber mit der Herstellung von positiven Bildern nach vorhandenen Negativen. Diese sind nicht blos mit Hülfe von Silbersalzen, sondern auch mit Hülfe anderer Metallverbindungen mit Erfolg dargestellt worden. Die erreichten Resultate stehen zwar den Silberbildern an Schönheit nach, aber sie gestatten, wie wir später sehen werden, eine Vervielfältigung durch Combination mit Pressendruck ohne Hülfe des Lichts. Wir werden die wichtigsten derartigen Verfahren nunmehr besprechen.

213

I. Abschnitt. Die Chromverbindungen.

Oxyde (Sauerstoffverbindungen des Chroms). — Chromoxydsalze. — Chromalaun. — Chromsuperoxyd. — Chromsäure. — Chromsaure Salze im Licht. — Ponton's Entdeckung.

In der Natur kommt (namentlich in Schweden und Amerika) ein schwarzes Mineral vor, Chromeisenstein genannt. Schmilzt man dieses mit kohlensaurem Kali und Salpeter zusammen, so bekommt man eine sehr schön gelbroth gefärbte Salzmasse, die sich im Wasser auflöst und beim Abdampfen in Krystallen erhalten werden kann. Dieses rothe Salz ist das doppelchromsaure Kali. Es besteht, wie schon sein Name sagt, aus Chromsäure und Kali. Letzteres ist der Hauptbestandtheil unserer Seifensiederlauge, erstere besteht aus einem dem Eisen ähnlichen Metall und Sauerstoff. Chrom und Sauerstoff können sehr verschiedene Verbindungen miteinander bilden, so verbinden sich

28 Theile Chrom mit 8 Theilen Sauerstoff zu Chromoxydul,
28 „ „ „ 12 „ „ „ Chromoxyd,
28 „ „ „ 96 „ „ „ Chromsuperoxyd,
28 „ „ „ 24 „ „ „ Chromsäure.

Letztere Verbindung der Chromsäure ist die bekannteste von allen, sie scheidet sich bei Zusatz von Schwefelsäure zu chromsaurem Kali aus und krystallisirt in rothen Nadeln, die sehr leicht einen Theil ihres Sauerstoffs verlieren. Tröpfelt man z. B. auf Chromsäure Alkohol, so entflammt dieser, indem er augenblicklich der Chromsäure Sauerstoff entzieht und diese in einen grünen Körper, das ist Chromoxyd, verwandelt. Chromoxyd bildet mit Säure Salze, z. B. schwefelsaures Chromoxyd. Dieses wiederum verbindet sich gern mit schwefelsaurem Kali zu einem Doppelsalz, welches unter dem Namen Chromalaun bekannt ist und in sehr schönen dunkelvioletten Octaëdern (s. Fig. 89) krystallisirt in den Handel kommt. Es wird hauptsächlich gemeinschaftlich mit dem chromsauren Kali in der Färberei angewendet.

Funfzehntes Kapitel.

Versetzt man chromsaures Kali mit einer Eisenvitriollösung, so nimmt der Eisenvitriol einen Theil des Sauerstoffs des chromsauren Kalis auf und es schlägt sich dann braunes Chromsuperoxyd nieder.

Dieses bildet sich öfter bei Einwirkung Sauerstoff absorbirender Substanzen auf Chromsäure oder deren Salze.

Für unsern Gegenstand hat die Chromsäure dadurch besonderes Interesse, dass sie sowol als auch ihre Salze **lichtempfindlich** ist. Reine Chromsäure sowol als chromsaures Kali verändern sich zwar im Lichte nicht. Man kann sie jahrelang dem Sonnenlicht aussetzen, ohne eine Zersetzung wahrzunehmen. Sobald aber ein Körper gegenwärtig ist, der sich mit Sauerstoff verbinden kann, z. B. Holzfaser, Papier u. s. w., übt das Licht sofort seine Wirkung aus. Diese Thatsache wurde bereits im Jahre der Entdeckung der Photographie, das ist 1839, von Mungo Ponton beobachtet und in dem „New Philosophical Journal" bekannt gemacht. Mungo Ponton schreibt:

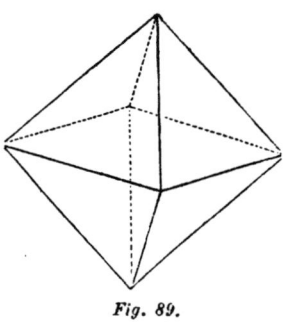
Fig. 89.

„Wird Papier mit einer Auflösung von chromsaurem Kali getränkt, so wird es empfindlich gegen Sonnenstrahlen. Legt man auf dasselbe einen Gegenstand, so nimmt der dem Lichte ausgesetzte Theil schnell eine braungelbe Färbung an, die je nach der Stärke des Lichts mehr oder weniger tief in Orange übergeht. Der von dem Gegenstand bedeckte Theil behält seine ursprüngliche hellgelbe Farbe bei und der Gegenstand ist somit als helle Silhouette auf dunklerm Grund abgebildet, und zwar mit verschiedenen Farbenabstufungen, je nachdem er in seinen einzelnen Theilen mehr oder weniger durchsichtig war. In diesem Zustande ist das Bild, obgleich sehr schön, doch nicht dauerhaft. Um es zu fixiren, genügt es, dasselbe in Wasser zu tauchen, wobei alle Theile des Salzes, die von dem Lichte nicht berührt wurden, schnell aufgelöst werden, während diejenigen, auf welche das Licht wirken konnte, vollständig auf dem Papiere fixirt sind. Durch letztern Process erhält man das Bild weiss auf Orange und vollständig dauerhaft. Wird es viele Stunden lang dem Sonnenlicht ausgesetzt, so verliert die Grundfarbe an Tiefe, jedoch nicht mehr als dies bei andern Farbstoffen der Fall ist."

Man sieht, dass Mungo Ponton in derselben Weise experimentirte wie Talbot in den ersten Zeiten der Silberphotographie. Möglicherweise hat auch er Blätter copirt. (Vgl. S. 5.) Die Copien, die in gedachter Manier auf chromsaurem Kali erzeugt werden, sind jedoch unendlich viel blässer als die Copien auf Silberpapier.

Man kann sie jederzeit leicht anfertigen, wenn man ein Stück weisses Papier in chromsaure Kalilösung eintaucht (im Dunkeln bei Lampenlicht), nach einer Minute herauszieht und trocknen lässt (am besten hängend) und die trockene Fläche in einem Copirrahmen unter getrockneten Blättern oder einer Zeichnung oder einem Negativ dem Lichte aussetzt.

Die Chromsäure wird alsdann zu braunem Chromsuperoxyd reducirt, dauert aber die Belichtung sehr lange, so geht der Reductionsprocess weiter und es bildet sich grünes Chromoxyd. Das Bild erscheint dann blässer.

Ponton's Experiment blieb somit eine Curiosität, bis der Erfinder der Siberpapierphotographie eine andere Eigenschaft des chromsauren Kalis entdeckte, die zu den weitgreifendsten Anwendungen führte.

Diese Eigenschaft besteht in der Wirkung der Chromverbindungen auf Leim.

Funfzehntes Kapitel.

II. Abschnitt. Die Heliographie mit Chromsalzen.

Eigenschaften der Gelatine. — Chromsaures Kali und Leim. — Talbot's Entdeckung. — Wirkung des Lichts auf die Löslichkeit von Leim. — Der photographische Stahldruck. — Pretsch's Photogalvanographie. — Hochdrucke und Tiefdrucke. — Bedeutung der erstern. — Schwierigkeiten der Herstellung von Halbtönen auf heliographischem Wege.

Leim im reinsten Zustande, bekannt unter dem Namen Gelatine, ist in kaltem Wasser unauflöslich, er saugt aber wie ein Schwamm kaltes Wasser auf und schwillt dadurch an. Erwärmt man ihn mit Wasser, so löst er sich auf, beim Erkalten aber erstarrt die Lösung zu einer Gallerte. Diese Eigenschaft wird ja zur Bildung von Sülze in Küchen benutzt. Setzt man zu der warmen Lösung des Leims Alaun oder ein Chromoxydsalz oder den obenerwähnten Chromalaun, so wird der Leim unauflöslich in Wasser und schlägt sich nieder, darauf beruht die bekannte Weissgerberei, denn beim Gerben eines Stückes Leder verbindet sich der Alaun mit dem in dem Leder enthaltenen Leimstoff (Chondrin) und dieser wird dadurch unlöslich und zugleich dauerhaft.

Chromsaures Kali und Leim kann man gemeinschaftlich im warmen Wasser im Dunkeln auflösen, ohne dass der Leim durch das chromsaure Salz leidet. Ueberzieht man mit solcher chromsauren Kalileimlösung eine Platte oder einen Bogen Papier und lässt die Schicht trocken werden, so wird sie fest, bleibt aber, solange sie im Dunkeln aufbewahrt wird, im Wasser auflöslich. Sobald aber die Schicht vom Licht getroffen wird, wird das chromsaure Kali zu Chromoxyd reducirt, und dieses gerbt die Leimschicht, d. h. es macht sie unlöslich im Wasser.

Diese Beobachtung machte Fox Talbot 1852, und als aufmerksamer Beobachter wusste er sofort Nutzen davon zu ziehen. Er überzog mit der Chromleimlösung eine Stahlplatte, liess diese im Dunkeln trocknen und belichtete sie alsdann unter einer Zeichnung oder einem positiven Glasbilde. Die schwarzen Striche hielten das Licht zurück. . An diesen Stellen blieb die Gelatine daher löslich, unter den weissen Stellen, aber wurde sie unlöslich durch Wirkung des Lichts. Er wusch dann die Platte nach der Belichtung im Dunkeln mit warmem Wasser. Dadurch lösten sich die löslich gebliebenen Stellen, die unter den schwarzen Strichen gelegen hatten, die andern blieben auf der Platte zurück. So erhielt Talbot eine Zeichnung im nackten Metall auf bräunlichem Grunde. Diese ist an und für sich werthlos, sie gibt aber ein Mittel an die Hand zur Herstellung einer Stahldruckplatte.

Wir haben bereits früher, auf S. 207, das Wesen des Stahldrucks und Kupferdrucks kennen gelernt. Beide Verfahren gehen aus auf Herstellung einer Metallplatte, welche die zu reproducirende Zeichnung in vertieften Linien enthält. Diese Linien nehmen beim Einschwärzen Farbe auf und geben sie beim Drucken an Papier ab. Die harten Stahlplatten haben den Vortheil, viel mehr Abdrücke auszuhalten als die weichern Kupferplatten, nur stehen die Stahldrucke an künstlerischer Schönheit den Kupferdrucken erheblich nach, und daher hat sich der Geschmack für erstere rasch wieder verloren. Desto wichtiger ist der Stahldruck für Fertigung von technischen und wissenschaftlichen Abbildungen, Werthpapieren und dergleichen, wo es auf künstlerische Schönheit weniger ankommt. Solche Stahldruckplatten waren es nun, welche Talbot mit Hülfe des Lichts erzeugte.

Er nahm seine mit der unlöslichen Leimschicht überzogene belichtete Stahlplatte, deren Metall, wie wir sahen, an allen Stellen, wo das Licht nicht gewirkt hatte, unbedeckt war. Er goss darauf eine Flüssigkeit, welche den Stahl anfrass, z. B. eine Mischung von Essigsäure und Salpetersäure. Diese Mischung wirkte natürlich nur da, wo der Stahl blosslag, und erzeugte so eine vertiefte Zeichnung in der

Stahlplatte, sodass diese nach der Reinigung ebenso gut einen Stahldruck liefert, als wäre sie vom Stecher behandelt.

So war ein neues Verfahren gefunden, die schwierige Arbeit des Kupferstechers zu ersetzen durch die chemische Wirkung des Lichts.

Wir haben bereits früher (vgl. das erste Kapitel) ein ähnliches Verfahren der Art kennen gelernt, welches sich auf Anwendung des Asphalts gründet, ferner ein anderes davon abweichendes von Scamoni. (Vgl. S. 207.)

Dieser Entdeckung von Talbot folgte bald eine weitergehende auf demselben Gebiete.

Ein Deutsch-Oesterreicher, Paul Pretsch, fertigte 1854 nach einem ähnlichen Verfahren mit Zuhülfenahme der Galvanoplastik Kupferdruckplatten. Er nahm ebenfalls eine Schicht von Leim, welche chromsaures Kali enthielt, belichtete diese unter einem negativen oder positiven Bilde und wusch sie dann in heissem Wasser.

Hierbei blieben ebenfalls alle Stellen zurück, die durch das Licht unlöslich geworden waren, und nach dem Waschen und Trocknen traten diese erhöht hervor. Beim Copiren unter einem Positiv erschienen demnach die Linien, welche im Original schwarz waren, vertieft, die weissen Partien erhöht.

Diese reliefartige Schicht wurde nun in einen galvanoplastischen Apparat gebracht. Dieser hat die Fähigkeit, auf eine Fläche Kupfer oder andere Metalle niederzuschlagen. Er besteht aus einem galvanischen Element, wie wir dieses S. 67 beschrieben haben, mit dessen Polen man einen Trog mit Kupfervitriollösung T verbindet. An dem Zinkpol hängt man mittels der Stange B die Reliefs auf, welche man abformen will, nachdem man sie durch Graphitüberzug leitend gemacht hat, an das Kupferende D hängt man eine Kupferplatte. Sobald der galvanische Strom circulirt, wird die Flüssigkeit zersetzt, Kupfer scheidet sich metallisch an dem Relief aus und die Schicht des

Pretzsch's Verfahren. 219

Kupfers wird um so dicker, je länger man die Stromwirkung dauern lässt, und man kann demnach Platten beliebiger Stärke erzeugen.

War die Originalform vertieft, so wird der galvanoplastische Abklatsch erhaben, und umgekehrt. Im vorliegenden Falle erhält man daher einen Abklatsch mit erhabenen Linien.

Diese Art Platte ist nun ebenfalls zum Abdrucken geeignet, jedoch in etwas anderer Weise als eine vertiefte Kupferdruckplatte.

Bei einer vertieften Kupferdruckplatte wird die Schwärze in die vertieften Striche eingerieben und dann unter starkem Druck auf Papier übertragen.

Fig. 90.

Bei einer Platte mit erhabener Zeichnung geschieht der Abdruck nach Art des Buchdrucks; die erhabenen Stellen werden mit Hülfe eines Lederballens mit Farbe betupft und dann auf Papier abgedruckt. In dieser Art wird der Buchdruck ausgeführt. Alle Lettern in demselben sind erhaben, ebenso alle Holzschnitte, welche mit im Text abgedruckt werden.

Der Buchdruck ist nun die einfachste und billigste Vervielfältigungsmanier. Er erlaubt die Anwendung eines billigen Papiers (der Kupferdruck verlangt ein dickes weiches Kupferdruckpapier); der Buchdruck gestattet ferner Holzschnitte mit im Text abzudrucken, der Kupferdruck verlangt für seine Abbildungen besondere Tafeln; der Buchdruck arbeitet endlich mit enormer Schnelligkeit (Schnellpressendruck), der Kupferdruck erfordert viel mehr Zeit; der Buchdruck nutzt endlich die Druckformen nur wenig ab, da er mit schwacher Pressung arbeitet, der Kupferdruck dagegen, der starker Pressung bedarf, greift die Platte erheblich an, sodass sie nach einem Tausend Abdrücken nicht mehr so gute Drucke liefert als vorher.

Insofern hat die Herstellung von Platten für den Buchdruck eine ausserordentliche Wichtigkeit, und Pretsch hat hierzu den ersten Schritt gethan. Freilich lieferte sein Verfahren nicht die vollkommensten Resultate. Die vertiefte Platte, welche er auf der Leimschicht mit Hülfe des Lichts erzielte, war nicht tief genug, um ein hohes Relief mit galvanischem Abklatsch zu erzeugen, solches ist aber nothwendig, denn sonst dringt die Schwärze auch in die vertieften Theile, welche weiss bleiben sollen, andererseits lösen sich beim Waschen des erzielten Leimchrombildes mit heissem Wasser leicht feinere Partikel des Bildes los und dadurch verlieren die Copien erheblich, ferner hat auch das Abklatschen mit Hülfe der Galvanoplastik seine Schwierigkeiten. Die Leimschicht quillt darin zum Theil, sie verliert ihre Form, kurz die Sache ist nicht so einfach wie sie erscheint, es sind kleine Schwierigkeiten vorhanden und diese veranlassen Fehler, die der Laie kaum bemerkt, die aber dennoch der Wirkung des fertigen Bildes erheblich Eintrag thun.

Schon früh erkannte man, dass diese Verfahren eine Hauptschwierigkeit darbieten, nämlich die Wiedergabe der Uebergänge von Licht in Schatten, die Halbtöne. Diese waren so gänzlich unvollkommen, dass man die Abbildung natürlicher Gegenstände (Porträts und Landschaften) nach diesem Verfahren bald aufgab und sich damit begnügte, Zeichnungen, Karten und dergleichen in vergrössertem oder verkleinertem Massstabe zu reproduciren und dadurch Clichés für den Kupferdruck und

Buchdruck herzustellen. Diese Anwendung ist von nicht geringer Bedeutung, denn sie fertigt eine druckbare Metallplatte mit Hülfe des Lichts in so viel Stunden als ein Stecher vielleicht Tage braucht, und mit viel geringern Kosten.

Wir geben diesem Werkchen zwei Tafeln bei, welche beide mit Hülfe von Leim und Chromsalz nach einer Modification des hier beschriebenen Verfahrens von Scamoni in Petersburg ausgeführt sind. Beide sind Abdrücke heliographischer Platten; die eine, kleinere (Taf. III: Am Rhein), eine Hochdruckplatte, die in der Buchdruckerpresse gedruckt ist, die andere (Taf. IV: Johannisfest) ein Tiefdruck in Kupferdruckmanier.

Abschnitt III. Die Erzielung von Photoreliefs.

Die Photosculptur. — Der Storchschnabel (Pantograph). — Der Quellprocess. — Das Chromgelatinrelief. — Das durch kaltes Wasser erhaltene Quellrelief. — Relief durch heisses Wasser. — Schwierigkeiten bei der Herstellung desselben. — Der Uebertragsprocess.

Vor mehr als zehn Jahren kam von Paris aus die Kunde einer ganz neuen Entdeckung, der Photosculptur, die die Herstellung von Statuen mit Hülfe des Lichts erzielen sollte. Nach der Beschreibung geschah dieses freilich auf einem Umwege. Man setzte eine Person in die Mitte eines Kreises. Rings um dieselbe standen 20 photographische Apparate, die in einem gegebenen Moment 20 Bilder der Person aufnahmen und dieselbe von den verschiedensten Seiten abbildeten. Diese Photographien wurden nun mit ihren Umrissen in Thon übertragen vermittels eines Instruments, das man gewöhnlich Storchschnabel oder Pantograph nennt. Dieses besteht aus einem Stangensystem $a\,b\,c\,d$ (Fig. 91). Von diesem sitzt eine Stange a an einem festen Drehpunkt x, die andern sind an der Nietstelle beweglich. m und n sind zwei Stifte. Führt man den einen Stift *m* an einer Zeichnung entlang, so macht der andere Stift *n* dieselbe Bewegung, und legt man ein Stück Papier unter, so zeichnet der Stift *n* genau dieselbe Linie, welche der erste Stift *m* beschreibt. Denkt man sich nun statt des Stifts *n* ein Messer, welches die Contour, welche der erste Stift *m* beschreibt, in Thon eingräbt, so erhält man ein Profil in Thon, wenn man den Stift *m* an einem Bildumriss entlang bewegt, und in dieser Weise kann man sämmtliche Profile der aufgenommenen Person in Thon übersetzen. Diese sogenannte Photosculptur ist freilich in dieser

Fig. 91.

Weise nur unvollständig auszuführen. Eine sorgfältige Durcharbeitung von sehr geschickter künstlerischer Hand bleibt hierbei noch nothwendig, und genau genommen ist diese die Hauptsache. Soweit Verfasser die Sache durchschaut hat, ist bei der ganzen Arbeit der Storchschnabel nur Vorwand; ein geschickter Künstler modellirt die Büste nach den vorhandenen Photographien.

Dennoch gibt es Reliefs durch das Licht erzeugt, und diese Reliefs sind keine Erfindung der Reclame, sie sind sogar sehr leicht herzustellen, und verwunderlich ist es, dass das Verfahren bisjetzt noch keinen Boden gefunden hat.

Photoreliefs.

Wir haben oben die Eigenschaften des Leims erörtert und bemerkt, dass dieser die Fähigkeit habe, im **kalten Wasser** aufzuquellen. Diese Fähigkeit geht nun verloren, wenn man Leim mit chromsaurem Kali tränkt **und belichtet**. Nimmt man diese Belichtung unter einem negativen Bilde vor, so verlieren alle Stellen, die unter den durchsichtigen Partien liegen, ihre Quellfähigkeit, die andern, vom Licht nicht afficirten Stellen, behalten sie. Wirft man demnach die belichtete Schicht in Wasser, so schwellen die Stellen, welche **nicht** vom Licht afficirt sind, auf, während die vom Licht afficirten vertieft bleiben. Das Resultat ist ein wirkliches Relief: die Lichter sind hoch, die Schatten sind tief, und dieses Relief ist so stark, dass man es in Gips abgiessen kann. Man trocknet zu diesem Zweck das Relief mit Fliesspapier ab, bestreicht es mit Oel und giesst Gipsbrei darüber. Dieser erstarrt alsbald und liefert jetzt einen Abklatsch des Gelatinreliefs, der dort erhaben ist, wo das Gelatinrelief vertieft ist, und umgekehrt. (Fig. 92.)

Fig. 92.

Es scheint, als wenn von einem solchen Gelatinrelief eine Druckplatte für den Buchdruck leicht gewonnen werden könne. Man denke sich die Gelatinschicht unter einer Zeichnung belichtet. Die schwarzen Striche halten dann das Licht zurück. An diesen Stellen kommen demnach die Gelatinpartikel durch Quellen im Wasser erhaben heraus. Man hat also die Zeichnung erhaben dargestellt, das ist es gerade, was der Buchdruck braucht. Man würde nun nichts weiter nöthig haben, als Abguss des Reliefs in Gips und Abguss der Gipsform in Metall, wie solches täglich beim Clichiren von Holzschnitten geschieht. Aber leider scheitert auch dieses Verfahren an einer Kleinigkeit. Die Striche sind nämlich in dem gequollenen Relief ungleich hoch. Der Buchdruck verlangt aber die Striche der Form vollständig in einer Ebene, sonst lassen sie sich nicht gleichmässig einschwärzen und abdrucken.

Dagegen ist der Abguss sehr gut als Reliefbild verwendbar, wenn man daran zweckmässige Retouchen anbringt. Es wurden vor mehrern Jahren solche Reliefs mit Porträts als Petschaft in den Handel gebracht, doch war die Ausführung eine zu unvollkommene, und dadurch verloren diese Reliefs sehr bald wieder die anfänglich erlangte Gunst.

Nun kann man noch auf andere Weise Reliefs aus einer belichteten Leimschicht erzielen, nämlich durch heisses Wasser. Solches löst, wie wir oben gesehen haben, die nicht vom Licht getroffenen Theile, welche löslich geblieben sind, auf und lässt die vom Licht getroffenen, also unlöslich gewordenen, zurück. Diese unlöslich gebliebenen bleiben als Hervorragungen stehen.

Hierbei ist jedoch noch eine Vorsichtsmassregel nöthig. Ist z. B. N Fig. 93a ein photographisches Negativ, cc die undurchsichtigen Theile desselben, b die halbdurchsichtigen (die sogenannten Halbtöne), und belichtet man unter demselben eine Chromsalzleimschicht g (Fig. 93b), so dringt das Licht je nach seiner Stärke verschieden tief in dasselbe ein, am tiefsten unter den durchsichtigen Stellen, weniger tief unter den halbdurchsichtigen, gar nicht unter den undurchsichtigen.

Es werden sich demnach unter dem Negativ unlösliche Schichten verschiedener Dicke bilden, wie dieses in Fig. 93b dargestellt ist; die schraffirten Theile in der Figur bedeuten die unlöslich gewordenen Partien.

Taucht man nun die Leimschicht (Fig. 93b) in heisses Wasser, so lösen sich alle in der Figur weiss gelassenen Stellen auf, dadurch verlieren aber die nicht an der Unterlage P (z. B. Papier) haftenden Halbtöne ihren Halt und reissen ab, es bleibt demnach ein Relief von der Gestalt Fig. 93d zurück. Die Halbtöne yy fehlen. Um diese Störung zu umgehen, muss man der belichteten Fläche eine neue Unterlage geben, welche

Photoreliefs.

die Halbtöne festhält. Zu dem Zwecke presst man auf die belichtete Fläche ein Stück Albuminpapier, welches sehr fest an der Oberfläche der Leimschicht haftet. Taucht man alsdann den Bogen (Fig. 93 b) in heisses Wasser, so löst sich das Pagier P von g ab. Die Leimtheilchen bleiben an dem Eiweisspapier hängen, die weissen Stellen in der Fig. 93 b lösen sich auf und alle Halbtöne yy hängen fest an der neuen Unterlage, wie in Fig. 93 e, und bilden ein Relief.

Fig. 93.

Man nennt solchen Process den Uebertragsprocess. Vergleicht man das S. 223 beschriebene, mit kaltem Wasser durch Quellen erzielte Relief (Fig. 93 c) mit dem durch heisses Wasser erzielten (Fig. 93 e), so sieht man sofort den Unterschied. Bei dem erstern quellen die **nicht** belichteten Stellen auf und treten reliefartig hervor, bei dem letztern die belichteten.

VOGEL.

Funfzehntes Kapitel.

Abschnitt IV. Der Reliefdruck.

Erzielung von photographischen Halbtönen. — Herstellung einer Reliefdruckplatte nach einem Gelatinrelief. — Woodbury's Druckverfahren. — Bedeutung desselben. — Reliefdruck auf Glas und Laterna-magica-Bilder.

Die Erzielung von Reliefs mit kaltem, resp. mit warmem Wasser, welche wir im vorigen Abschnitt besprochen haben, hat zwar nicht zu einer Art Photosculptur geführt, wohl aber zu einem Druckverfahren ganz eigenthümlicher Art, das nach seiner Erzeugung Reliefdruck heisst und von Woodbury in England 1865 erfunden wurde.

Die bereits beschriebenen heliographischen Druckmethoden scheinen sehr einfach zu sein. Dennoch sind sie nicht im Stande, alle Gegenstände bildlich in druckfähigen Platten zu reproduciren. Eine lineare Zeichnung, z. B. eine Landkarte oder eine Druckschrift, kann nach diesem Verfahren ziemlich leicht wiedergegeben werden, sowol in vergrössertem als in verkleinertem Massstabe, und dieser Umstand sichert diesem Verfahren seinen Werth. Viel schwieriger ist es aber, Bilder mit Halbtönen, z. B. getuschte Zeichnungen oder Photographien, nach der Natur in dieser Weise zu reproduciren. Die zarten Halbtöne werden rauh und hart, und das Bild erscheint dadurch unglaublich hässlich. Nach Osborne liegt dieses hauptsächlich in der Natur der Halbtöne in Kupferdrucken. Der Halbton wird bei Kupferdrucken dadurch hervorgebracht, dass man schwarze Striche mehr oder weniger dicht nebeneinanderlegt, wie man dieses bei den gravirten Kupferplatten und gewöhnlichen Holzschnitten leicht erkennen kann, oder indem man die Kupferplatte körnt, d. h. sie rauh macht, sie bildet dann eine Reihe von Punkten, die, je nachdem sie mehr oder weniger dicht stehen, mehr oder weniger grau oder schwarz erscheinen und so den Halbton bilden. Ganz verschieden davon ist der Halbton getuschter

Zeichnungen und Photographien. Derselbe bildet nicht Striche oder Punkte, sondern eine homogene helle oder dunkle Farbe.

Der photographische Halbton müsste daher erst in einer Reihe von Strichen oder Punkten gleichsam aufgelöst werden, um ein Kupferdruckhalbton zu werden, und darin liegen die Schwierigkeiten.

Woodbury kam nun darauf, homogene Halbtöne, die denen der Photographien oder getuschten Zeichnungen völlig gleich sind, durch ein neues Druckverfahren zu erzeugen.

Er stellte ein Relief dar durch Belichten von Chromgelatin unter einem Negativ und Behandeln desselben mit heissem Wasser. Dieses Relief zeigt die Schwärzen des Originals hoch, die Lichter tief. (Denn das Negativ ist da durchsichtig, wo das Original schwarz ist, an jenen Stellen geht daher das Licht ungehindert durch.) Die Halbtöne bilden sich ab durch Uebergänge zwischen Höhen und Tiefen, sie sind gleichsam die Abhänge der Höhen. (Vgl. Fig. 93 c.)

Wenn man dieses Gelatinrelief trocknen lässt, so wird es ausserordentlich hart und fest. Man kann es alsdann mit einer Bleiplatte in eine starke Presse legen und dadurch einen Abdruck des Reliefs in Blei erzielen. Natürlich erscheinen in dem Blei die Erhöhungen des Gelatinreliefs vertieft, die Vertiefungen erhöht, wie dieses Fig. 93 d darstellt.

Dieses Bleirelief benutzt Woodbury als Druckplatte. Er druckt es jedoch keineswegs mit fetter Druckschwärze, denn diese ist zu undurchsichtig, sondern mit einer halbdurchsichtigen Gelatinschwärze. Diese wird warm auf die horizontal gelegte Platte gegossen, sie dringt in die Vertiefungen ein, und legt man jetzt ein Stück Papier auf und presst es leise an, so erstarrt die Gelatine alsbald und man hat alsdann auf dem Papier einen reliefartigen Abdruck. Da nun die Schwärze durchscheinend ist, so erscheint sie in ihren dünnen Lagen bedeutend weniger schwarz wie in den dicken, und an Stellen, wo ihre Dicke stetig abnimmt, entsteht ein Uebergang von Schwarz in Weiss, ein vollkommen homogener Halbton. Sobald die Schicht trocknet, schrumpft das Relief erheblich zusammen, die Halbdurchsichtigkeit aber bleibt, und so ist man im Stande, die schönsten Halbtöne der Photographie durch Druck wiederzugeben.

Dieser Reliefdruck von Woodbury hat bereits eine hohe Bedeutung erlangt, er kann mit beliebigen Farben arbeiten und er ermöglicht die Vervielfältigung photographischer Negative nach einer einzigen Druckform ohne Hülfe des Lichts. Er ist deshalb überall von Bedeutung, wo es sich um eine grosse Anzahl von Bildern handelt, z. B. bei Reproductionen nach Oelgemälden und Handzeichnungen.

Daher wird er in Kunstanstalten grossen Stils, z. B. Goupil in Paris, Bruckmann in München, vielfach angewendet. Für das Porträtfach benutzen ihn Photographen nicht, weil die Herstellung eines tadellosen Gelatinreliefs und der Abklatsch desselben in Blei sehr grosse Routine und kostspielige Apparate erfordert, die bei dem Kleinbetrieb eines Porträtgeschäfts nicht lohnen würden.

Das unserm Buche beigegebene Titelbild, den Mond darstellend, nach einer photographischen Aufnahme von Rutherford, von der wir bereits S. 185 gesprochen haben, ist ein Reliefdruck, ausgeführt von der Relief Printing Company in London.

Ein ganz besonderer Vorzug des Reliefdruckverfahrens liegt darin, dass es auch Druck auf Glas zu fertigen erlaubt. Man erhält so wundervolle Transparentbilder, die als Fenstervorsetzer einen ausserordentlich schönen Effect machen. Goupil hat Copien nach Oelgemälden in solcher Reliefmanier gefertigt, und sieht man diese vielfach in den Schaufenstern der Kunsthandlungen. Ebenso reizend sind aber die schönen Transparentstereoskopenbilder auf Glas, welche nach diesem Verfahren dargestellt sind; sie übertreffen an

Weichheit und Schärfe fast gewöhnliche Silbercopien. Neuerdings sind eine Reihe sehr schöner Laterna-magica-Bilder von wahrhaft magischer Wirkung in Woodburydruck in den Handel gekommen, die einst berufen sein dürften, als wichtiges Unterrichtshülfmittel an Lehranstalten eine Rolle zu spielen. Verfasser hat bereits eine Collection amerikanischer Landschaften in dieser Art, deren Vergrösserungen durch die Laterna belehrender sind als das breiteste geographische Handbuch.

Bilder der Art können viel billiger geliefert werden als gewöhnliche Transparentstereoskopen-Photographien (s. das Kapitel Landschaftsphotographie, S. 156).

Abschnitt V. Der Pigmentdruck oder die Herstellung der Kohlebilder.

Poitevin's Verfahren. — Herstellung von Bildern in beliebigen Pigmenten. — Schwierigkeiten derselben. — Verkehrte Drucke. — Uebertragsprocess. — Vergleichung des Pigmentdrucks mit Silberdruck. — Braun's Facsimile nach Handzeichnungen. — Uebertragung eines Lichteindrucks durch Pressung.

Oben haben wir gesehen, dass Leim mit chromsaurem Kali gemischt im Lichte unauflöslich wird. Diese Thatsache wurde durch ihren Entdecker Talbot die Grundlage der Heliographie, d. h. des photographischen Stahldrucks. Poitevin, ein um die Photographie sehr verdienter Franzose, gründete auf denselben Process ein anderes Verfahren; er stellte nämlich damit Bilder in verschiedenen Pigmenten (Farbstoffen) her. Zunächst benutzte er als Pigment Kohle, und so erhielt er die Kohlebilder.

Das Verfahren ist einfach: Poitevin nahm Leim, den er mit Schwärze färbte, überzog damit Papier und belichtete dieses unter einem Negativ, alsdann wusch er die Leimschicht mit heissem Wasser, dadurch gingen die löslich gebliebenen Gelatintheile herunter, die unlöslich gewordenen blieben zurück und hielten natürlich die beigemischte Schwärze fest. Dadurch entstand ein Kohlebild. So einfach dieses Verfahren aussieht, so hat es doch seine Schwierigkeiten.

Wie oben bei Besprechung der Photoreliefs bemerkt wurde, dringt die Wirkung des Lichts oft nicht bis zur Unterlage der Gelatinschicht. Die unlöslich gewordenen Halbtöne hängen daher nicht fest und reissen beim Waschen ab, wie in Fig. 93 e, S. 225. Daher müssen die Bilder, ehe man sie in heisses Wasser legt, übertragen werden. Dieses geschieht wie in dem Kapitel über Photoreliefs am Schluss erörtert worden ist. Man presst im Dunkeln einen Eiweissbogen auf die Gelatinfarbeschicht und taucht dann das Ganze in heisses Wasser; die Halbtöne bleiben alsdann an dem aufgepressten Papier hängen und das Bild erscheint auf demselben unverletzt, wie in Fig. 93 e.

Freilich ist die Stellung desselben jetzt verkehrt, d. h. was in dem untern Bilde ursprünglich rechts lag, kommt jetzt links. Dass dieses so sein muss, kann man leicht nachweisen. Man schreibe mit dicker Tinte ein Wort in grossen Buchstaben auf Papier und lege ein Stück Löschpapier auf die frische Schrift, dann hebe man letzteres ab. Die Tintenschrift hat sich dann verkehrt abgedruckt. In der Briefcopirpresse geschieht dasselbe. Man druckt daher die Briefe auf ganz dünnes Papier, damit man sie auch von der Rückseite lesen kann, von dieser gesehen erscheinen sie wieder richtig. Pigmentdrucke können nun nicht auf so dünnes Papier gedruckt werden, daher muss man, falls die verkehrte Stellung schadet, noch zu einem zweiten Uebertragsprocesse greifen, indem man das Bild von der ersten Unterlage auf eine zweite bringt. Neuerdings geht man zu diesem Zwecke in folgender Weise vor:

Man legt die belichteten Leimflächen feucht auf eine glatte Zinktafel und lässt sie hierauf trocken werden; sie klebt dann sehr fest an. Die so auf Zink geleimte

Copie taucht man in warmes Wasser, sie entwickelt sich dann, das Papier löst sich ab und das Bild liegt auf der Zinktafel. Jetzt nimmt man ein Stück **weisses** Leimpapier, leimt dieses auf die Zinktafel und lässt es wieder trocken werden. Das Bild haftet dann fest am Leimpapier, und beim vorsichtigen Ablösen desselben lässt es die Zinktafel los und bleibt am Papier sitzen. Auf dem Papier erscheint es dann in richtiger Stellung. In dieser neuern Form wird der Process namentlich in England, im Arsenal von Woolwich, ausgeübt.

Die so erhaltenen Pigmentdrucke sind den Woodburybildern äusserst ähnlich, übertreffen sie aber in Feinheit und Leichtigkeit der Herstellung. Das Verfahren hat aber den Silberdruck noch nicht zu verdrängen vermocht, denn der Preis an Material stellte sich wegen des doppelten Papierverbrauchs ebenso hoch als in der Silberphotographie, und die Arbeit ist noch etwas complicirter und daher theuerer.

Einen grossen Vortheil haben die Pigmentdrucke durch die beliebige Wahl der Farbe, man kann dazu echte Tusche nehmen und erhält dann absolut dauerhafte Bilder, die nicht vergilben und nicht verbleichen können.

Ebenso kann man englisch Roth, Sepia, Blau u. s. w. mit der Gelatine mengen und dadurch Bilder in gedachten Farben herstellen. Dieser Umstand hat Wichtigkeit, wenn es sich um Reproduction von Handzeichnungen handelt, die in farbigen Stiften ausgeführt sind. Solche Handzeichnungen, Skizzen alter Meister, finden sich massenhaft in verschiedenen Museen. Braun in Dornach (Elsass), derselbe Photograph, der sich durch seine schönen Schweizeransichten bekannt gemacht hat, hat es unternommen, diese Handzeichnungen in der Originalfarbe durch Pigmentdruck zu reproduciren, indem er davon zunächst ein Silbernegativ auf gewöhnlichem Wege fertigte und dieses auf farbige Leimschichten copirte. In dieser Weise hat er viele Zeichnungen, die nur als Unicum existirten, allen Kunstjüngern und Liebhabern in treuen Facsimiles für einen billigen Preis zugänglich gemacht.

Neuerdings ist auf dem Gebiete des Pigmentdrucks eine sehr interessante Beobachtung von Abney in England gemacht worden. Er bemerkte, dass wenn eine belichtete Leimschicht längere Zeit im Dunkeln liegen bleibt, die Unlöslichkeit zunimmt. Eine solche Schicht, die frisch entwickelt nur ein schwaches Bild geben würde, gibt daher nach mehrstündigem Liegen ein kräftiges Bild. Diese Thatsache erlaubt, die Belichtungszeit der Pigmentbilder erheblich zu reduciren, d. h. in derselben Zeit mehr Bilder zu machen.

Noch interessanter ist eine Beobachtung von Marion in Paris. Dieser belichtete ein Stück gewöhnlichen Papieres, welches durch Eintauchen in Chromlösung lichtempfindlich gemacht worden war, alsdann presste er es im Dunkeln mit einem feuchten, mit chromsaurem Kali getränkten Pigmentbogen zusammen. Die Pigmentschicht wurde dadurch unlöslich an allen Stellen, wo sie mit den belichteten Theilen des Chrompapiers in Berührung war, sie blieb an diesen Stellen des Chrompapiers fest haften, und beim Entwickeln mit warmem Wasser erhielt er ein Pigmentbild auf dem Chrompapier.

Inwieweit dieses Verfahren praktisch brauchbar ist (denn bei der praktischen Ausübung ergeben sich stets Schwierigkeiten, deren Ueberwindung lange Experimente erfordert), muss noch die Zukunft lehren.

Abschnitt VI. Der Lichtdruck.

Empfänglichkeit belichteter Chromgelatine für fette Schwärze. — Poitevin's und Tessié de Mothay's Verdienste. — Alberttypie oder Lichtdruck. — Ausführung desselben. — Leistungsfähigkeit und Vergleich mit Reliefdruck.

Wir haben gesehen, dass die Leimchromatschicht im Licht unlöslich wird und ihre Quellfähigkeit ver-

Lichtdruck. 233

liert. Zugleich nehmen die belichteten Stellen eine merkwürdige Eigenschaft an, sie werden nämlich empfänglich für fette Schwärze. Ueberfährt man einen belichteten Leimchromatbogen mit einem nassen Schwamm, so saugt er das Wasser nur an den vom Lichte verschont gebliebenen Stellen auf; überfährt man ihn dann mit fetter Schwärze, so bleibt diese merkwürdigerweise nur an den vom Licht getroffenen Stellen hängen. Diese Thatsache entdeckte bereits Poitevin, der um die photographische Chemie wohlverdiente Forscher. Legt man auf eine solche eingeschwärzte Leimschicht ein Stück Papier und presst es, so bleibt die Schwärze am Papier haften und man erhält einen Abdruck des Bildes, unter dessen Negativ die Leimschicht belichtet worden war.

In dieser Weise entsteht ein sogenannter Lichtdruck. Dieses eigenthümliche Druckverfahren lieferte anfangs sehr unvollkommene Resultate. Die leichte Verletzbarkeit der Leimschicht, die Schwierigkeit, die richtige Belichtungsdauer festzustellen, die passendste Consistenz der fetten Schwärze auszufinden, und andere Hindernisse machten das Verfahren unproductiv. Schon nach hundert Abdrücken war in der Regel die Leimschicht durch den Druck so verletzt, dass sie nicht mehr brauchbar war. Tessié de Mothay in Metz brachte es bei Ausübung des Processes zu einer gewissen Virtuosität, aber erst Albert in München gelang es, dasselbe so auszubilden, dass es jetzt in der That lebensfähig und praktisch bedeutsam geworden ist.

Die Experimentatoren vor Albert hatten die Leimschicht auf Metall getragen. Auf diesem haftete sie aber nur unvollkommen. Albert aber goss die mit chromsaurem Kali versetzte Leimlösung im Dunkeln auf Glas und belichtete sie nach dem Trocknen einen Moment von der Rückseite. Dabei übte das Licht eine oberflächliche Wirkung aus, die unmittelbar am Glase haftende Partie des Leims wurde unlöslich und hielt dadurch ausserordentlich fest am Glase. Dann wurde die Leimschicht auf ihrer Vorderseite mit einem Negativ bedeckt und dem Lichte ausgesetzt. Es kommt dadurch ein schwach grünliches Bild zum Vorschein. Die belichtete Schicht wird alsdann in Wasser gewaschen, bis alles Chromsalz fortgewaschen ist, und nachher trocknen gelassen.

Behufs des Druckens feuchtet man einen Schwamm mit glycerinhaltigem Wasser an und überfährt damit die Schicht vorsichtig. Das Wasser dringt ein an allen Stellen, wo das Licht nicht gewirkt hat. Jetzt nimmt man eine Lederwalze und schwärzt sie ein, d. h. man breitet auf ein Stück Marmor etwas fette Druckerschwärze aus, indem man mit der Lederwalze darüber rollt, bis sie gleichmässig überzogen ist, dann rollt man mit der geschwärzten Walze unter leisem Druck über die Leimschicht hinweg und wiederholt dieses öfters. Alle Stellen, welche vom Licht getroffen worden sind, nehmen dabei Farbe von der Walze auf, die übrigen nicht, und schliesslich entsteht ein kräftiges Bild auf der anfangs fast farblosen Fläche. Sobald dieses hinreichend eingeschwärzt ist, legt man ein Stück Papier darauf und lässt es mit der Platte auf einer Gummiunterlage zwischen mit Gummi überzogenen Walzen hindurchgehen. Hierbei geht die Schwärze des Bildes an das Papier über und erzeugt so einen Abdruck mit allen Halbtönen. Natürlich kann das Einschwärzen und Abdrucken nachher beliebig oft wiederholt und können so Hunderte, ja, wenn die Platte sehr fest ist, Tausende von Abzügen gefertigt werden.

Diese Alberttypien oder Lichtdrucke, wie sie neuerdings genannt wurden, kommen an Schönheit den Silbercopien wol nahe, erreichen sie aber noch nicht. Sehr schön eignet sich das Verfahren zur Wiedergabe von Bleistift- und Kreidezeichnungen (Cartons). Diese werden fast naturgetreu reproducirt. Herr Albert hat Schwind's Märchen von den sieben Raben, ferner mehrere Kaulbachcartons in Lichtdruck reproducirt und herausgegeben. Ebenso sind die Aufnahmen des photographischen Detachements des preussischen Generalstabs im französischen Kriege in Lichtdruck von Obernetter reproducirt worden. Auch die Aufnahmen der Wiener Weltausstellung, welche im Austellungsgebäude verkauft und die von vielen für gewöhnliche Photographien gehalten wurden, sind Lichtdrucke von Obernetter in München, der sich nächst Albert um dieses Verfahren am meisten verdient gemacht hat. Wir geben in dem beigehefteten Doppelbild von Fräulein Artot (Taf. II) unsern Lesern eine Probe eines Lichtdrucks von Obernetter in München.

Der Glanz dieser Bilder wird durch einen nachträglich aufgebrachten Lacküberzug hervorgebracht.

Vergleicht man die Leistungen des Woodburydrucks mit denen des Lichtdrucks, so stellt sich heraus, dass der Reliefdruck die Schatten und schwarzen Theile des Bildes 'schöner wiedergibt, dass aber die hellen Partien (die Weissen) leicht unrein erscheinen. Auf der andern Seite aber erscheinen die Reliefdrucke viel photographieähnlicher als die Lichtdrucke, letztere haben eher einen lithographieartigen Ton. Nur durch Ueberziehen mit Lack werden sie der Photographie ähnlicher. Genau genommen bleiben aber die Proben beider Verfahrungsweisen gegen die gewöhnliche Silberphotographie etwas zurück. Diese ist in Bezug auf Gleichförmigkeit der Halbtöne, Schönheit der Lichter und Tiefe der Schatten noch unübertroffen, und sie hat vor Lichtdruck und Woodburydruck namentlich eins voraus, das ist die leichte Herstellung. Zur Fertigung von Relief- und Lichtdrucken bedarf man erst einer Druckplatte, deren Herstellung complicirtere Vorrichtungen voraussetzt als der photographische Positivprocess, ferner aber noch eines geschickten Druckers. Der Silberdruck gibt aber auch mit sehr einfachen Hülfsmitteln selbst in Händen Ungeübter gute Resultate. Man wird ihn daher in der Porträtpraxis, wo es sich zuweilen nur um Herstellung von einem Dutzend

Bilder handelt, stets vorziehen. Lichtdruck und Reliefdruck sind aber von Bedeutung, wenn es gilt, in kurzer Zeit grosse Auflagen von Bildern zu liefern.

Abschnitt VII. Der Anilindruck.

Anilinfarben und ihre Entstehung. — Wirkung der Chromsäure auf Anilin. — Benutzung desselben in der Photographie. — Willis' Druckprocess. — Anwendung desselben.

Jedermann kennt die in neuerer Zeit in Aufnahme gekommenen hochfeurigen Anilinfarben: Hofmann's Violett, Magentaroth, Anilingrün und wie sie alle heissen. Diese wundervollen, alle frühern Pigmente an Brillanz, Tiefe und Leuchtkraft übertreffenden Farben verdanken wir vorzugsweise dem berühmten Chemiker A. W. Hofmann. Die Farben entstehen durch Wirkung verschiedener sauerstoffabgebender Körper auf das Anilin.

Anilin ist ein Stoff, der in seinem chemischen Verhalten Aehnlichkeit mit Ammoniak (Salmiakgeist) hat, er riecht nur anders wie dieser und hat auch eine andere Zusammensetzung. Man gewinnt den Stoff als eine braune Masse aus dem Steinkohlentheer durch Destillation.

Wird diese braune Flüssigkeit mit Chlor oder Salpetersäure, oder Braunstein und Schwefelsäure, oder Arseniksäure u. s. w. behandelt, so entstehen die verschiedenartigsten Farbennuancen. Eine davon interessirt uns speciell, das ist die Farbe, welche entsteht, wenn Anilin mit chromsaurem Kali und Schwefelsäure zusammen erhitzt werden. Hierbei entsteht ein eigenthümlicher violetter Stoff, das Anilinviolett. Chromsaures Kali ist ein Körper, der in unsern photochemischen Processen eine Rolle spielt, wie wir gesehen haben, und darauf gründet sich der von Willis erfundene Anilindruck.

Willis badet ein Stück Papier im Dunkelzimmer in einer Auflösung von chromsaurem Kali und Schwefelsäure und trocknet es. Das Papier belichtet er unter einem positiven Bilde, z. B. einer Zeichnung, einem Kupferstich. Das Licht scheint dann durch das weisse Papier hindurch, und an diesen Stellen wird die Chromsäure zu Chromoxyd reducirt, welches auf Anilinfarbe keine Wirkung hat. Unter den schwarzen Strichen dagegen, welche das Licht zurückhalten, bleibt die Chromsäure unverändert. Nach der Belichtung sieht man ein äusserst blasses Bild von unveränderter gelber Chromsäure. Wenn dieses so erhaltene blasse Bild Anilindämpfen ausgesetzt wird, so bildet sich an den Stellen, wo sich die gelben Striche befinden, Anilinbraun, und dadurch wird die anfangs blasse gelbe Copie kräftig sichtbar.

Man nimmt diese Räucherung mit Anilindämpfen in der Art vor, dass man die Copien in eine Kiste legt und einen Deckel auf dieselbe deckt, der an seiner untern Fläche eine Lage Löschpapier enthält, welches man mit einer Auflösung von Anilin in Benzin befeuchtet. Dieser Process gibt nach einem positiven Bilde wieder ein positives Bild, und dadurch ist er von ausserordentlichem Werth zur Herstellung naturtreuer Copien nach Zeichnungen. Freilich sind solche Copien in der Stellung verkehrt, wie Spiegelbilder im Vergleich mit dem Original. Dieser Umstand beeinträchtigt die Brauchbarkeit solcher Copien in manchen Fällen. Der Grund, dass solche Copie verkehrt werden muss, ist leicht ersichtlich, wir haben denselben bereits S. 230 auseinandergesetzt. Man kann jedoch auch Copien in richtiger Stellung erhalten, falls die Originalzeichnung sehr dünn ist. Man legt alsdann die Rückseite der Zeichnung mit dem Chromsäurepapier zusammen und lässt das Licht von der Vorderseite darauf scheinen.

Ein anderer Uebelstand dieses Processes ist, dass

das chromsaure Papier immer frisch präparirt werden muss, da es sehr rasch verdirbt, dass man ferner die Dauer des Copirens sehr schwer richtig abmessen kann. Copirt man zu kurze Zeit, so bleibt überall im Papier noch unveränderte Chromsäure zurück, und dann schwärzt sich das ganze Papier im Anilindampf; copirt man zu lange, so wirkt auch das Licht durch die schwarzen Striche der Zeichnung allmählich hindurch, reducirt die Chromsäure und das Papier bleibt alsdann im Anilindampf völlig weiss, da keine Chromsäure mehr vorhanden ist, um Anilinfarbe zu bilden. Diese Umstände beeinträchtigen die Brauchbarkeit des Processes und sind die Veranlassung, dass der sichere Lichtpausprocess (s. S. 21) ihm vorgezogen wird. In England wird der Anilindruck vom Erfinder praktisch ausgeübt, und fertigt derselbe Copien auf Bestellung.

Abschnitt VIII. Die Photolithographie.

Wesen der Lithographie. — Der lithographische Farbendruck. — Die Zinkographie. — Poitevin's Entdeckung. — Die Photolithographie. — Anwendung derselben zur raschen Vervielfältigung von Karten. — Bedeutung für das Kriegswesen. — Schwierigkeiten. — Das anastatische Verfahren. — Photolithographie mit Asphalt.

Unter Lithographie versteht man den Abdruck von einem bezeichneten oder bemalten Stein.

In der Nähe des bairischen Städtchens Solenhofen findet sich ein thoniger, etwas poröser Kalkstein, der sich mit Leichtigkeit schleifen und bearbeiten lässt. Diese Kalksteine sind die Drucksteine der Lithographie. Der lithographische Druck ist aber dadurch sehr erheblich von dem Kupferdruck und Buchdruck verschieden, dass die Zeichnung auf Stein weder erhaben noch vertieft liegt. Der lithographische Stein bildet in der That mit seinem zum Druck bestimmten Bilde eine ebene Fläche, und das Wesen des Druckprocesses ist demnach ein eigenthümliches, von allen andern Druckverfahren abweichendes. Macht man auf einem lithographischen Stein eine Zeichnung mit Kreide oder Tinte, welche aus Farbe und einem fetten Körper (Oel, Firniss) besteht, und überfährt den Stein mit Wasser, so dringt dieses nur da in den porösen Stein, wo sich keine Fettfarbe befindet, denn Fett stösst ja das Wasser ab. Bringt man nachher mit einer Lederwalze fette Schwärze (Buchdruckerschwärze) auf den Stein, so wird diese wiederum vom Wasser abgestossen, und sie haftet nur da, wo sich fette Schwärze befindet, d. h. an der Zeichnung.

Presst man, nachdem der Stein in gedachter Weise „eingeschwärzt" worden ist, ein Stück Papier auf denselben, so geht die Schwärze auf dieses über und man erhält einen lithographischen Abdruck. Man kann das Einschwärzen und Abdrucken des Steins natürlich beliebig oft wiederholen und dadurch Tausende von Abzügen von einem Stein herstellen. Dieses Druckverfahren hat vor dem Kupferdruck viele Vortheile voraus. Die Bearbeitung einer Kupferplatte ist eine schwierige Sache, sie erfordert oft eine jahrelange Gravirarbeit; die Bearbeitung eines Steines ist dagegen viel leichter, sie ist fast ebenso leicht als das Entwerfen einer Zeichnung auf Papier. Ebenso macht der Abdruck einer Steinplatte nicht so viel Schwierigkeiten als der Abdruck einer Kupferplatte, der Stein erlaubt leichter Correcturen fehlerhafter Zeichnungen und ist nach Herunterschleifen der ersten Zeichnung wieder brauchbar zum Entwerfen einer neuen, sodass derselbe Stein oft Jahrzehnte hindurch benutzt werden kann. Alle diese Umstände haben der Lithographie eine sehr allgemeine Verbreitung verschafft. Technische Zeichnungen, Weinetiketten, Heiligenbilder, Noten, Visitenkarten, Preiscourante, Kalenderbilder, Buchillustrationen, Atlanten, naturwissenschaftliche Bilder und tausend andere Dinge werden mit Hülfe von Lithographie hergestellt, und neuerdings hat ein besonderes

Feld derselben, der sogenannte Oeldruck, eine grossartige Entwickelung erlangt. Er ist das wichtigste der jetzt existirenden Verfahren, bunte Bilder auf mechanischem Wege herzustellen. Der Oeldruck, oder besser gesagt Farbendruck, ist etwas complicirterer Natur als der gewöhnliche lithographische Druck. Will man ein Farbenbild durch Steindruck reproduciren, so genügt nicht ein Stein, sondern man muss fast für jede Farbe einen besondern Stein präpariren. Hat man z. B. ein Object, in welchem die Farbentöne Blau, Roth und Gelb vorkommen, so zeichnet man erst einen Stein, der die blauen Stellen enthält, und druckt diesen mit blauer Farbe ab, gleicherweise verfährt man mit einem zweiten und dritten Stein mit Bezug auf die gelben und rothen Stellen. Alle drei Steine werden in gleicher Position auf dasselbe Stück Papier abgedruckt, sie liefern den Farbendruck, der, wenn er Oelfarbendruck heissen soll, nachträglich mit einer glänzenden Lackschicht überzogen wird. So grosse Vortheile der Farbendruck für Kartenwerke, Ornamente u. dgl. darbietet, so treffliche Leistungen selbst in künstlerischer Beziehung derselbe aufzuweisen hat (wir erinnern an die Chromolithographien nach Hildebrandt's Aquarellen), so absprechend müssen wir uns über den sogenannten Oeldruck äussern, der mit wenigen rühmlichen Ausnahmen (wir nennen Prang in Boston, Korn in Berlin und Seitz in Hamburg) Bilder von sehr untergeordneter künstlerischer Qualität liefert, die zum Verderben des Geschmacks im Publikum erheblich beigetragen haben.

Zur Ausübung des Farbendrucks gehört Farbensinn und Kunstgefühl, und solches besitzen eben nicht alle Drucker.

Sehr nahe verwandt der Lithographie ist die Zinkographie, die wir hier gleich abhandeln werden, ehe wir zur Besprechung der Photolithographie übergehen wollen.

Das Zink hat merkwürdigerweise ähnliche Eigen-

Zinkographie.

schaften wie der lithographische Stein, es nimmt Zeichnungen mit fetter Kreide leicht an, und nach dem Anfeuchten mit Gummiwasser kann man es ebenso wie einen Stein mit Fettfarbe einwalzen, die Farbe haftet dann nur an den gezeichneten Stellen. Das Abdrucken liefert alsdann ein der Lithographie ähnliches Resultat. Vorläufig bietet jedoch der Zinkdruck mehr Schwierigkeiten als der Steindruck, sodass die Anwendung des Zinks eine beschränkte ist.

Wir haben hier nur eine Uebersicht der Hauptprincipien des Stein- und Zinkdrucks gegeben, soweit es zum Verständniss des Nachfolgenden nöthig ist. Unsere Leser werden bemerken, dass die beiden Verfahren in vielen Stücken dem Lichtdruck ähneln. Auch die Lichtdruckfläche hat die Eigenthümlichkeit, an gewissen Stellen Fettfarbe anzunehmen, an andern abzustossen. Der Lichtdruck ist aber neuern Datums, der Steindruck existirt bereits länger als 70 Jahre. Als die Photographie erfunden wurde, nahm diese dem Steindruck ein sehr erhebliches Arbeitsfeld weg, so ging das Porträtfach ganz auf die Photographie über. Noch im Jahre 1850 wurden zahlreiche lithographische Porträts von Privatpersonen gefertigt. Dann begann die Einführung der photographischen Visitenkarte; seit jener Zeit ist die Porträtlithographie sehr zurückgegangen und wird nur noch benutzt zur Herstellung von billigen Porträtbildern berühmter Personen. Auch die Lithographie nach Oelbildern hat durch die Photographie Einbusse erlitten. Unter solchen Umständen trat die Photographie als eine Concurrentin der Lithographie auf. Poitevin war es, der in der Erfindung der Photolithographie zwischen beiden ein Bündniss schloss. Poitevin's Ziel ging dahin, die Arbeit des lithographischen Zeichners gänzlich zu ersparen und sie zu ersetzen durch die chemische Wirkung des Lichts. Er überzog lithographische Steine mit chromsaurem Kali und Leim und belichtete sie unter einem photographischen Negativ. Das so erhaltene Chrombild wurde dann gewaschen und eingewalzt. Alle vom Licht getroffenen Stellen nahmen dabei die Farbe an und lieferten einen Abdruck in der Presse. Die ersten Versuche der Art fielen äusserst unvollkommen aus. Es fehlten den Bildern namentlich die Halbtöne, diese gingen beim Waschen verloren in ähnlicher Weise wie bei Herstellung der Pigmentdrucke (s. S. 229). Asser und Osborne versuchten deshalb eine andere Manier, den sogenannten Umdruck. Sie copirten ihre Negative auf Chrompapier, das zum Theil mit Gummi oder Leim oder Eiweiss überzogen war, und walzten dieses ein. Chrompapier hat die Eigenthümlichkeit, nach dem Belichten an den belichteten Stellen fette Schwärze aufzunehmen. Das Chrompapier wurde nach dem Einschwärzen vorsichtig gewaschen und dann auf einen lithographischen Stein gepresst. Dieser saugte die fette Farbe auf, und so wurde das Bild vollständig auf den Stein übertragen. Der so erhaltene Stein lieferte in gewöhnlicher lithographischer Manier treffliche Abdrücke. Obgleich es gelang, in dieser Weise Halbtöne herzustellen, so blieb der so erhaltene Abdruck sehr erheblich in Qualität hinter einer Photographie zurück. Der lithographische Halbton ist von dem photographischen wesentlich verschieden; der photographische bildet stets eine homogene Fläche, der lithographische dagegen erscheint als ein Haufwerk mehr oder weniger dicht stehender schwarzer Punkte. Die körnige Structur des Steines erlaubt nicht die Zartheiten wiederzugeben, die der Photographie innewohnen. Man verwendet daher die Photolithographie in Halbtönen nur da, wo es mehr auf billige Herstellung vieler Drucke als auf Zartheit ankommt.

So sind namentlich in neuerer Zeit Fluss- und Gebirgskarten von Kellner & Co. in Weimar in den Handel gekommen, welche dadurch hergestellt sind, dass Gipsreliefs photographirt und die erhaltenen Negative photolithographisch copirt wurden. Hierdurch gelang es, treue Gebirgskarten ohne die sehr kostspielige

Hülfe eines Zeichners zu liefern, und konnten diese für einen erstaunlich billigen Preis, der ihre Anschaffung auch unbemittelten Schülern möglich macht, abgegeben werden. Für das Kunstfeld genügen solche Photolithographien freilich nicht. Hier macht der Lichtdruck, welcher treffliche Halbtöne liefert, der Halbtonlithographie erhebliche Concurrenz, obgleich die Photolithographie den grossen Vortheil bietet, eine sehr grosse Zahl von sehr gleichartigen Abdrücken von derselben Druckplatte zu liefern, während die Zahl der Lichtdrucke, welche eine Gelatinplatte liefert, immer eine beschränkte ist und solche obenein etwas ungleich ausfallen.

In einer Branche aber ist die Photolithographie beinahe allen andern reproducirenden Künsten voraus, das ist die Wiedergabe von Karten, die als Strichzeichnungen ausgeführt sind. Herstellung geographischer Karten ist ein Feld, welches viele Mühe und Aufmerksamkeit erfordert. Mit der grössten Sorgfalt müssen die einzelnen Contouren der Berge, Flüsse, Länder den Messungen entsprechend eingetragen werden; oft treten dabei verschiedene Zeichner oder Stecher in Thätigkeit, ein Schriftzeichner, ein Bergzeichner u. s. w., und wenn dieselben noch so gewissenhaft arbeiten, so sind doch Abweichungen unausbleiblich, die dann wieder Correcturen nöthig machen. Alles dieses erfordert Zeit und Mühe. Gilt es nun, nach einer gewonnenen Karte eine vergrösserte oder verkleinerte Copie zu nehmen, so treten dieselben Schwierigkeiten wieder hervor, namentlich ist die Arbeit der Verkleinerung eine sehr mühevolle. Der Pantograph ist hierbei ein sehr willkommenes Hülfsmittel, aber auch er schliesst Flüchtigkeitsfehler des Zeichners nicht aus. Insofern ist die Photographie in Verbindung mit Lithographie für das Kartenfach ganz unschätzbar. Mit leichtester Mühe liefert die Photographie nach einem Original eine vergrösserte oder verkleinerte Copie. Binnen wenigen Stunden ist diese auf Stein copirt und innerhalb eines Tages kann die Photolithographie Tausende von vergrösserten oder verkleinerten oder originalgrossen Abzügen liefern.

Wollte man einen solchen Druckstein durch Handzeichnung herrichten, man würde mehrere Tage nöthig haben und nicht entfernt dieselbe Genauigkeit erzielen. So rasch wie die Photolithographie ist kein anderes photographisches Druckverfahren zu liefern im Stande, und daher hat die Kartographie davon den wesentlichsten Nutzen gezogen, namentlich wenn es galt, schleunig eine grosse Zahl von Copien nach einem Original zu beschaffen. In dem französischen Kriege bedurften die vorrückenden Truppen vor allen Karten zur Kenntniss des zu besetzenden Terrains. Specialkarten von Frankreich waren aber bei weitem nicht in erforderlicher Zahl vorhanden, um ganze Armeecorps damit versorgen zu können. Es geht auch nicht an, solche schon vor dem Kriege in Vorrath zu fertigen, da niemand im voraus wissen kann, welchen Weg der Feldzug einschlägt. Hier trat nun die Photolithographie als Hülfsmittel ein, sie lieferte mit „affenartiger Geschwindigkeit" nach einem einzigen Original Tausende von Karten, und dadurch hat sie wesentlich beigetragen zu dem erfolgreichen Vorrücken unserer Armee, die mit ihren Karten in der Hand sich in Feindesland ortskundiger erwies, als die Truppen des Feindes selbst. Namentlich war es das photolithographische Institut der Gebrüder Burchard in Berlin, welches in dieser Sphäre eine grossartige Thätigkeit entfaltet hat und an 500000 Karten innerhalb der Kriegszeit von 1870—71 geliefert hat. Unsere Beilage (Taf. V) gibt eine Probe der Arbeiten gedachten Instituts.

Neben diesen Leistungen müssen wir noch der photolithographischen Arbeiten des Herrn Korn in Berlin gedenken, die sich mehr auf dem Kunstgebiete bewegen. Bewundernswerth in dieser Branche sind die photolithographischen Copien der Berg'schen Federzeichnungen von der japanischen Expedition. Diese sind mit solcher Treue wiedergegeben, dass man Original und Copie nicht zu unterscheiden vermag. Der Charakter der Originale war freilich der photolithographischen Reproduction sehr günstig. Blasse Zeichnungen machen der photographischen Reproduction Schwierigkeiten, namentlich wenn die Farbe derselben ins Bläuliche geht. Daher sind Bleistiftzeichnungen so schwer zu photographiren. Von einem unvollkommenen photographischen Negativ lässt sich aber keine vollkommene Photolithographie fertigen. Insofern hat also die Beschaffenheit des Originals sehr wesentlichen Einfluss. Berg's Federzeichnungen sind in kräftiger schwarzer Tusche ausgeführt und daher leicht zu reproduciren. In dem österreichischen militärgeographischen Institut werden die Kartenzeichnungen, welche photolithographisch copirt werden sollen, von vornherein so ausgeführt, dass sie günstig photographisch wirken, oder, wie der Kunstausdruck lautet, gut kommen. Namentlich sind es bräunliche Töne wie Umbra und Zinnober, die, der Tusche beigemischt, die photographische Wiedergabe der Zeichnung ausserordentlich begünstigen. Auf der andern Seite muss sehr auf Reinheit des Papiers gehalten werden. Gelbliche Flecke, die das Auge kaum sieht, wirken in der Photographie ähnlich wie schwarze. Wir erlebten einen Fall in der Kron'schen Druckerei, wo eine reine Kartenzeichnung in der Photographie ganz buntfleckig erschien. Man suchte den Fehler anfangs in den Chemikalien, bis sich erwies, dass feine Rostpunkte in dem Papiere, die bei der Fabrikation desselben hineingekommen waren, den Fehler verursachten. In solchen Fällen kann das Uebel nur durch zweckmässige Negativretouche beseitigt werden.

Das Wesen der Photozinkographie wird jetzt dem Leser ohne weiteres verständlich sein. Da die Zinkplatte sich dem Stein so ähnlich verhalt, so ist auch die Behandlung ganz dieselbe. Das Negativ wird entweder direct auf die mit Leimchromat überzogene Zinktafel copirt, oder aber man fertigt auf Leimchromatpapier eine Copie nach dem Negativ, schwärzt das Papier ein und überträgt es auf die Zinkplatte, indem man es mit derselben zusammenpresst. Die Zinkplatte ist dann druckfähig.

Es muss bei dieser Gelegenheit darauf aufmerksam gemacht werden, dass auch ohne Photographie direct mechanische Copien von Karten und Schriften u. s. w. gewonnen werden können, falls die Originale in fetter Farbe ausgeführt sind. Es geschieht dieses mit Hülfe des anastatischen Verfahrens. Dieses beruht darauf, dass man das Original von hinten mit saurem Gummiwasser befeuchtet und dann von vorn mit neuer Farbe betupft. Diese haftet nur an den fetten Strichen der Zeichnung oder des Drucks. Das so frisch eingeschwärzte Original wird dann auf einen frischen Stein oder eine frische gereinigte Zinkplatte gelegt und abgepresst. Die Zeichnung geht dann auf den Stein oder das Zink über und lässt sich durch Einwalzen und Abdrucken derselben leicht vervielfältigen.

Schwierig ist hierbei die Erhaltung des Originals, das nur zu leicht unter der Pressung leidet, noch schwieriger aber die Wiedergabe eines reinen Strichs, denn oft werden dieselben beim Druck breit gequetscht, und stehen die Striche sehr eng, so fliessen sie zusammen, wie z. B. Bergstriche in Karten. Daher hat das Verfahren mehr Anwendung zum Copiren antiquarischer Bücher gefunden, die man in der That in dieser Weise Seite für Seite reproducirt hat.

Dass man mit dem anastatischen Verfahren nur originalgrosse Reproductionen machen kann, versteht sich von selbst.

Wir haben nun hier noch ein anderes photolithographisches Verfahren zu erwähnen, welches sich auf Anwendung von Asphalt gründet. Wir haben denselben schon im ersten Kapitel als eine lichtempfindliche Substanz kennen gelernt und auch dort bereits ein Verfahren, Heliographie genannt, beschrieben, welches sich mit Herstellung von druckbaren Kupferplatten und Stahlplatten mittels Photographie beschäftigt. Dieser selbe Asphalt dient auch in der Photolithographie. Man übergiesst einen lithographischen Stein mit einer Lösung von Asphalt in Aether, lässt im Dunkeln trocknen und belichtet unter einem Negativ. Der Asphalt wird an den belichteten Stellen unlöslich und bleibt beim Behandeln des Steins mit Aether oder Benzin zurück. Feuchtet man alsdann den Stein an, so dringt die Feuchtigkeit nur dort ein, wo kein Asphalt den Stein bedeckt. Beim nachfolgenden Ueberwalzen mit fetter Schwärze wird diese alsdann von den feuchten Stellen abgestossen, sie bleibt nur an dem Asphalt, d. h. an den Bildstellen haften, und so erhält man einen abdruckbaren Stein. Diese Methode gibt in den Händen verschiedener Praktiker sehr gute Resultate und wird von manchen dem Chromverfahren vorgezogen, obgleich Asphalt viel weniger lichtempfindlich ist, als Chromat.

Abschnitt IX. Die Pyrophotographie mit Chromsalzen.

Poitevin's Process. — Verhalten kleberiger Substanzen bei Gegenwart von chromsaurem Kali. — Bilder durch Staub entwickelt. — Bilder auf Porzellan. — Oidtmann's Pyrophotographie. — Anwendung in der Glasdecoration, Photographie und Glasmalerei.

Die Photographie hat beinahe mit allen vervielfältigenden und zeichnenden Künsten Bündnisse geschlossen, so sehr sie auch anfangs als eine Feindin und Concurrentin derselben angesehen wurde, kein Wunder daher, dass sie auch in der Porzellanmalerei und Decoration als Helferin eintrat. Wir haben bereits S. 203 ein eigenthümliches Verfahren kennen gelernt, Silberbilder in Gold- und Platinabilder umzuwandeln, solche auf Porzellan zu übertragen und einzubrennen. Jene Methode könnte man als ein nasses Verfahren bezeichnen. Nun kann man dasselbe Ziel auch auf trockenem

Wege erreichen, und zwar mit Hülfe von Chromsalzen. Dieses originelle Verfahren ist ebenfalls von Poitevin erfunden, später von Joubert in London und Obernetter in München erheblich verbessert worden. Es besteht darin, dass man eine Mischung von Gummi, Honig und chromsaurer Kalilösung auf Glas giesst, die Schicht vorsichtig im Dunkeln trocknet und dann unter einem **positiven** Bilde belichtet. Die Gummischicht ist frisch präparirt **klebrig** und hält aufgestreute Farbenpulver fest. **Wenn man aber die Schicht belichtet, so verliert sie ihre Klebrigkeit.** Erfolgt diese Belichtung unter einer Zeichnung mit schwarzen Strichen, so wird die Schicht demnach unter den schwarzen Strichen ihre Klebrigkeit behalten, unter den weissen durchscheinenden Papierstellen aber verlieren.

Stäubt man daher die Schicht nach der Belichtung im Dunkeln mit irgendeinem Farbenpulver ein, so bleibt dieses dort, wo die Striche der Zeichnung die Schicht geschützt haben, hängen, an den andern nicht, und so erhält man ein Bild in Staubfarbe. Ist diese Staubfarbe und ihre Unterlage nun feuerfest, wie Glas und Porzellan, so kann man das erhaltene Bild einbrennen und je nach Wahl der Staubfarbe Bilder in den verschiedensten Nuancen erzeugen. Man kann auch solche Bilder von einer Unterlage auf eine andere übertragen, wenn man auf das Staubbild eine Collodionschicht giesst, diese trocknen lässt und dann das Ganze ins Wasser wirft; hier kann man die Collodionschicht mit dem Bilde leicht abziehen und auf andere Unterlagen, Gläser oder Tassen u. dgl. festkleben und einbrennen. So hat in der That Joubert in London grosse Bilder auf Glas eingebrannt. Obernetter in München und Leth in Wien, ferner Leisner in Waldenburg und Stender in Lamspringe, Greiner in Apolda und Lafon de Camarsac in Paris haben in gleicher Weise eingebrannte Bilder auf Porzellan erzeugt.

Für das Porträtfach findet dieses Verfahren nur eine beschränkte Anwendung. Dagegen hat es Dr.

Oidtmann in Linnich* für die Glasindustrie in vortheilhafter Weise verwerthet. Er hat Teppichmuster nach Lithographien direct auf Glas copirt und eingebrannt und dadurch billige Fensterverzierungen hergestellt, die durch Eintragen von Farbe noch gehoben werden. Auf der wiener Ausstellung befand sich über der Thür des deutschen Kaiserpavillons eine Rosette von 10 Fuss Durchmesser, die nach dem beschriebenen Verfahren von Dr. Oidtmann hergestellt war. Ausserdem hat derselbe das Verfahren verwendet zur Herstellung von „musivischen" Glasbildern nach Art mittelalterlicher Glasgemälde. Diese musivischen Glasbilder wurden dadurch hergestellt, dass man farbige Glasstücke, den Figuren und ihren Farben entsprechend, ausschnitt, z. B. für eine menschliche Figur zeichnete man die Umrisse des Gesichts auf eine fleischfarbene Glastafel und schnitt dieses aus; dasselbe geschah für das Gewand auf einer oder mehrern entsprechend gefärbten Glastafeln. Die Lichter und Schatten und Details, z. B. Nase, Mund und Augen, wurden dann mit schwarzer Schmelzfarbe auf die betreffenden Glasstücke gezeichnet und eingebrannt, nachher die einzelnen Glasstücke durch Verbleiung zusammengesetzt. Das, was in dieser musivischen Glasmalerei der Zeichner verrichtet, macht Dr. Oidtmann mittels Photographie. Er copirt die Contouren des Gesichts nach der grossen Originallithographie oder dem Originalholzschnitte auf die betreffenden Glasstücke und stäubt mit schwarzer Schmelzfarbe ein, so erhält er ein einbrennbares Bild, das dann in der angegebenen Weise weiter behandelt wird. Auf der Wiener Ausstellung befand sich eine in dieser Weise hergestellte Copie der Kreuzigung nach Dürer, die aus 150 Glasstücken zusammengesetzt war. Die grossen Originalbilder fertigt Dr. Oidtmann selbst, indem er kleine Holzschnitte

---

* Siehe „Photographische Mittheilungen", Jahrg. 1869 (Berlin, Oppenheim).

auf photographischem Wege vergrössert. (Vgl. S. 90.) Dr. Oidtmann hat auch versucht, farbige Pyrophotographien herzustellen, indem er nach dem Princip der Chromolithographie (s. S. 240 unter Photolithographie) verfuhr. Er copirte die gleichfarbigen Stücke einer farbigen Zeichnung (indem er die übrigen zudeckte) auf eine Gummichromatschicht, stäubte diese mit der betreffenden Farbe ein und copirte alsdann die andern Farben des Originals der Reihe nach in derselben Weise, so erhielt er ein verschiedenfarbiges Staubbild, das alsdann eingebrannt wurde.

Abschnitt X. Die Photographie und das Sandblasverfahren.

Das Wesen des Sandblasverfahrens. — Verbindung desselben mit Pigmentdruck. — Anwendung in der Heliographie statt des Aetzens.

Tilghmann in Philadelphia machte während seines Aufenthalts in dem Seebade Longbranche die Beobachtung, dass die Fenster der dem Seewinde ausgesetzten Gebäude sehr rasch blind wurden. Er erkannte, dass dieses durch den feinen Sand veranlasst wurde, welchen der Wind gegen die Fenster trieb. Dieses brachte ihn auf die Idee, Glas mit Hülfe aufgeblasenen Sandes künstlich matt zu schleifen, und dieses gelang ihm vollständig. Er bedeckte eine Glasfläche mit einer eisernen Schablone, in welcher Figuren und Buchstaben ausgeschnitten waren. Diese hielt er alsdann in einen Luftstrom, der von einem Gebläse kommend Sand mit sich führte. Binnen kurzer Zeit mattirte dieser das Glas an den freien Stellen, und so erhielt Tilghmann eine Zeichnung der eingeschnittenen Figuren. Es genügt zu solchen Arbeiten ein Luftgebläse von nur 4 Zoll Wasserdruck und eine Zeit von circa 10 Secunden. Ist der Luftdruck stärker, oder wendet man statt dessen Dampf an, der den Sand mit sich führt und einen Druck von 60 bis 120 Pfund auf den Quadrat-

Das Sandblasverfahren.

zoll ausübt, so ist die Wirkung eine enorme. Sand aus einer engen Röhre mit solcher Kraft aufgeblasen, bohrt in den härtesten Stein, selbst in Glas, tiefe Löcher. (Man wendet in der That das Verfahren zum Durchlöchern von Stein- und Metallplatten an.) Hat man eine Schablone von Gusseisen aufgelegt, in der Figuren ausgeschnitten sind, so kann man binnen kurzer Zeit die Figuren tief in den Stein graben. Die Eisenplatte wird freilich dabei auch angegriffen, jedoch viel langsamer als die Steinplatte. Eine $^3/_{16}$ Zoll dicke Eisengussplatte wird nur um $^1/_{16}$ Zoll reducirt während eines 300 mal so tiefen Schnitts in Marmor. Kautschuk hält den Sandstrom fast ebenso gut aus als Eisen. Man konnte mit einer Kautschukschablone 200 mal so tief in Marmor schneiden, als die Schablone dick war, ohne diese merklich anzugreifen.

Bei einem Drucke von 100 Pfund vermag solch ein Sandstrom in einer Minute $1^1/_2$ Zoll tief in Granit, 4 Zoll in Marmor, 10 Zoll in weichen Sandstein einzudringen.

Der Umstand, dass weiche Körper hierbei als Schutzmittel wirken, hat zu sehr hübschen Anwendungen dieser Methode in der Kunstindustrie geführt. Bedeckt man Glas z. B. mit einem Spitzenmuster und lässt einen Sandstrom darauf wirken, so wird das Glas in den Maschen matt, und so erhält man eine Copie des Musters auf Glas. Ebenso kann man mit Gummifarbe auf dem Glase malen und diese Zeichnung hell auf mattem Grunde durch das Sandblasen herstellen. Dieser Umstand führt nun unmittelbar zur Anwendung der Photographie. Wenn man einen Pigmentdruck (s. S. 229), d. h. ein Gelatinchromatbild, auf Glas erzeugt, indem man einen fertigen Druck der Art direct auf Glas überträgt (s. oben), so sind die Glasflächen an allen Bildstellen durch eine Gelatinlage geschützt. Lässt man jetzt einen Sandstrom dagegen wirken, so schleift dieser das Glas nur an den nackten Stellen an, und so erhält man ein mattes Glastransparentbild. Ist das Gelatinbild ein negatives, so werden die Schatten matt, und solche matte Tafel ist auch zum Abdruck mittels Schwärze geeignet. Man kann ferner die heliographischen Metallplatten Talbot's (s. S. 216), statt dieselben mit Säure zu ätzen, welche oft die feinen Striche durch Anfressen nach der Seite hin breiter macht, mit Sand anblasen, der vermöge seiner senkrechten Richtung nur nach der Tiefe wirkt, und so gelingt es, Höhlungen von sehr grosser Tiefe herzustellen, sodass so angeblasene Platten sogar zum Hochdruck, d. h. in der Buchdruckerpresse brauchbar sind. Tilghman empfiehlt, man soll ein Leimchromatpositiv auf einem ebenen Harzkuchen herstellen, diesen dann anblasen und tief aushöhlen, so erhält man eine Form, die sich erst in Gips, dann in Schriftmetall abgiessen lässt. Der so erhaltene Abguss lässt sich in der Buchdruckerpresse abdrucken.

Vorläufig sind dieses noch interessante Versuche, die aber mit der Zeit zu praktisch höchst bedeutenden Resultaten führen dürften.

Abschnitt XI. Das Photometer für Chromphotographie.

Bei vielen der vorher beschriebenen Chromverfahren, als z. B. Herstellung von Reliefdrucken, Pigmentdrucken, Lichtdrucken u. s. w., ist es sehr wichtig, die Belichtungszeit genau zu treffen. Solches ist aber nicht leicht, denn das Bild erscheint entweder nur blass, oder gar nicht (wie im Pigmentdruck). Aus dem Zustand des Bildes hat man daher kein sicheres Kriterium über die Vollendung des Bildes.

Dieser Umstand hat die Anwendung eines Photometers nöthig gemacht, das die Belichtungsdauer leicht zu bestimmen erlaubt. Solche Photometer sind von Bing und Swan in England und vom Verfasser dieses Buches angegeben worden. Das Photometer des Verfassers besteht aus einer halbdurchsichtigen Papier-

Das Photometer. 253

scala L, deren Durchsichtigkeit von 2 nach 25 hin (s. Fig. 94) abnimmt.

Diese Scala wird aus Papierlagen, deren Anzahl die aufgedruckte Zahl angibt, gebildet. Unter dieser Scala wird nun ein Streifen Chrompapier, das ist Papier, welches in chromsaures Kali getaucht ist, belichtet. Der Streifen befindet sich in einem Kästchen T eingeschlossen, in der Art, dass wenn der Deckel D mit der Scala niedergeklappt wird, das Chrompapier und die Scala sich eng berühren. Das Licht scheint nun durch die Scala hindurch und bräunt den darunterliegenden Papierstreifen. Diese Färbung tritt natürlich zuerst am dünnen, durchsichtigen Theil der Scala

Fig. 94.

ein und schreitet von da nach dem undurchsichtigen Ende hin fort, und zwar um so rascher, je kräftiger das Licht ist. Um zu erkennen, wie weit die Lichtwirkung vorgeschritten ist, sind Zahlen auf die Scala gedruckt, welche das Licht nicht durchlassen, diese bleiben daher hell auf braunem Grunde stehen und man erkennt die Stelle, bis zu der die Lichtwirkung fortgeschritten ist, an der daselbst erschienenen Zahl.

Um dieses Instrument zu benutzen, muss man erst einige Probecopien machen. Angenommen, man wolle einen Pigmentdruck nach einem Negativ fertigen, so belichtet man die Pigmentschicht unter dem Negativ gleichzeitig mit dem Photometer. Nach einiger Zeit sieht man im Lampenlicht nach, wie weit das Photometerpapier gebräunt ist, notirt die betreffende Zahl (den Photometergrad) und deckt das Negativ zur Hälfte zu, die andere Hälfte copirt man weiter, bis zu einem höhern Photometergrade. Dann entwickelt man das Pigmentbild und sieht nach, bei welchem Photometergrade das günstigste Resultat erzielt worden ist. Man hat hierzu selten mehr als einen Versuch nöthig. Wenn durch diesen der „Grad", bis zu welchem das betreffende Negativ copiren muss, festgestellt ist, so kann man jederzeit mit Hülfe des Photometers die Belichtungsdauer regeln. Geübte Arbeiter stellen nur den Copirgrad einiger Negative fest und erkennen bei einem neuen Negativ durch Vergleichung mit den vorhandenen leicht, bis zu welchem Grade es copirt werden muss.

Abschnitt XII. Die chemische Wirkung des Lichts und die Erbswurst.

Bei dem Feldzuge von 1870 war die bekannte Erbswurst eins der wichtigsten Nahrungsmittel für die Armee, sie wurde täglich in vielen Tausenden von Exemplaren gefertigt. Die Fabrikation der Füllung machte wenig Schwierigkeiten, wohl aber die Beschaffung der Wurstdärme in so kolossaler Quantität. Man griff aus Mangel an solchen bald zu einem Surrogat, dem Pergamentpapier. Dieses Papier, welches man durch secundenlanges Eintauchen von Fliesspapier in Schwefelsäure, Waschen und Trocknen darstellt, zeichnet sich durch seine hautartige Widerstandsfähigkeit aus. Es ist undurchdringlich für Wasser und zerreisst sehr schwer. Es wird deshalb jetzt für Herstellung von Kassenscheinen angewendet. Aus solchem Papier suchte man Wursthäute zu fertigen, indem man einen Bogen cylindrisch umbog und zusammenleimte. Kein Leim hielt aber die Einwirkung kochenden Wassers aus, in dem die Erbswürste gebrüht werden müssen, und so gingen die künstlichen Wurstdärme auseinander. Dr. Jacobsen löste das Problem der Herstellung eines in kochendem Wasser dauerden Leims mit Hülfe der chemischen Wirkung des Lichts. Er mischte den für Herstellung der Erbswurstdärme bestimmten Leim mit chromsaurem Kali und setzte die Klebestelle dem Lichte aus. Dieses bewirkte ein Unlöslichwerden des Leims, und jetzt hielten die künstlichen Därme das Kochen im Wasser ganz vortrefflich aus. Die Zahl der in dieser Weise mit Hülfe der chemischen Wirkung des Lichts hergestellten Wurstdärme beträgt viele Hunderttausende.

SECHZEHNTES KAPITEL.
Die Eisen-, Uran- und Kupferphotographie.

Geschichtliches. — Eisenverbindungen. — Verhalten der Lösung von Eisenchlorid in Aether. — Eisenchlorid und Papier. — Eisenbilder in Blau. — Eisengoldbilder. — Pausprocess mit Eisensalz, Iodbilder. — Uranverbindungen. — Uranbilder. — Entwickelung derselben. — Kupferbilder von Obernetter.

Wir bemerkten schon früher, dass die Zahl der lichtempfindlichen Körper viel grösser sei, als es den Anschein hat, und in der That dürfte sich bei genauerer Untersuchung herausstellen, dass alle Körper mehr oder weniger lichtempfindlich sind. Schon in den ersten Zeiten der Photographie, im Jahre 1840, beobachtete Herschel die Lichtempfindlichkeit der Eisensalze, Burnett die Lichtempfindlichkeit der Uransalze und Kratochvila fertigte mit gutem Erfolge Daguerreotype auf Kupferplatten in analoger Weise wie auf Silberplatten an. Man hat diese Verfahren lebhaft verfolgt, ohne jedoch bisjetzt ein Resultat von praktischer Wichtigkeit damit zu erzielen.

Es war schon lange bekannt, dass Eisenchlorid, ein gelber, aus Eisen und Chlor bestehender Stoff, in Aether gelöst im Lichte sich entfärbt und in das farblose chlorärmere Eisenchlorür übergeht. Dasselbe findet statt bei Gegenwart von Papier. Tränkt man reines Papier mit einer Lösung von Eisenchlorid in sechs Theilen Wasser, trocknet es im Dunkeln und belichtet es unter einem negativen Bilde, so wird das Papier, welches anfangs gelb ist, unter den durchsichtigen Stellen weiss, weil das gelbe Eisenchlorid in weisses Eisenchlorür übergeht. Dieses blasse Eisenchlorürbild lässt sich nun leicht intensiv dunkel färben. Taucht man z. B. das blasse Bild in eine Auflösung von rothem Blutlaugensalz, so erzeugt dieses mit dem vom Licht reducirten Eisenchlorür berliner Blau, während es das Eisenchlorid unverändert lässt; man erhält dadurch ein blaues Bild. Taucht man ein blasses Eisenbild in eine Goldauflösung, so färbt es sich hellblau, indem das Eisenchlorür das Gold metallisch niederschlägt. In dieser Weise kann man durch alle Körper, welche mit Eisenchlorür einen dunkeln Niederschlag liefern, die blassen Eisenbilder dunkel färben.

Ein anderes Verfahren ist die Ueberführung der Eisenbilder in Iodbilder. Man copirt ein Stück Eisenchloridpapier unter einem positiven Bilde (z. B. einer Zeichnung). Die Copie stellt sich als gelbe Zeichnung von unverändertem Eisenchlorid auf weissem Grunde dar. Taucht man jetzt das Papier in eine Lösung von Iodkalium und Stärke, so zersetzt das Eisenchlorid das Iodkalium, das Iod wird frei und bildet mit der Stärke schwarzblaue Iodstärke, die die anfangs blassen Striche intensiv dunkel macht [Herschel].

Es gibt noch verschiedene Verfahren, Eisenbilder intensiv zu färben. Wir begnügen uns mit dem hier angegebenen. Die Bilder in berliner Blau sind nicht haltbar, weil berliner Blau selbst im Lichte bleicht (blaue Sonnenschirme verlieren deshalb erheblich im Licht). Gleiches gilt von den Iodstärkebildern, die Goldbilder sind zu blass und ihre Herstellung zu kostspielig.

Ganz analog wie Eisensalze verhalten sich auch Uransalze. Uran an sich ist ein seltenes Metall, dessen Verbindungen als Farbematerialien eine Rolle spielen; so gibt es ein gelbes Uranoxyd, das sich auf Porzellan mit dunkelgrüner Farbe einbrennt, ferner dem Glase zugemischt, dasselbe schön schillernd grasgrün färbt

(Annaglas). Man kennt ferner entsprechend dem Eisenchlorür und Eisenchlorid ein Uranchlorür und Uranchlorid, die den gedachten Eisenverbindungen sehr ähnlich sind. Das bekannteste Uransalz ist das salpetersaure Uranoxyd, das durch das Licht bei Gegenwart organischer Körper, z. B. Papierfaser, zu salpetersaurem Uranoxydul reducirt wird. Taucht man in eine Lösung von einem Theile dieses Salzes und fünf Theilen Wasser ein Stück Papier, trocknet es und copirt es am Licht unter einem Negativ, so erhält man ein äusserst blasses, kaum sichtbares Bild, welches aus Uranoxydul besteht. Taucht man dieses in Silberauflösung oder Goldauflösung, so wird es plötzlich sichtbar, indem das Uranoxydul sofort das Gold oder Silber metallisch als farbiges Pulver (Silber braun, Gold violett) niederschlägt.

Das Uran ist zu selten und zu theuer, als dass man davon allgemeinere Anwendung in der Photographie machen könnte.

Wie man beobachtet, sind die Eisensalze und Uransalze darin den Chromsalzen analog, dass sie nur bei Gegenwart organischer Körper lichtempfindlich sind. Im reinen Zustande verändern sich Uransalze und Eisensalze nicht im Licht.

Die Lichtempfindlichkeit der Kupfersalze ist bisjetzt nur sehr unvollkommen studirt worden. Kupfer bildet mit Chlor ein grünes, im Wasser lösliches Salz, das Kupferchlorid, das im Licht zu Kupferchlorür reducirt wird. Obernetter benutzte diese Thatsache, indem er Kupferchlorid und Eisenchlorid zusammenmischte und damit Papier tränkte. Dieses wurde unter einem Negativ belichtet, dann in Rhodankalium getaucht und schliesslich mit rothem Blutlaugensalz behandelt. Der etwas complicirte Process liefert dann ein braunes Bild.*

---

* S. Vogel, „Lehrbuch der Photographie" (Berlin, Oppenheim), S. 32.

SIEBZEHNTES KAPITEL.
Die Veränderung des Glases im Licht.

Faraday's Beobachtung über Manganglas. — Veränderung von Spiegelglas im Licht. — Fast alle Gläser sind lichtempfindlich. — Gaffield's Versuche. — Nachtheile der Veränderung des Glases im Licht. — Erklärung der Veränderung des Manganglases. — Wirkung des Lichts auf Topas.

Faraday, der berühmte Physiker, machte die Beobachtung, dass mit Mangan gefärbte Gläser, die sich durch eine eigenthümliche Fleischfarbe auszeichnen, im Lichte sehr bald braun werden. Diese Thatsache blieb lange vereinzelt. Einige Jahrzehnte später beobachtete man aber andere Erscheinungen ähnlicher Art.

In einer Spiegelniederlage Berlins war eine sehr schöne Spiegelscheibe im Schaufenster angebracht. Dieselbe trug die Aufschrift „Spiegelmanufactur" in Messingbuchstaben. Nach jahrelangem Bestehen wurde das Geschäft aufgelöst und die Spiegelscheibe wegen ihrer Schönheit vom Besitzer herausgenommen, die Messingbuchstaben entfernt und die Platte gereinigt. Zur Ueberraschung des Besitzers blieben trotz aller Reinigung die Buchstaben im Glase deutlich sichtbar. Er liess die Oberfläche abschleifen, aber auch dieses blieb ohne Erfolg. Man erkannte, dass das Glas durch und durch gelb gefärbt war, nur an den Stellen, wo die undurchsichtigen Buchstaben das Licht abgehalten hatten, war es weiss geblieben. Die Spiegelplatte wurde später in zwei Hälften geschnitten. Eine Hälfte mit dem Worte „Spiegel" befindet sich im Besitz der physikalischen Sammlung der Universität Berlin. In neuerer Zeit hat Gaffield sehr interessante Beobachtungen über die Veränderung des Glases im Licht gemacht, und hat sich dabei herausgestellt, dass fast alle Gläser lichtempfindlich sind, und dass oft eine Belichtung von nur wenigen Tagen genügt, um diese Veränderung zu bewirken.

Gaffield verfuhr bei seinen Experimenten systematisch; er schnitt das zu untersuchende Glas in zwei Hälften, legte die eine Hälfte ins Dunkle, die andere an das Licht, und verglich beide nach einigen Tagen miteinander. In fast allen Fällen bemerkte er eine Verdunkelung der Farbe. Nur ein paar Sorten grünlichen deutschen und belgischen Fensterglases hielten sich unverändert. Die dunkler gefärbten Gläser entfärbten sich wieder, wenn man sie glühte.

Diese Veränderung des Glases im Licht hat nun eine höchst nachtheilige Wirkung bei photographischen Ateliers. Durch die gelbliche Färbung, welche das Glas derselben mit der Zeit annimmt, wird ein Theil des wirksamen chemischen Lichts im Glase absorbirt. Die so erfolgte Lichtverschlechterung macht sich in empfindlicher Weise merklich, weil die Zeit, welche nöthig ist, um ein Porträt aufzunehmen, immer länger und länger genommen werden muss.

Am auffallendsten verändern sich die manganhaltigen Gläser. Man setzt dem Glase häufig Mangansuperoxyd, auch Braunstein genannt, zu, um es zu entfärben. Durch Wirkung des Sauerstoffs des Braunsteins wird das dunkelgrüne Eisenoxydul im Glase in das blässere Eisenoxyd übergeführt und dadurch die Entfärbung bewirkt. Im Lichte findet die umgekehrte Wirkung statt. Das Eisenoxyd wird wieder zu Eisenoxydul reducirt und der Sauerstoff geht an das Mangan und bildet braunes Manganoxyd, dadurch entsteht die dunkle Färbung.

Bei manchen Mineralien hat das Licht die entgegengesetzte Wirkung als bei Glas, es färbt dieselben nicht, sondern entfärbt sie. Dieses geschieht namentlich mit dem sibirischen Topas, der seine goldgelbe Farbe im Licht bald verliert. Ein prachtvoller, 6 Zoll hoher Topaskrystall des mineralogischen Museums zu Berlin hat in dieser Weise in seinem schönen Ansehen erheblich verloren.

ACHTZEHNTES KAPITEL.

Photographie in natürlichen Farben.

Beobachtung von Seebeck und Herschel. — Bequerel's farbige Bilder auf Silberplatten. — Nièpce's Arbeiten. — Wirkung der schwarzen Farbe. — Farbige Bilder auf Papier von Poitevin und Zenker. — Mangel eines Fixirmittels für farbige Photographien.

Die Photographie hat bereits grossartige Erfolge aufzuweisen; ein Problem bleibt ihr aber noch zu lösen übrig, das ist die Herstellung von Photographien in natürlichen Farben. Man erblickt wol oft genug farbige Photographien, bei diesen ist aber die Farbe nachträglich mit dem Pinsel aufgetragen; es ist eine Art Retouche, die in den meisten Fällen nicht zur Hebung des Bildes beiträgt. Hier verstehen wir aber unter Photographie in natürlichen Farben die Wiedergabe der Objecte in ihrer Originalfarbe einzig und allein durch Wirkung des Lichts. Zahlreiche Versuche liegen bereits vor, die auf dieses grosse und schöne Ziel hinführen. Die Erzeugung farbiger Bilder durch chemische Wirkung des Lichts ist sogar bereits gelungen; nur verderben dieselben bald durch Einfluss desselben Agens, welchem sie ihre Entstehung verdanken; es gibt heute noch kein Mittel, farbige Photographien zu fixiren.

Die ersten Versuche, farbige Bilder zu machen, datiren aus einer sehr frühen Zeit. Professor Seebeck in Jena erkannte bereits im Jahre 1810, dass Chlorsilber sich im Farbenspectrum den Farben nahezu entsprechend färbt. Diese in Goethe's „Farbenlehre", II, S. 716, mitgetheilte Beobachtung blieb völlig unbeachtet. Erst im Jahre 1841, nach Entdeckung der Daguerreotypie, machte der berühmte John Herschel Versuche in derselben Richtung. Er nahm mit Chlorsilber und Höllensteinlösung getränktes Papier, liess darauf ein lichtstarkes Sonnenspectrum fallen und erhielt gleich Seebeck ein Spectralbild in Farben, die freilich nur annähernd mit den wirklichen Farben übereinstimmten. Bessern Erfolg hatte Bequerel. Er erkannte, dass die Höllensteinauflösung in Herschel's Versuchen störend wirkte, und arbeitete mit reinem Chlorsilber. Er benutzte Silberplatten, die er in Chlorwasser tauchte. Die Platten werden dann infolge der Bildung von Chlorsilber weisslich und liefern nunmehr, unter dem Spectrum belichtet, ein Bild, dessen Farben sehr nahe mit den natürlichen übereinstimmen. Bequerel beobachtete, dass die Dauer der Einwirkung des Chlorwassers von grosser Wichtigkeit sei, und zog es später vor, die Platten durch Einwirkung des galvanischen Stroms zu „chloriren". Zu dem Zweck hing er sie an den Kupferpol einer galvanischen Batterie (s. S. 218) und tauchte sie in Salzsäure. Der galvanische Strom zersetzt diese Säure in Chlor und Wasserstoff. Das Chlor tritt an die Silberplatte und bildet Chlorsilber. Man hat es nach dieser Methode in seiner Gewalt, eine Chlorsilberschicht bestimmter Stärke zu erzeugen, je nachdem man den elektrischen Strom kürzere oder längere Zeit wirken lässt. Es entsteht dadurch das bräunliche Silberchlorür (s. S. 106), und dieses ist vorzugsweise für Farben empfindlich. Diese Empfindlichkeit ist jedoch nicht gross, sie reicht hin zur Fixirung des lichtkräftigen Spectrums, aber es erforderte eine sehr lange dauernde Belichtung, um Bilder der Camera-obscura damit zu fesseln, und leider, dunkelten alle diese Bilder bei fortgesetzter Einwirkung des Lichts. Bequerel fand, dass die Empfindlichkeit durch Erhitzen der Platten gesteigert wird. Diese Beobachtung wurde von seinem Nachfolger Nièpce de St.-Victor (dem Neffen von Nicophore Nièpce, s. S. 8) verwerthet. Dieser hat von 1851—67 zahlreiche Experimente in Herstellung farbiger Photographien gemacht und seine Beobachtungen der Pariser Akademie mitgetheilt.

Er arbeitete wie Bequerel mit Silberplatten, die er durch Eintauchen in eine Lösung von Kupferchlorid und Eisenchlorid chlorirte, dann stark erhitzte, und er erhielt so Platten, die an zehnmal empfindlicher erschienen als Bequerel's und ihm gestatteten, in der Camera-obscura Kupferwerke, Blumen, Kirchenfenster, Puppen u. s. w. zu copiren. Er erzählt, dass er nicht nur Farben erhalten habe, sondern dass Gold und Silber in ihrem Metallglanz auf den Bildern erschienen seien; das Bild einer Pfauenfeder zeigte sogar die natürlichen schillernden Farben.

Eine fernere Verbesserung führte Nièpce de St.-Victor dadurch ein, dass er die Chlorsilberplatte mit einem eigenthümlichen Lack, aus Dextrin und Chlorbleilösung bestehend, überzog. Dieser Ueberzug machte die Platten noch empfindlicher und haltbarer. Auf der pariser Ausstellung von 1867 legte Nièpce de St.-Victor verschiedene farbige Photographien aus, die sich bei gedämpftem Tageslicht (sie waren in halbverschlossenen Kästen exponirt) über eine Woche hielten.

Unter diesen Bildern befanden sich auch ein paar nicht farbige, sondern schwarze Bilder auf weissem Grunde, welche von Kupferstichen copirt worden waren. Diese erregten grosses Aufsehen, und mit Recht, denn in diesen Bildern hatte scheinbar das Dunkelste die kräftigste Wirkung geäussert, das Hellste (Weiss) die schwächste, also eine Wirkung gerade umgekehrt wie auf photographischem Papier, wo das Dunkle hell, das Helle dunkel sich ausprägt (s. S. 26). Diese Erzeugung von Schwarz durch Schwarz ist nur zu erklären durch die Annahme, dass das Schwarz thatsächlich nicht dunkel ist, sondern dem Auge unsichtbares ultraviolettes Licht ausstrahlt (s. S. 56).

Nach Nièpce, der 1870 starb, haben sich nur Poitevin in Paris, Dr. Zencker[*] in Berlin und Simpson in London mit der Erzeugung von farbigen Bildern beschäftigt. Die ersten beiden Forscher sind aber zu dem ältern Verfahren zurückgekehrt, wie es Seebeck und Herschel anwendeten, d. h. sie fertigten wiederum Bilder auf Papier. Nur war die Präparation dieses Papiers eine eigenthümliche. Salzpapier wurde auf Silberlösung sensibilisirt, ähnlich dem photographischen Positivpapier (s. S. 47), dann zur Entfernung der Silberlösung gewaschen, nachher in einer Lösung von Zinnchlorür dem Licht ausgesetzt. Hierbei bildet sich aus dem weissen Chlorsilber violettes Silberchlorür. Das Zinnchlorür wirkt nur als Reductionsmittel. Dieses Papier ist für sich allein wenig farbenempfindlich; behandelt man es aber mit einer Lösung von chromsaurem Kali und Kupfervitriol, so nimmt seine Empfindlichkeit bedeutend zu, sodass man transparente farbige Bilder mit Leichtigkeit damit copiren kann. Die Farben sind jedoch niemals so lebhaft als die des Originals, am deutlichsten offenbaren sich noch die röthlichen Töne. Nach dem Copiren wäscht man die Bilder mit Wasser aus, um sie weniger lichtempfindlich zu machen. In diesem Zustande halten sie sich im Halbdunkel ziemlich lange, aber ein Mittel, sie absolut haltbar zu machen, ist noch nicht gefunden. Das Fixirnatron der Photographen (s. S. 25) kann nicht zur Anwendung

---

[*] Wir verweisen den sich specieller für den Gegenstand Interessirenden auf Dr. Zencker's „Lehrbuch der Photochromie" (Berlin 1868, Selbstverlag).

kommen, denn es zerstört .die Earben sofort. Hoffentlich gelingt es künftigen Forschern, diesem Mangel abzuhelfen. Auch die ersten Versuche in schwarzer Photographie scheiterten an dem Mangel eines Fixirmittels (s. S. 5), welches erst 17 Jahre später von Herschel gefunden wurde.

NEUNZEHNTES KAPITEL.

Die Photographie als Lehrgegenstand an Gewerbeschulen und Kunstschulen.

Bedeutung der Schulphotographie. — Ihr Nutzen für technische Lehranstalten. — Photographie als Lehrobject der Kunstschulen und Universitäten.

Die vorliegenden Kapitel beweisen, welcher vielseitigen Anwendung die Photographie bereits fähig ist. In Kunst, Wissenschaft, Industrie und Leben ist sie eingetreten als eine Art ganz neuer Schriftsprache. Was die Buchdruckerkunst für den Gedanken ist, das ist die Photographie für die Erscheinung. Die Buchdruckerkunst vervielfältigt das Geschriebene, die Photographie das Gezeichnete, ja sie thut noch mehr, sie zeichnet selbst auf chemischem Wege. Freilich gehört zur Ausübung dieser Kunst eine gewisse technische Routine, die nur durch Erfahrung erworben werden kann. Zu erlernen ist sie aber leicht, und die Zeit dürfte nicht mehr fern sein, wo sie als Erweiterung der Zeichenkunst, die ja Unterrichtsgegenstand an allen Gewerbeschulen ist, an diesen Anstalten selbst gelehrt werden wird. Man verwendet jahrelangen Unterricht an die Erlernung der Zeichenkunst, des Klavierspiels und anderer Dinge. Für die Erlernung der Photographie würde ein halbjähriger Cursus hinreichen.

Verfasser dieses Buches ist seit neun Jahren Inhaber eines Lehrstuhls für Photographie an der königlichen Gewerbeakademie zu Berlin, der einzigen technischen Lehranstalt Deutschlands, welche der Photographie bisjetzt ein Plätzchen im Lehrplan gegönnt hat. Es ist keineswegs die Aufgabe dieser Anstalt, Berufsphotographen auszubilden, sie befasst sich mit Photographie nur insoweit, als sie für Industrie und Wissenschaft Bedeutung hat.

Es finden daselbst praktische Uebungen in dem photographischen Negativ- und Positivprocess statt, namentlich in seiner Anwendung zur Reproduction von Zeichnungen, zur Aufnahme von Maschinen und Gebäuden, ferner Unterweisungen im Lichtpausprocess. Andere technische Lehranstalten zögern noch mit der Einführung der Photographie. Die Bedeutung der Sache wird noch unterschätzt, und das Neue ist vielen unbequem. Nicht umhin können wir, hier einen Passus aus der neuerschienenen Schrift: „Die Photographie als Unterrichtsgegenstand auf der Gewerbeschule", von Professor Krippendorf in Arau*, zu citiren. Derselbe sagt:

„Die Gewerbeschule ist schon vermöge ihres Ursprungs darauf hingewiesen, für die spätern Berufsarten des technischen und gewerblichen Lebens vorzubereiten, und zieht naturgemäss die darauf hinzielenden Künste und Wissenschaften, vorab das Zeichnen und die Naturlehre, in den Kreis ihrer Unterrichtsgegenstände. Hat sie nun nach innen zu darauf Bedacht zu nehmen, dass diese Fächer ein organisches Ganze bilden, um an Stelle der alten Sprachen als Grundlage einer allgemeinen Ausbildung zu dienen, so fällt ihr dafür nach aussen die Aufgabe zu, die in ihrem Gebiete auftauchenden Erfindungen und Entdeckungen in das Bereich der Wissenschaften zu führen, um dadurch wieder neue Gesichtspunkte zu gewinnen und fördernd auf die praktischen Berufsarten zurückwirken zu können.

---

* Selbstverlag des Verfassers.

„Zu den Fächern, welche sich in den letzten Decennien eines besondern Aufschwungs zu erfreuen hatten, gehört nun auch die Photographie. Es ist diese Kunst so recht eigentlich ein Product der Naturwissenschaften, und zwar ein Product, welches nicht blos das Spiel eines glücklichen Zufalls ist, sondern welches den hohen Ruhm in sich trägt, zuerst als Ideal gedacht und dann durch rastloses Verfolgen dieser Idee endlich zur Wirklichkeit geworden zu sein. Wir haben es also von vornherein mit einer ihrer Natur nach gehaltvollen Kunst zu thun, welche sich auf die Wissenschaft stützt, deren Ausübung erfreut, deren gelungene Producte von jedermann gern betrachtet werden, welche die Kenntnisse der Schüler erweitert und die dem jugendlichen Geiste selbst eine idealisirende Richtung verleiht.

„In den gleichen Bildungsstätten finden wir bisjetzt wenig Fächer, in welchen eine selbständige Beobachtung für das Endresultat zugleich eine zwingende Nothwendigkeit wäre. Denn Physik und Chemie werden den Schülern an der Hand des gelungenen, nicht des mislungenen Versuchs gelehrt, und sie haben daher im letztern Falle kein Interesse an dem Aufsuchen der Fehlerquelle. Im Grunde beobachtet der Schüler nur das nach, was der Lehrer ihm vorgeführt hat, und beide Theile sind befriedigt, wenn aus dem Experimente das Gesetz gefunden wird. Ein eigentliches **Beobachtenlernen** findet also in der Regel nicht statt, und doch dient gerade diese Uebung sehr wesentlich zur Schärfung des Urtheils. Verpflanzen wir aber die Photographie in die Schule, so gewinnen wir ein Fach, welches wie kaum ein anderes dazu angethan ist, den Schüler zur Beobachtung und zum Urtheil zu zwingen. Die Erlernung der Photographie stützt sich recht eigentlich auf das Vermeidenlernen der Fehlerquellen, und liegt somit in der Nothwendigkeit, die vorhandenen Mängel zu beseitigen und ihren Ursachen nachspüren zu müssen, eine weitere Berechtigung der Kunst zum Eintritt in die Schule.

„Wenden wir uns noch zu der äussern Seite der Lichtbildnerei, so treffen wir nicht minder auf viele Gründe, die zu ihrer Empfehlung dienen.

„An den technischen Lehranstalten lernen wir Kunst und Wissenschaften zunächst um ihres directen Nutzens willen. Beim Eintritt in das Ingenieurwesen wird vorzugsweise im Zeichnen Uebung und Kenntniss gefordert. Auch darf man behaupten, dass von zwei gleich talentvollen und gleich fleissigen Schülern der bessere Zeichner zuerst seinen Platz finden wird. Es ist das Zeichnen geradezu der Schwerpunkt für die meisten technischen Berufsarten, und sollte schon aus diesem Grunde nichts versäumt werden, um sowol das technische als das freie Handzeichnen nach allen Richtungen zu heben und weiter auszubilden. Die Photographie ist nun auch eine Zeichenkunst und ihrer Natur nach darauf angewiesen, die genannten Disciplinen zu unterstützen. Handelt es sich darum, irgendeine complicirte Maschine, z. B. einen Webestuhl, in Zeit von wenig Minuten abzuzeichnen, so erscheint die Lichtzeichnung wie das einzige Hülfsmittel. Die Arbeit, die sonst Wochen erfordert, wird durch sie auf Bruchtheile einer Viertelstunde reducirt, und zwar in so vollendeter Weise, dass alle Maasse daran abgezirkelt werden können und die Projection von einem beliebigen Standpunkte aus bei richtig berechneten Linsen auch richtig sein muss.

„Verfolgen wir die Laufbahn bevorzugter und durch Talent ausgezeichneter Schüler, so sehen wir sie häufig mit Reisestipendien ausgestattet, um alte und neue Bauten in fernen Gegenden zu studiren und sie in möglichst getreuer Zeichnung mit nach Hause zu bringen. Welche Arbeit für den Architekten, der sich unter fremder Bevölkerung befindet, der in einem ungewohnten Klima, umgeben mit allen möglichen Hindernissen, vollständige Skizzen in kurzer Zeit entwerfen soll, und welche Abkürzung andererseits durch die Photographie! Wie gern nähme nicht oft der reisende Maschinen-Ingenieur die Einrichtung ganzer Werkstätten auf, zu deren Besichtigung ihm nur wenige Minuten vergönnt sind! Was gäbe nicht selbst der rein wissenschaftlich gebildete junge Philologe darum, wenn er auf dem classischen Boden Griechenlands oder Italiens die überwältigenden Eindrücke vergangenen Lebens, vergangener Grössen nicht blos vorübergehend empfinden dürfte, sondern in der Lage wäre, sie dauernd für sich und für andere festzuhalten! Wir dürfen es aller Welt verkünden, dass mit den neuesten Fortschritten der Photographie all diese Wünsche zur greifbaren Möglichkeit, zur einfachen Verwirklichung gekommen sind, dass die hierbei nothwendige Uebung schnell gewonnen ist."

Krippendorf lässt einen sehr wichtigen Punkt hier gänzlich unerwähnt, das ist die hohe Bedeutung der Photographie für solche, die sich dem praktischen Druckverfahren, sei es Steindruck, Buchdruck, Kupferdruck, der Herstellung von Werthpapieren, der Porzellanfabrikation, der Färberei widmen wollen, denn in allen diesen Fächern hat man bereits von Photographie praktisch wichtige Anwendungen gemacht. Wir verweisen hier auf die Kapitel über Pyrophotographie, Heliographie und Chromphotographie. In diesen Gebieten sehen wir die Photographie als eine Verbündete der **vervielfältigenden Künste**.

So Schönes sie in dieser Verbindung geleistet hat, so finden wir doch immer noch eine verhältnissmässig sehr kleine Zahl von Heliographen und Photolithographen. Der Grund liegt einzig und allein darin, dass die Kunstschulen, welche sich mit der Ausbildung von Lithographen und Kupferstechern befassen, die Photographie gänzlich ignoriren. Als Nichtkunst wird sie vornehm von den Leuten bei Seite geschoben, die sich als Künstler fühlen und denen sie zum grössten Vortheil gereichen könnte. In den gedachten Combinationen von Photographie mit Stein- und Metalldruck können aber nur dann wahrhaft tüchtige Leistungen erzielt werden, wenn der Ausübende in den beiden Verfahren gleich tüchtig ist. In der Regel ist dies nicht der Fall. Verfasser hatte oft Gelegenheit, die daraus entspringenden Miserfolge von Heliographen, Lithographen und Photographen zu beobachten, die in einem der gedachten combinirten Verfahren arbeiten wollten. Daher ist es nothwendig, dass die Kunstschulen die Sache in die Hand nehmen, und wenn das geschehen, dann dürfte in nicht zu langer Zeit eine dem Lithographen bisher gänzlich fremde Disciplin, der Lichtdruck (s. S. 232), bald in jedem hervorragenden lithographischen Institut heimisch sein.

Die Kenntniss der Photographie hat aber auch für Maler ihre Bedeutung. Grossartig ist der Aufschwung, den die Photographie nach Oelgemälden in unsern Tagen genommen hat. Wir hören zwar strenge Kunstkritiker, wie Thansing, heftig dagegen eifern, wie einst die Idealisten unter den Touristen gegen die Einführung der Eisenbahnen eiferten, weil dadurch dem Reisen seine Poesie geraubt würde. Diese Leute hatten von ihrem Standpunkt aus Recht, haben jedoch die Einführung der Eisenbahnen nicht aufhalten können, und wenn durch die letztern das Reisen weniger poetisch geworden ist, so haben sie doch den Vortheil, dem Unbemittelten, der früher gar nicht an Reisen denken durfte, einen Ausflug zu gestatten und dadurch Gelegenheit zu geben, seine Länder- und Menschenkenntniss zu bereichern und seine Gesundheit zu stärken. Aehnliches leistet die Photographie dem Unbemittelten im Gebiete der Kunst. Gemälde, deren Anschaffung nur dem Begüterten möglich ist, gelangten früher nur auf dem langsamen und kostspieligen Wege des Stichs zur allgemeinen Kenntniss, und auch diese blieb auf den kleinen Kreis bemittelter Sammler beschränkt. Jetzt bringt die Photographie mit Blitzesschnelle die neuesten Kunstschöpfungen in treuen Ab-

Photographie als Lehrgegenstand. 273

bildungen für einen billigen Preis in den Besitz aller. Ihr Abbild ist nicht so künstlerisch wie das des Stechers, aber es genügt, um das Neue rasch zur allgemeinen Kenntniss zu bringen. Der später folgende Stich behält trotzdem seinen Werth.

Die Negative nach Oelbildern erfordern aber die Bearbeitung des Retoucheurs, um die falschen Farbenwirkungen auszugleichen. Diese Retouche kann viel verderben, wenn sie von unverständigen Händen ausgeführt wird. Die geeignetste Hand aber ist die des Künstlers, der das Original gemalt hat. Bereits haben sich tüchtige Künstler in der Bearbeitung der Negative, welche nach ihren Werken gefertigt sind, mit Erfolg versucht, und der Abdruck solcher vom Künstler selbst retouchirten Platte hat natürlich für den Kenner einen viel höhern Werth, als die von fremder Hand bearbeitete. Hier liegt noch ein schönes Arbeitsfeld für den Künstler offen, aber erst dann kann ein solches mit Erfolg bebaut werden, wenn die Kunstjünger bereits auf der Schule mit der Technik der Negativretouche und des damit zusammenhängenden positiven Drucks vertraut gemacht werden.

Zum Schluss noch einige Worte über die Ausbildung von Fachphotographen.

Wir haben bereits früher auseinandergesetzt, dass Porträt- und Landschaftsphotographie, wenn sie wirklich gediegene Leistungen erzielen soll, die Kenntniss der Kunstprincipien erfordert. Bisher ist aber nichts geschehen, die Photographen künstlerisch auszubilden. Eine Hebung der Photographie in künstlerischer Hinsicht kann aber nur erfolgen, wenn die Kunstschulen dem Photographen ein künstlerisches Studium ermöglichen. Es dürfte nachgerade an der Zeit sein, alle Eifersüchteleien gegen die Photographie fallen zu lassen. Dass sie dem gediegenen Künstler keine Concurrentin, sondern eine Helferin ist, hat die Erfahrung bereits bewiesen.

Die Einführung der Photographie an Schulen macht sich um so leichter, als sie, wie schon oben bemerkt, nur eine kurze Zeit beansprucht, viel weniger Zeit als der Zeichenunterricht, dessen Erfolge im Verhältniss zur aufgewendeten Zeit doch oft nur mässig zu nennen sind. Ein Semester zu wöchentlich vier Uebungsstunden genügt, um junge Leute photographisch so weit abzurichten, dass sie sich nachher mit Erfolg selbst weiter helfen können, selbst wenn sie keine chemische Vorbildung besitzen.

Nicht nur technische und artistische, sondern auch wissenschaftliche Hochschulen werden diesem Unterrichte ihre Aufmerksamkeit zuwenden müssen, seitdem die Photographie ein wichtiges Beobachtungshülfsmittel geworden ist und namentlich der Naturwissenschaft Dienste von unberechenbarer Wichtigkeit leistet.

Wir haben bereits früher die Bedeutung der Photographie als Unterrichtshülfsmittel betont. Sie liefert, durch Laterna-magica vergrössert, die schönsten Illustrationen für naturwissenschaftliche und kunsthistorische Vorträge. Sie erlaubt dem Forscher, dem Schüler die Resultate seiner Arbeiten in durch das Licht gezeichneten treuen Originalbildern vorzulegen (s. S. 89). Bisher fehlte es freilich noch an geeigneten Apparaten zu diesem Zwecke. Die in Deutschland käuflichen „Zauberlaternen" und die ihnen ähnlichen „Wundercameras" genügten weder in der Helligkeit, noch in der Schärfe ihrer Bilder. Neuerdings ist durch R. Talbot in Berlin eine amerikanische Laterna-magica-Construction eingeführt worden, die sich bei den Vorlesungen des Verfassers auf das beste bewährt hat.

In Verbindung damit kommt der Woodburydruck (s. S. 228), den didaktischen Anforderungen entgegen, und die neuesten Vervollkommnungen auf dem Gebiete der Trockenplattenphotographie haben bereits dahin geführt, dass Trockenplatten Handelsartikel geworden sind, ähnlich wie Lichtpauspapier, wodurch dem Amateur die Herstellung von Photographien wesentlich erleichtert wird. So reiht sich eine Verbesserung an die andere, um die Photographie zu dem zu machen, was sie sein soll: eine **Universallichtschreibekunst**!

Sach- und Namenregister.

Abtonung der Photographien 49.
Ablenkung des Lichts 79.
Adener Sonnenfinsterniss 167.
Aesthetische Fehler des Lichtbildes 19; der Porträtphotographien 143.
Albert 233.
Albertypie 234.
Albuminbilder, s. Eiweissbilder.
Anastatisches Verfahren 246.
Anilindruck 236.
Asphalt, Veränderung desselben im Licht 9; Photolithographie mittels 246.
Astronomische Photographie 164.

Barometerbeobachtungen durch Photographie 191.
Bauten, Controle von, durch Photographie 210.
Bequerel 263.
Berkowsky 167.
Bibliotheken, Nutzen mikroskopischer Photographien für 202.
Bilder, optische, durch Linsenbrechung 82; Correctheit der photographischen, und Abhängigkeit derselben von der Individualität des Künstlers, den Apparaten und den Originalen 114; Unterschied zwischen, und Wirklichkeit 127.
Bildererzeugung durch Linsen 82.

Blättercopien durch das Licht 5. 23.
Bleichende Wirkung des Lichts 3. 261.
Boettcher 32.
Bond 182.
Braun in Dornach 157. 231.
Brechung des Lichts 56. 78; in Prismen 58. 80; in Linsen 81.
Brechungsindex 78.
Brewster 94.
Brom 103.
Bromsilber 104.
Burchard, Gebrüder 244.

Cabinetformat 50.
Camera-obscura 7. 85.
Chemische Tinte 5.
Chlor 103; und Wasserstoff im Licht 105.
Chlorsilber 4. 105.
Chromphotographie 212.
Chromverbindungen 213; Lichtempfindlichkeit derselben 214.
Chromsaures Kali und Leim 215. 216.
Collodion 32.
Contraste von Licht und Schatten und Wiedergabe derselben durch Photographie 119.
Copirrahmen 23. 47.
Corona, Photographie der 176.
Correctheit der photographischen Bilder 114.

Sach- und Namenregister.

Dagron 203.
Daguerre 11.
Daguerreotypie 12. 13.
Davy 5.
Disderi 33.
Distanz, Wirkung der, in Photographie 132.
Draper 15.
Dubroni 196.
Dunkelkammer 35; Apparat, um ohne Dunkelkammer zu arbeiten 195.
Dunkelzelt, s. Zelt.

Eisensalze, Photographie mit denselben 256.
Eiweissbilder 31.
Eingebrannte Photographien 203. 249.
Elektrisches Licht 67.
Elemente, Wirkung des Lichts auf 102.
Entwickelung der unsichtbaren Bilder 16. 40. 107.
Erbswurst, die, und die chemische Wirkung des Lichts 254.
Ettinghausen 15.

Facsimile, photographische 231.
Farben und Töne 55; Photographie in natürlichen 262; chemisch wirksame und unwirksame 60, des Spectrums 58; falsche Wirkung der 123; unsichtbare 60; Hülfsmittel, chemisch unwirksame wirksam zu machen 63; Zerstreuung 58.
Feldmesskunst, photographische 159.
Feldphotographie 159.
Fernrohr, Photographie mittels 165.
Feuerfeste Bilder 203. 249.
Fixiren 22. 42.

Fixirnatron 22.
Fluorescenz 63..
Fritsch 200.

Gaffield 260.
Galvanoplastik 218.
Gelbes Licht, Wirkung auf Pflanzenblätter 75; Wirkung auf Silbersalze 37. 62.
Genrebilder, photographische 121.
Gerichtswesen und Photographie 209.
Glas, Veränderung desselben im Licht 259.
Glasmalerei und Photographie 249.
Grüne 204. 206.
Gruppenbilder, photographische 145.

Halbtöne, Wiedergabe derselben durch Heliographie 220; durch Photolithographie 242; in Photoreliefs 225.
Heliographie mit Asphalt 10; mit Silbersalzen 206; mit Chromsalzen 216.
Heliopictor 195.
Herschel 22. 206. 263.
Hervorrufung, s. Entwickelung.
Himmelslicht, chemische Wirkung des 72.
Höllenstein, Wirkung des Lichts auf 4, sensibilisirende Wirkung des 109.
Höllensteinpapierbilder 5.
Hornsilber 4.

Instrumente, Beobachtung wissenschaftlicher mittels Photographie 191.
Iod 16. 104.

Iodbromsilber 108.
Iodsilber 11., 106.
Joubert 248.

Karsten 16.
Karten, photographische 242.
Kassette 40.
Kellner 242.
Kinderbilder, photographische 145.
Kirchhoff 59.
Knallgaslicht 66.
Kohlebilder 229.
Kohlensäure, Zerlegung der, im Licht 74.
Korn 244.
Kugeln, abnorme Wiedergabe von, durch Photographie 118.
Künstliches Licht für Photographie 64.
Kunst und Photographie 210. 272.
Kupferdruck, photographischer 9. 206. 216.
Kupfersalze, Photographie mit Kupfersalzen 258.

Lackiren 42.
Landschaftsphotographie 151.
Laterna-magica und Photographie 88. 274.
Leaf prints 23.
Legitimationskarten, photographische 209.
Leim und chromsaures Kali im Licht 215. 216.
Leinwandbleiche 3.
Leisner 248.
Leth 248.
Licht als chemisch wirksames Agens 51; Wesen desselben 52; chemische Wirkung des 100; elektrisches 67; Knallgas- 66; Magnesium- 65; Himmels-, s. Himmelslicht, der Sonne, s. Sonnenlicht.

Lichtbrechung 78.
Lichtbild, Fehler desselben 19.
Lichtdruck 232.
Lichtpausprocess 21.
Linsen, Bilderzeugung durch 82.
Lithographie 238.

Masse, Entnehmen der Masse aus Photographien 211.
Magnesiumlicht 65.
Medicinische Forschung und Photographie 193.
Meerestiefen, photographische Temperaturbeobachtungen in 192.
Meydenbauer 162.
Mikrophotographien 198.
Mikroskope 197.
Mikroskopische Photographien 201.
Mineralien, Veränderungen der, im Licht 260.
Mitscherlich 115.
Morse 15.
Moser 16. 101.
Musterkarten, photographische 210.

Nachdruck und Photographie 151.
Negativ 26. 28; Abweichung desselben von der Natur 44.
Negativprocess 35.
Negativretouche 45.
Neigung der Camera (Wirkung der) 137.
Neumeyer 192.
Nièpce, Nicophore 8.
Nièpce de St.-Victor 30. 264.

Obernetter 235. 248. 258.
Ohr, Apparat zur Aufnahme des Innern des 194.
Oidtmann 249.

Sach- und Namenregister.

Osborne 242.
Ozonbildung durch das Licht 103.

Panoramenapparat 158.
Pantograph 221.
Papier, haltbares lichtempfindliches 28.
Papiernegativ 26. 28.
Papierphotographie 21.
Parallaktische Aufstellung 165.
Pausprocess, s. Lichtpausprocess.
Perspective und ihr Einfluss in Photographien 127.
Perspectivische Verkürzungen 128.
Petzval 17.
Phosphor, lichtempfindlich 103.
Photographie nach Photographien 150; Entwickelungsgang der modernen 28.
Photographische Feldmesskunst 159.
Photographische Höhenmessung 159.
Photolithographie 241.
Photoreliefs 221.
Photozinkographie 241.
Photometer 252.
Physikalische Wirkungen des Lichts 1.
Pigmentdruck 229.
Plattenputzen 37.
Poitevin 229. 233. 241. 248. 265.
Ponton 214.
Porta 7.
Porträts, lebensgrosse 149.
Porträtobjectiv 17.
Porträtphotographie 142; Wahl der Kleidung für 146; Einfluss des Wetters bei der 147; Einfluss der Bildgrösse 148.

Porzellanbilder und Decorationen, photographische 203.
Positiv 26.
Positivprocess 26. 43. 47. 111.
Pretzch 218.
Prisma 56.
Protuberanzen, Photographie der 174.
Putzen, s. Plattenputzen.
Pyrogallussäure 110.
Pyrophotographie mit Silbersalzen 203; mit Chromsalzen 247.
Pyroxylin 32.

Quecksilber, Entwickelung mittels 16. 106.
Quellprocess 221.

Realgar, Zerfallen desselben im Licht 54.
Reliefs, s. Photoreliefs.
Reliefdruck 226; auf Glas 228.
Rutherford 183. 185. 186.

Sachse 16.
Sandblasverfahren und Photographie 250.
Scamoni 206. 221.
Schatten, Wirkung der 128.
Schiessbaumwolle 32.
Schönbein 32.
Schulen, Bedeutung der Photographie für 156, 267; Laterna-magica für 274.
Schutz der Photographie gegen Nachdruck 151.
Seebeck 262.
Sensibilisatoren 109.
Silberbromür 106.
Silberchlorür 106.
Silbergehalt der Photographien 113.
Silberiodür 106.

Silbersalze, Verhalten der, im Licht 104.
Silberverbrauch in der Photographie 113.
Solarcamera 90.
Sonne und Sonnenflecke, Aufnahme der 178.
Sonnenlicht, chemische Wirkung des 73; gespiegeltes 70; Helligkeit des 71.
Spectrum 59.
Spectralanalyse 59.
Spectrallinien 59. 186.
Stahldruck, photographischer 216.
Standpunkt, Wirkung des 139.
Stein 193.
Stereoskop 93; amerikanisches 97.
Stereoskopenbilder 98.
Stereoskopische Landschaften 156.
Sterne, Aufnahme derselben 180.
Storchschnabel 221.

Talbot, Fox 21. 216.
Talbotypie, s. Papierphotographie.
Talbot, R. 28. 274.
Taubenpost, photographische 201.
Tessié de Mothay 233.
Thermometerregistrirung durch Photographie 191.
Tilghman 250.
Tiefdruck und Hochdruck 219.
Töne und Farben 55.
Tonen der Papierbilder 48. 112.
Topas, Lichtempfindlichkeit des 261.

Transparentbilder auf Glas 156.
Trockenplatten 110. 115. 274.
Uebertragen 230.
Unterricht in der Photographie 274.
Unterschwefligsaures Natron 22.
Unsichtbaren, Photographie des 62.
Unsichtbares Licht 60.
Unwirksames Licht 35; Mittel es wirksam zu machen 62.
Uransalze, Photographie mit 257.

Venusdurchgang, photographische Aufnahme des 187.
Verbleichen der Photographien 48.
Vergrösserungsapparat 90.
Verkürzung, perspectivische 129.
Verstärkung 41.
Verzeichnung der Linsen 117.
Visitenkarten, photographische 33.

Wachsbleiche 3.
Warren de la Rue 167. 184.
Wedgewood 5.
Wellenbewegung 52; des Lichts 53.
Werthpapiere, Herstellung durch Heliographie 10.
Wheatstone 93.
Willis 237.
Woodbury 226.

Zauberphotographien und Zaubercigarrenspitzen 205.
Zelt, photographisches 154.
Zencker 265.
Zinkographie 240.

Taf. I.

Negativ.   Positiv.

Zu S. 26.   **Lichtpausen.**   *Original s. S. 90.*

Taf. II.

Copie des retouchirten Negativs.

Copie des nichtretouchirten Negativs.

Taf. III.

Zu S. 221.   Heliographie für Buchdruck.

Von G. Scamoni in St.-Petersburg.

Taf. IV.

Zu S. 221.   Heliographie für Kupferdruck.

Reduction
von einem Theile einer Wandkarte
von Ungarn.

Taf. V.

Zu S. 244.

Photolithographie der Gebr. Burchard.